Professionelle Beleuchtungstechnik

Jost J. Marchesi

Professionelle Beleuchtungstechnik

VERLAG PHOTOGRAPHIE

Impressum

Herausgeber
Verlag Photographie AG, CH-8200 Schaffhausen

Gestaltung
Jürg Fritzsche

Umschlag-Fotografie
Michael Nischke

Technische Abbildungen
Jost J. Marchesi

Produktebilder
Bron Elektronik AG, CH-4123 Allschwil

Lektorat
René Schumacher

Satzherstellung
Jost J. Marchesi

Druck
Meier + Cie AG, CH-8200 Schaffhausen

Buchbinder
Burkhardt AG, CH-8617 Mönchaltorf

3. überarbeitete und ergänzte Auflage 1994
16. bis 25. Tausend

ISBN 3-7231-0034-1

Inhaltsverzeichnis

Vorwort

Der Umgang mit Licht, insbesondere mit künstlichem Licht, die Beleuchtungstechnik, gehört zur hohen Schule der Fotografie. Beleuchtung ist mehr als blosses «Hellmachen», sie ist vielmehr das Gestaltungsmittel par excellence in diesem Medium, das da in freier Übersetzung «Schreiben mit Licht» heisst.

Licht ist nicht einfach Licht, und Objekt nicht einfach Objekt. Gegenstände erhalten durch geschickte Lichtführung ihre Form. Strukturen wandeln sich, Licht gestaltet den Hintergrund, den Untergrund. Und die Farbe schafft neue Dimensionen.

Das Licht als Gestaltungselement in der Fotografie wird selbst von professionellen und routinierten Fotografen oft sehr intuitiv eingesetzt. Eigentlich sehr verständlich - denn Licht ist nicht greifbar, ist lediglich theoretisch Materie. Und trotzdem: Licht spielt in der Fotografie eine immense Rolle. Das Licht ist viel wichtiger als die Kamera. Mit Kamera, Standort, Objektiv und Arrangement macht man die Komposition, mit dem Licht das Bild.

Die Sonne ist unser natürliches Licht. Sie schafft wunderbare Lichtstimmungen. Nur, sie ändert laufend ihren Stand und ihre farbliche Verteilung, versteckt sich oft und narrt uns gerade dann, wenn Termine drängen. Als alternatives Licht, das es ermöglicht, den Zufall zu überlisten, bietet sich künstliches Licht an. Und künstliches Licht als hochentwickelter Tageslichtersatz bedeutet heute innerhalb der modernen Fotografie zumeist Elektronenblitz.

«Licht machen» ist lernbar. Das vorliegende didaktische Lehr-Buch versucht die Komplexität des Lichtes und der Beleuchtungstechnik in eine lernbare Form zu bringen. Das Buch dient dem Einsteiger als Vermittler der notwendigen Grundlagen und praktischer Leitfaden, später aber ebenso als Lehr- und Nachschlagewerk, wenn es darum geht, spezifische Einsätze zu bearbeiten.

Die vorliegende dritte Auflage ist eine vollständig überarbeitete Neufassung mit vielen neuen Bildbeispielen. Sie berücksichtigt insbesondere neue Beleuchtungsgeräte – unter anderem auch solche, die für die digitale Fotografie unumgänglich sind – und vermittelt neueste Erkenntnisse im Bereich der Lichttechnologie und der Beleuchtungstechnik sowie neue, bisher nicht bekannte, historische Forschungen aus der Geschichte des Elektronenblitzes.

Jost J. Marchesi

Aufnahme Jost J.Marchesi, Dällikon

1   Lichttheorie

Um von einem Gegenstand oder von einem Vorgang eine fotografische Abbildung zu erzeugen, sind vier wesentliche Elemente notwendig:

    das Kameragehäuse
    das optische System
    das lichtempfindliche Aufnahmematerial
    das Licht bzw. die Beleuchtung

Diese vier Elemente nehmen unterschiedlich Einfluss auf die Bildaussage. Versuchen wir, diese Elemente auf ihren Einfluss zu analysieren:

Das Kameragehäuse

Als mechanische Vorrichtung hat das Kameragehäuse die Aufgabe, den Film vor unerwünschtem Lichteinfall zu bewahren. Sehen wir von der Verstellbarkeit der Fachkamera ab, so unterscheiden sich Kameragehäuse lediglich durch das Aufnahmeformat und den Bedienungskomfort in ihrer primären Aufgabe. Das Kameragehäuse nimmt daher nur in beschränktem Masse Einfluss auf die Bildaussage.

Das optische System

Das Objektiv projiziert das einfallende Licht auf den gegenüberliegenden Film. Das meist verkleinerte Abbild der Wirklichkeit wird nur in seiner Qualität durch das Objektiv bestimmt. Abgesehen von der Schärfensteuerung nimmt das Objektiv jedoch keinen Einfluss auf die eigentliche Gestaltung der Abbildung. Die unterschiedlichen Brennweiten verändern bekanntlich nicht die Perspektive, sondern nur den Bildausschnitt. Das Objektiv nimmt keinen wesentlichen Einfluss auf die Bildaussage.

Das lichtempfindliche Aufnahmematerial

Das von uns üblicherweise verwendete Farbfilm-Material hat die Eigenschaft, die Wirklichkeit möglichst getreu zu reproduzieren. Obwohl der Tonwertumfang einer Fotografie wesentlich geringer ist als derjenige der Wirklichkeit, ist der Einfluss des Filmmaterials auf die Bildaussage begrenzt. Die Bildaussage wird vom Filmmaterial nur unwesentlich beeinflusst.

Das Licht bzw. die Beleuchtung

Die sehr komplexe Erscheinung Licht wird vom menschlichen Auge als ein schmaler Ausschnitt aus dem breiten Band von elektromagnetischen Wellen wahrgenommen.

Licht ist wohl physikalisch quantifizier- und qualifizierbar, hingegen lässt sich die gefühlsmässige menschliche Empfindung des Phänomens Licht kaum beschreiben. Licht löst in uns Gefühle aus, weckt Erinnerungen, lässt vor unserem geistigen Auge subjektive Bilder entstehen. Dem Fotografen gelingt es, mit der Beleuchtung ein Produkt unterschiedlich darzustellen und damit beim Betrachter die gewünschte emotionale Reaktion auszulösen.

Von den vier erwähnten Mitteln bleibt das Licht und damit die Beleuchtung das variabelste Medium, das uns die meisten Möglichkeiten und Freiheiten für die Gestaltung des fotografischen Abbildes offen lässt.

1.1   Die Entstehung des Lichtes

Normalerweise machen wir uns kaum Gedanken über die Frage, wie denn eigentlich Licht entsteht. Die banale Frage «Was ist Licht?» kann zu etlichem Kopfzerbrechen führen. Zur Antwort und Erklärung benötigt man zwei Denkmodelle, zwei Theorien, die einander ergänzen.

1.1.1 Die Wellentheorie

Licht ist aus dem riesigen Gebiet elektromagnetischer Wellen ein ganz winziger Ausschnitt, für den der Mensch ein direktes Empfangsorgan, das Auge, besitzt. Wie aber muss man sich eine elektromagnetische Strahlung eigentlich vorstellen? Machen wir dazu ein Gedankenexperiment mit einem einfachen Modell:

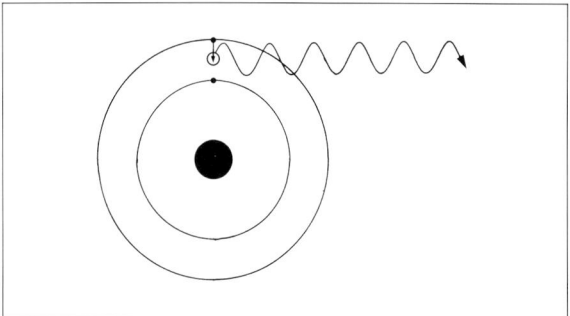

Oszillierendes Elektron

Ein Atom kann man sich vereinfacht als Schalenmodell denken. Um einen Kern kreisen auf verschieden entfernten Bahnen Elektronen, einem planetarischen System nicht unähnlich. Stellen wir uns jetzt vor, wir würden ein solch kreisendes Elektron durch äussere Energieeinwirkung, zum Beispiel durch starkes Erhitzen oder durch Beschuss mit anderen Elektronen, etwas weiter vom Kern wegstossen. Die Energie,

die man dazu aufwenden musste, ist jetzt gewissermassen im Elektron gespeichert. Es befindet sich auf einem höheren Energieniveau. Plumpst es wieder auf seine ursprüngliche Kreisbahn zurück, wird die ursprünglich aufgewendete Energie in irgend einer Form wieder frei. Bei einem solchen ständigen Wechsel vom energiereicheren in den energieärmeren Zustand und umgekehrt wird die Energiedifferenz als *elektromagnetische Strahlung* emittiert.

Ein oszillierendes, das heisst, ein ständig schwingendes Elektron, führt zu einer Störung des elektrischen Feldes. Jede Änderung des elektrischen Feldes aber bewirkt eine Änderung des Magnetfeldes. Es entsteht eine sich allseitig und wellenförmig ausbreitende Störung des Magnetfeldes, eine elektromagnetische Strahlung. Je nach *Oszilliergeschwindigkeit* entstehen unterschiedlich lange Wellen. Die Energie ist proportional zur Störfrequenz, das heisst, je grösser sie ist, umso kleiner ist die Wellenlänge. Die Palette der elektromagnetischen Wellen ist fast unendlich gross. Sie reicht von den kurzwelligen und energiereichen *Gammastrahlen* bis zu den langen *Radiowellen*. Einen winzigen Ausschnitt daraus, die Wellen mit den Längen von 400 bis 700 nm, bezeichnen wir als «Licht». Die *Wellenlänge* bestimmt den Farbeindruck. So empfinden wir Wellen der Länge von 400 bis 500 nm als Blau, solche von 500 bis 600 nm als Grün und Wellen zwischen 600 und 700 nm nennen wir Rot.

Die *Amplitude* bestimmt die Strahlungsintensität, die wir beim Licht als Helligkeit bezeichnen. Die *Frequenz* ist die Schwingungszahl pro Sekunde. Da die Ausbreitungsgeschwindigkeit einer elektromagnetischen Strahlung mit rund 300 000 km pro Sekunde im Vakuum konstant bleibt, ist die Frequenz umso grösser, je kleiner die Wellenlänge ist.

Die Zusammenstellung auf der nächsten Seite gibt einen Eindruck, in welchem Bereich Licht im Vergleich zu den anderen wichtigen Strahlungserscheinungen liegt.

1.1.2 Die Korpuskulartheorie

Viele Phänomene in der Optik lassen sich mit Hilfe der Wellentheorie begründen und erklären. Für andere ist die Theorie ungeeignet. Hier hilft die *Teilchentheorie*. Man stellt sich dabei

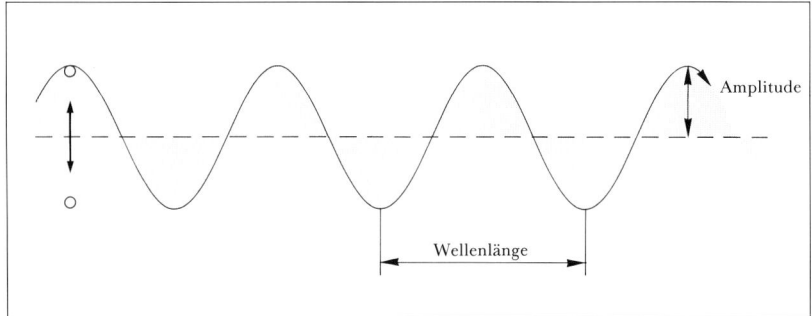

Elektromagnetische Störwelle

Wellenlänge	Strahlungsart
● 1000 km	
● 100 km	Techn. Wechselströme
● 10 km	Radiowellen (Langwellen)
● 1 km	Radiowellen (Mittelwellen)
● 100 m	Radiowellen (Kurzwellen)
● 10 m	Radiowellen (UKW)
● 1 m	Fernsehen
● 10 cm	
● 1 cm	
● 1 mm	Radar
● 100 μm	Wärmestrahlen (Mikrowellen)
● 10 μm	
● 1 μm	Infrarot
● 100 nm	Licht
● 10 nm	Ultraviolett
● 1 nm	
● 100 pm = 10^{-1} nm	Röntgenstrahlen
● 10 pm = 10^{-2} nm	
● 1 pm = 10^{-3} nm	
● 100 fm = 10^{-4} nm	Gammastrahlen
● 10 fm = 10^{-5} nm	
● 1 fm = 10^{-6} nm	Kosmische Strahlung
● 100 am = 10^{-7} nm	

1 Mikron	= 1 μm	= $^1/_{1000}$ mm	
1 Nanometer	= 1 nm	= $^1/_{1000}$ μm	
1 Pikometer	= 1 pm	= $^1/_{1000}$ nm	
1 Femtometer	= 1 fm	= $^1/_{1000}$ pm	
1 Attometer	= 1 am	= $^1/_{1000}$ fm	

Licht als winzig kleine Energieteilchen vor, die eine bestimmte Masse besitzen. Man bezeichnet solche Teilchen als *Lichtquanten* oder *Photonen*. Etwas vereinfacht und für unsere Zwecke völlig genügend lässt sich das Modell der Korpuskulartheorie wie folgt erklären:

Die wichtigsten Atombauteile kennen Sie. Es sind die relativ massereichen positiv geladenen *Protonen* und die ungeladenen *Neutronen*, die zusammen den Atom-Kern bilden. Die *Elektronen*, negativ geladen und rund 2000 mal masseärmer, umkreisen in respektvoller Distanz diesen Kern. Unter bestimmten Voraussetzungen ist es mög-

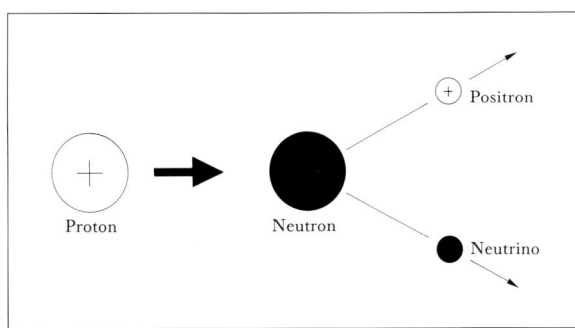

Beta-Zerfall

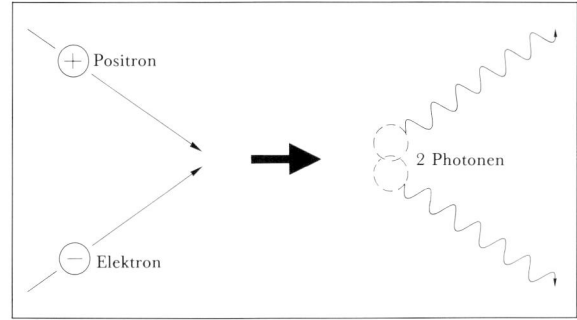

Paarvernichtungsprozess

lich, dass sich ein Proton in ein Neutron umwandelt und dabei seine positive Ladung verliert. Bei diesem Zerfall (Beta-Zerfall) entstehen neben dem Neutron zwei weitere leichte Teilchen, ein «ungeladenes Elektron» *Neutrino* und ein «positives Elektron», *Positron* genannt. Die Existenz dieser beiden Teilchen ist gesichert und nachgewiesen.

Stösst nun ein positiv geladenes Positron auf ein normales (negativ geladencs) Elektron, müssen sich die beiden entgegengesetzten Ladungen aufheben. Die geringe Masse der beiden beteiligten Teilchen verschwindet und wird in Energie umgewandelt. Das entstehende Energiepaket besteht aus zwei Photonen (Lichtquanten). Man bezeichnet diesen Vorgang als *Paarvernichtungsprozess.*

Der Vorgang ist natürlich auch umkehrbar. Trifft elektromagnetische Strahlung auf das Feld eines Atomkerns, kann erneut ein Elektron und ein Positron entstehen. Zwei Photonen werden dabei gewissermassen wieder in die Ursprungsteilchen Positron und Elektron umgewandelt. Diesen Prozess bezeichnet man als *Paarerzeugungsprozess.*

Die Korpuskulartheorie sagt also im wesentlichen aus, dass vom Ausgangspunkt einer Lichtentstehungsreaktion Energieteilchen nach allen Seiten abgeschossen werden.

Beide Lichtentstehungstheorien lassen sich insofern zusammenfassen, als man eine elektromagnetische Strahlung auch als Summe kleinster Photonen auffassen kann.

1.1.3 Temperatur-Strahler

Erhitzt man einen beliebigen Stoff, der im Normalfall einen festen Aggregatzustand aufweist, so beginnt er beim Erreichen einer bestimmten Temperatur zu glühen, das heisst, Licht auszusenden. Es ist dabei völlig gleichgültig, welche

Beschaffenheit der Stoff aufweist. Beim Erreichen gewisser Temperaturen ist die Farbe des ausgesandten Lichtes, unabhängig von der stofflichen Zusammensetzung, immer gleich.

Die folgende Tabelle gibt einen Überblick über die Relation zwischen der Temperatur eines Stoffes und der ausgestrahlten Lichtfarbe. Die Temperaturangabe erfolgt sowohl in «unserer» gewohnten *Celsius-Skala* (°C) wie auch in der absoluten Temperaturskala von *Kelvin* (K). Sie wissen ja, der *absolute Nullpunkt*, die tiefstmöglichste Temperatur überhaupt, liegt bei −273 °C, was 0 K entspricht. Gefrierendes Wasser weist demnach eine Temperatur von 0 °C oder 273 K auf und kochendes Wasser ist 100 °C oder 373 K warm. Die absolute Temperaturskala hat den Vorteil, nur mit positiven Werten arbeiten zu müssen.

Grauglut	400 °C	673 K
Rotglut	600 °C	873 K
Orangeglut	1100 °C	1373 K
Weissglut	1300 °C	1573 K
Weisses Licht	2927 °C	3200 K

Bei dieser Art der Lichtentstehung geht man den – nicht sehr wirkungsvollen – Umweg über die Wärme. Die bekannteste Art eines solchermassen arbeitenden Temperaturstrahlers ist die Glühlampe. Man schickt dabei durch die Metallwendel einen elektrischen Strom. Dadurch wird das Metall derart heiss, dass es beginnt, weisses Licht auszusenden. Um einer Verbrennung der Leuchtwendel vorzubeugen, gibt man diese in einen von Luft evakuierten Glaskolben, oder aber man ersetzt den Luftraum innerhalb des Glaskolbens durch Stickstoff (Nitra-Lampe) oder ein Edelgas (Krypton-Lampe). Je nach Lampenart strahlt eine Glühlampe rund 10% der Energie in Form von Licht ab. Die restliche freiwerdende Energie ist Wärme.

Auch Lichtquellen, die durch Verbrennung eines Stoffes Licht aussenden (Feuer, Kerzen), sind sogenannte *Temperatur-Strahler*. Im normalen Blitzlämpchen (Kolbenblitz) wird in einer Sauerstoffatmosphäre Magnesium-, Aluminium- oder Zirkoniumwolle «blitzartig» verbrannt. Die altbekannte Kohlenbogenlampe, die Sonne und alle anderen Lichtquellen, die Licht über den Umweg von Wärme erzeugen, sind Temperaturstrahler. Das durch Temperaturstrahler entstehende Spektrum ist *kontinuierlich*.

1.1.4 Nichttemperatur-Strahler

Licht kann beileibe nicht nur über den Umweg von Wärme entstehen. Wie Sie aus Erfahrung wissen, existieren eine ganze Anzahl von Lichtquellen, die bei der Emission nicht merklich warm werden. *Lumineszenz-Erscheinungen*, das heisst die Lichtentstehung ohne Wärmeentwicklung, können durch die Anregung von Gasatomen in einer Glasröhre durch Elektrizität erfolgen. Da die Leuchterscheinungen dieser Strahler ohne wesentliche Erhöhung der Temperatur wirken, spricht man öfters auch von «kaltem Licht».

Das Spektrum von Nichttemperaturstrahlern ist im Gegensatz zu denjenigen der Temperaturstrahler nicht gleichmässig, es ist *diskontinuierlich*. Die wichtigsten Nichttemperaturstrahler für unsere Zwecke sind Gasentladungslampen, wie Elektronenblitzröhren, Leuchtstoffröhren, Neonröhren, Natriumdampflampen, Quecksilberdampflampen.

Eine untergeordnete Rolle spielen die Lichtentstehungen durch chemische Veränderung bestimmter Stoffe (Chemolumineszenz) oder das Einschliessen bestimmter Materialien in den Stromkreis (Elektrolumineszenz).

Innerhalb der Lumineszenz sollten wir noch folgende Begriffe kennen:

Phosphoreszenz (Nachleuchter)

Gewisse Phosphorstoffe leuchten mehr oder weniger lang nach, auch wenn sie nicht mehr mit Licht bestrahlt werden (Leuchtfarben, faulendes Holz, Leuchtziffern usw.).

Fluoreszenz

Andere Substanzen, wie zum Beispiel Fluorite, leuchten bei Bestrahlung auf. Die Lichtstrahlung verschwindet, sobald die anregende Bestrahlungsquelle ausgeschaltet wird.

Neben sichtbaren Lichtstrahlen können die anregenden Strahlen auch Ultraviolett-, Röntgen- oder Elektronenstrahlen sein. Unsere üblichen Leuchtstoffröhren sind an der Innenwandung mit einem *Fluoreszenzstoff* belegt, der im sichtbaren Bereich zu strahlen beginnt, wenn er von der kurzwelligen UV-Strahlung der Gasentladung getroffen wird. Er wandelt gewissermassen die kurzwellige UV-Energie in eine langwelligere sichtbare Strahlung um.

Dasselbe geschieht in der *Fernsehröhre*. Hier leuchten die farbigen Leuchtstoffpunkte auf, wenn sie vom Elektronenstrahl der Strahlkanone getroffen werden. Der Röntgenschirm beim Durchleuchte-Apparat oder beim Schirmbild leuchtet hell auf, wenn er von (unsichtbaren) Röntgenstrahlen getroffen wird.

Unsere Fotopapiere – wie auch alle modernen, ultrareinmachenden Waschmittel – enthalten

Weissmacher, Fluoreszenzstoffe, die im sichtbaren Blaubereich fluoreszieren, wenn sie von UV-Strahlung getroffen werden. Da alle unsere Lichtquellen eine bestimmte Menge UV abgeben, erscheinen Stoffe, die mit «Weissmachern» versehen sind, weisser und heller.

1.2 Lichtarten

Nachdem wir nun über die Entstehung von Licht einiges erfahren haben, können wir die Lichtart verschiedener Lichtquellen besser verstehen.

1.2.1 Inkohärente und kohärente Strahlung

Die meisten uns bekannten Lichtquellen strahlen absolut kein homogenes Gemisch von zusammenhängenden elektromagnetischen Wellen aus. Stellen wir uns vor, wir könnten gleichsam in starker Zeitlupe die Ausstrahlung einer glühenden Metallwendel in einer Glühbirne betrachten. Die Wendel besteht aus einer Unzahl von Metallionen, deren Elektronen gelegentlich oszillieren, wenn die Ionen durch das Elektronenbombardement des elektrischen Stromes gerüttelt werden. Jedes Metallion aber wird ziemlich unabhängig von den Nachbarionen in eine Pendelbewegung versetzt. Die emittierte Strahlung hängt ganz davon ab, wann und wie oft ein einzelnes Ion gerüttelt wird. Solange ein Ion in Bewegung ist, entstehen Quantensprünge der Elektronen, es wird also eine Strahlung bestimmter Intensität völlig unabhängig von den benachbarten Ionen abgestrahlt. Was unser Auge trifft, ist eine nahezu unendliche Zahl einzelner Wellenzüge mit sehr unterschiedlichen Längen, Dauer und Amplituden, deren Phasen, das heisst Wellenberge und Wellentäler, absolut nicht übereinstimmen. Unser Auge bemerkt die Unregelmässigkeit der Strahlung nicht, da von der grossen Zahl von Metallionen natürlich ständig sehr viele gleichzeitig eine elektromagnetische Störstrahlung aussenden. Einen solchen Mischmasch einer unzusammenhängenden Strahlung bezeichnet man als *inkohärente Strahlung*.

Selbst ein einfarbiges monochromatisches Licht, ein Licht, das aus lauter gleichen Wellenlängen besteht, ist inkohärent. Die Wellenzüge

sind zwar von gleicher Wellenlänge und daher gleicher Frequenz, ihre Phasen aber stimmen nicht überein. Die elektromagnetische Strahlen erzeugenden Metallionen oszillieren unabhängig voneinander.

Gelingt es aber, gewöhnliche Strahlen durch besondere Massnahmen so umzuformen, dass lauter Wellenzüge identischer Wellenlänge entste-

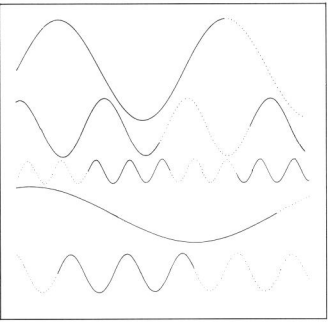

Inkohärentes Mischlicht

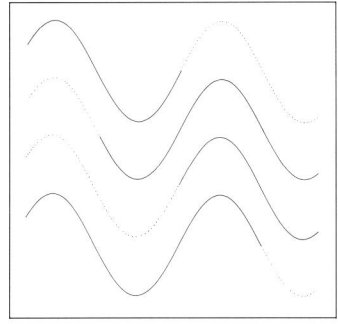

Inkohärentes, monochromatisches Licht

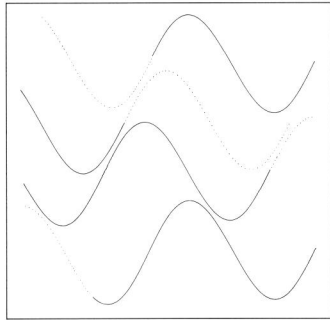

Kohärente Strahlung

hen, deren Phasen immer übereinstimmen, so spricht man von zusammenhängender oder *kohärenter Strahlung*. Die Erzeugung könnte man sich vorstellen, indem man künstlich die Elektronen auf dem höheren Energieniveau so lange warten lässt, bis alle diesen Zustand erreicht haben und man sie dann kollektiv abruft. Die Emission der Strahlung erfolgt dadurch überall gleichzeitig mit fester Beziehung zu jedem benachbarten Metallion.

Ein Mittel, um kohärente Strahlung zu erzeugen, stellt der *LASER* dar. LASER ist ein Kunstwort, das die Abkürzung der englischen Erklärung bedeutet: Light amplification by stimulated emission of radiation. Zu Deutsch etwa: Verstärkung des Lichtes durch erzwungene Emission der Strahlung.

Die einfachste Form eines LASER's wurde um 1960 in Form eines Festkörperlasers realisiert. Es handelt sich dabei um einen stabförmigen Rubinkristall, dessen Chromionen durch das Licht einer Xenon-Blitzröhre angeregt werden. Elektronen gehen dabei auf ein höheres Energieniveau, wo sie einige Zeit verweilen können. Fallen sie in den Grundzustand zurück, emittieren sie eine Strahlung, die ihrerseits andere angeregte Elektronen dazubringt, ebenfalls in den Grundzustand zu gehen. Der Rubinkristall ist an seinen plangeschliffenen Enden versilbert. Das Licht läuft dadurch ständig im Kristall hin und her, was die Wahrscheinlichkeit erhöht, dass weitere Chromionen getroffen werden und ihrerseits zur Emission stimulieren. Dabei entstehen neue Lichtquanten, die ebenfalls gespiegelt werden und den Emissionsprozess lawinenartig ansteigen lassen. Macht man eine der Kristallendflächen teildurchlässig, so tritt ein Teil der Photonen aus dem Kristall heraus.

Neben Festkörperlasern kennt man Gaslaser, Flüssiglaser und Halbleiterlaser. Bei allen entsteht eine unvergleichlich parallele Strahlung, die extrem kohärent ist.

1.2.2 Strahlenbündel

In unseren Betrachtungen werden wir häufig von «Lichtstrahlen» sprechen. In Tat und Wahrheit kann man natürlich einen Lichtstrahl gar nicht zeichnen. Das Symbol, die Gerade, deren Richtung eindeutig durch die Pfeilspitze bestimmt ist, stellt lediglich eine rein geometrische Abstraktion dar. Stellt man sich eine kleine, punktförmige Lichtquelle vor, so breiten sich

die Lichtstrahlen allseitig radial und dreidimensional aus. Greift man aus dieser Gesamtheit einen bestimmten Ausschnitt heraus, so erhält man ein *divergentes Strahlenbündel*. Divergente Strahlenbündel unterscheiden sich lediglich durch ihren Öffnungswinkel voneinander. Sie sind in der Natur vorherrschend.

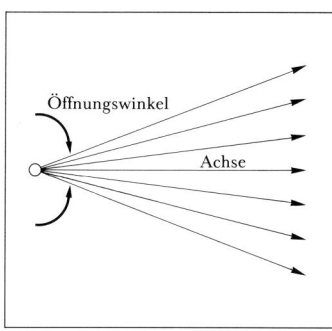

Divergentes Bündel

Betrachtet man ein divergentes Bündel einer Lichtquelle, die sich unendlich weit weg befindet, so wird das Bündel zum Spezialfall, zu einem *Parallelbündel*.

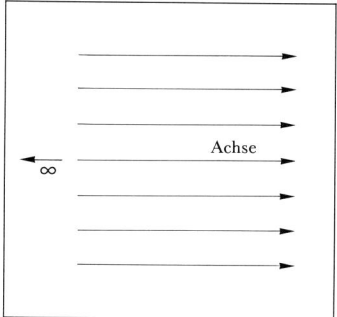

Parallelbündel

Durch künstliche (optische) Mittel können divergente oder parallele Bündel beeinflusst werden, so dass sie in einem Punkt zusammenlaufen. In diesem Falle spricht man von einem *konvergenten Bündel*.

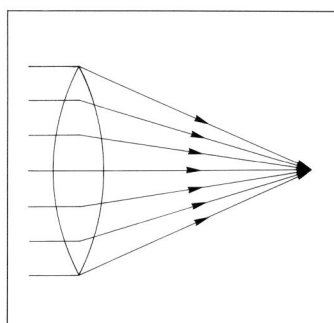

Konvergentes Bündel

Die beschriebenen Bündel sind für alle grundlegenden Betrachtungen in der Fotografie und der Beleuchtungstechnik von grösster Bedeutung. So kann beispielsweise jeder Punkt eines Gegenstandes, der von Licht getroffen wird, als kleinster selbstleuchtender Punkt betrachtet werden, der seinerseits ein divergentes Lichtbündel aussendet.

Aufnahme Alexander Rabl ACA Werbestudio, Hemer

1.3 Lichttechnische Masseinheiten

Jede Lichtquelle sendet einen Strom von Lichtenergie nach einigen oder allen Seiten des Raumes aus. Zur messtechnischen Erfassung der Lichtenergie sind in der Technik eine ganze Reihe notwendiger Masseinheiten entstanden, von denen uns neben der Basiseinheit der Lichtstärke einige abgeleitete Einheiten interessieren müssen.

1.3.1 Die Lichtstärke I

Unter Lichtstärke versteht man die von einer Lichtquelle ausgehende Leuchtkraft. Früher wurde als Vergleichswert die *Hefnerkerze* verwendet, eine spezielle Lichtquelle, deren Leuchtkraft etwa derjenigen einer Stearinkerze mit 1 cm Durchmesser entsprach.

Heute entspricht die Masseinheit der Lichtstärke, die *Candela* (cd), $\frac{1}{60}$ der Lichtenergie, die von 1 cm^2 Oberfläche von bis zum Schmelzpunkt erhitzten Platins ausgeht. Als groben Vergleichswert für Überschlagsrechnungen kann man bei elektrischen Glühbirnen 1 cd mit etwa 0,5 Watt elektrischer Leistung gleichsetzen.

1.3.2 Der Lichtstrom Ø (Phi)

Als Lichtstrom bezeichnet man den von einer Lichtquelle ausgehenden Strom von Lichtenergie, das heisst, die ausgestrahlte *Leistung*. Die Masseinheit ist das *Lumen (lm)*.

1 lm ist der gesamte Lichtstrom, den eine Lichtquelle der Stärke 1 cd in die Einheit des Raumwinkels ausstrahlt. Ein Steradiant, die Einheit des Raumwinkels, ist der räumliche Winkel, der in 1 m Entfernung ein Kugelsegment von 1 m^2 bestreicht.

Bei Fotolampen und Glühbirnen gibt man den Gesamtlichtstrom an. Dabei besitzt eine Lichtquelle der Stärke 1 cd einen Gesamtlichtstrom

von 12,56 lm, weil eine Kugel von 1 m Radius eine Oberfläche von 12,56 m^2 aufweist oder, anders gesagt, eine ganze Kugel einen Raumwinkel von 12,56 Steradianten (sr) besitzt.

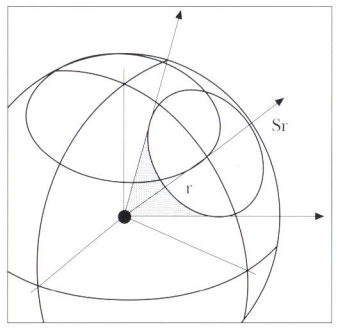

Raumwinkel

1.3.3 Die Beleuchtungsstärke E

Zu Beleuchtungszwecken trifft der Lichtstrom früher oder später auf eine zu beleuchtende Fläche auf. Die auf einen Körper auftreffende Lichtenergie bezeichnet man als Beleuchtungsstärke. Die Masseinheit ist das *Lux (lx)*.

1 lx ist die Beleuchtungsstärke einer Fläche, auf die pro m^2 ein Lichtstrom von 1 lm fällt.

Die Beleuchtungsstärke bei grellem Tageslicht im Sommer kann bis zu 100 000 lx betragen, während ein gut beleuchtetes Sportstadion eine Beleuchtungsstärke von rund 1000 lx aufweist.

In angelsächsischen Ländern findet man noch öfters den Ausdruck *footcandle (fc)* als Masseinheit für die Beleuchtungsstärke. Dabei entspricht 1 fc = 10,76 lx.

Da für die Belichtung in der Fotografie nicht nur die Beleuchtungsstärke, sondern ebenso die Einwirkungsdauer wesentlich ist, müssen wir uns noch eine weitere abgewandelte Einheit merken:

Masseinheit für die *Belichtung (H)* ist die *Luxsekunde (lxs)*. Sie entspricht der Beleuchtungsstärke von 1 lx während 1 s.

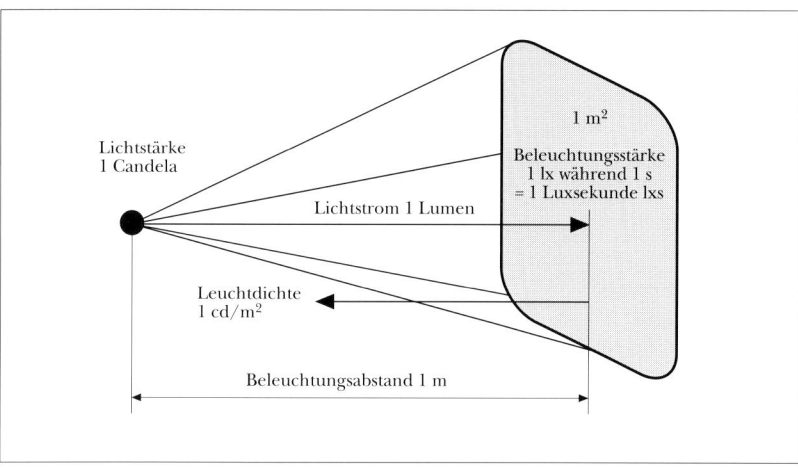

Lichttechnische Masseinheiten

1.3.4 Die Leuchtdichte L

Die Beleuchtungsstärke ist die auftreffende Lichtenergie. Ein Körper wirft aber wieder einen bestimmten Anteil dieser Lichtenergie zurück. Der von einer reflektierenden Fläche zurückgeworfene Lichtstrom bezeichnet man als Leuchtdichte. Die Masseinheit ist die *Candela pro m² (cd/m²)*. 1 cd/m² ist die Leuchtdichte einer vollständig (100%ig) reflektierenden Fläche, die pro m² eine Beleuchtungsstärke von 1 lx aufweist.

Mit unseren Belichtungsmessern messen wir bei Lichtmessung die Beleuchtungsstärke, bei Objektmessung hingegen die Leuchtdichte.

1.3.5 Die Lichtausbeute

Jede Lichtquelle benötigt eine bestimmte, meist elektrische Energie. Um etwas über den Wir-

kungsgrad und damit die Wirtschaftlichkeit einer künstlichen Lichtquelle auszusagen, hat man den Begriff der Lichtausbeute eingeführt. Es ist dies ein Vergleich des Lichtstromes pro ein Watt elektrischer Leistung. Masseinheit ist das *Lumen pro Watt (lm/W)*.

1.3.6 Farbwiedergabeindex R_a

Die technischen Daten von Entladungs-Lampen zu Beleuchtungszwecken enthalten oft eine Angabe über die *Farbwiedergabe*. Es ist dies ein Mass dafür, inwieweit die Farbwiedergabe des Lichtes bzw. die Angabe der Farbtemperatur einer Lichtquelle mit derjenigen eines Temperaturstrahlers übereinstimmt.

Temperaturstrahler weisen naturgemäss stets einen Farbwiedergabeindex von 100 auf. Entladungslampen dagegen haben immer mehr oder weniger grosse Lücken im Spektrum und werden daher mit einem Farbwiedergabeindex unter 100 bedacht.

Gemessen wird der Farbwiedergabeindex durch die Remissionseigenschaften von mindestens 8 wohldefinierten, vorgegebenen Farben.

Brauchbar für farbfotografische Zwecke ist eine Entladungslampe dann, wenn ihr Farbwiedergabeindex R_a grösser als 85 ist. Die weiter unten erläuterten Halogen-Metalldampflampen weisen zum Beispiel einen R_a von über 90 auf.

Zusammenfassung

Beim ersten Durchlesen dieses Abschnittes erscheinen die vielen Masseinheiten etwas verwirrend. Die Abbildung in der linken Spalte verschafft Übersicht.

Eine Lichtquelle, die wir der Einfachheit halber als punktförmig klein annehmen wollen, mit der *Lichtstärke von 1 cd* strahlt in die Einheit des Raumwinkels einen *Lichtstrom von 1 lm* aus. In 1 m Distanz herrscht auf 1 m² Fläche eine Beleuchtungsstärke von 1 lx. Ist die Fläche zu 100% rückstrahlend (Rückstrahlvermögen Albedo 1), wird eine *Leuchtdichte von 1 cd/m²* zurückgeworfen. Wirkt die Beleuchtungsstärke von 1 lx während einer s ein, spricht man von einer *Belichtung von 1 lxs*.

1.3.7 Die Lichtabnahme

Eine punktförmige Lichtquelle der Stärke 1 cd erzeugt in der Einheit des Raumwinkels in 1 m

Distanz eine Beleuchtungsstärke von 1 lx. Die Lichtenergie verteilt sich dabei auf eine Fläche von 1 m². Vergrössert man die Strahldistanz auf 2 m, wird die angestrahlte Fläche 4 m² gross, was nichts anderes bedeutet, als dass sich dieselbe Lichtenergie auf eine viermal so grosse Fläche verteilt. An einem beliebigen Punkt dieser Fläche ist die Beleuchtungsstärke daher bei Verdoppelung der Strahldistanz auf einen Viertel geschrumpft. Vergrössern wir die Distanz gar auf 3 m, wächst die Grösse der bestrahlten Fläche auf 9 m² an und die Beleuchtungsstärke eines beliebigen Punktes sinkt auf einen Neuntel ab.

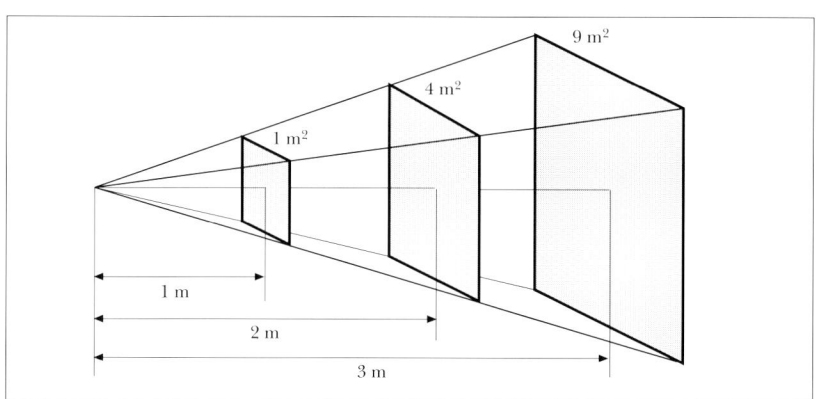

Abnahme der Beleuchtungsstärke

Bei *punktförmigen Lichtquellen*, die divergente Bündel ausstrahlen, nimmt die Beleuchtungsstärke auf verschieden entfernten Ebenen im selben Masse ab, wie die beleuchtete Flächengrösse zunimmt. Auf gleicher Messfläche wird die Beleuchtungsstärke daher im *Quadrat der Entfernung kleiner*.

Die Abnahme der Beleuchtungsstärke im Quadrat der Entfernung tritt natürlich nur auf, wenn es sich um eine (punktförmige) Lichtquelle handelt, die ein divergentes Strahlenbündel aussendet. Bei einem strengen Parallelbündel tritt – theoretisch zumindest – keine Lichtabnahme auf (z.B. beim Laserstrahl oder im Beleuchtungs-Nahbereich beim Einsatz einer grossen Leuchtfläche).

1.3.8 Das Lambert'sche Gesetz

Die Beleuchtungsstärke auf einer Fläche ist nicht nur von der Lichtstärke und der Strahldistanz, sondern ebenso vom Einfallswinkel des Lichtes abhängig.

Tritt Licht senkrecht auf eine Fläche (Einfallswinkel = 0°) auf, errechnet sich die Beleuchtungsstärke (bei punktförmiger Lichtquelle) lediglich aus der Lichtstärke in cd geteilt durch das Quadrat des Strahlabstandes in m.

Steht hingegen eine zu beleuchtende Fläche schräg zur Lichtrichtung, wird sie schwächer beleuchtet als bei senkrechtem Lichteinfall. Die Berechnung erfolgt mit Hilfe der Winkelfunktion Cosinus (Ankathete durch Hypotenuse). Ist der Einfallswinkel 0°, beträgt der cos 1, ist er 90°, beträgt der cos 0.

Das Wissen um die geringere Beleuchtungsstärke bei schrägem Lichteinfall setzt der Fotograf unter anderem dann ein, wenn es gilt, einen Hintergrund unter einem Gegenstand von Schwarz nach Weiss verlaufen zu lassen.

Für die eigentliche praktische Arbeit hingegen wird man kaum je den Belichtungsmesser mit dem wissenschaftlichen Elektronenrechner vertauschen. Vielmehr stellen Erfahrung und ein gutes Belichtungs-Messgerät die wichtigsten Arbeitsinstrumente dar.

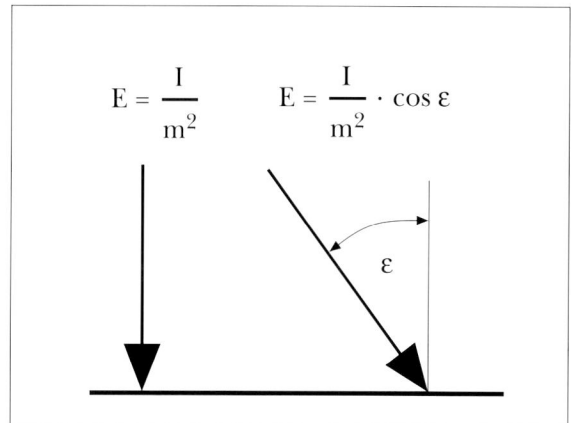

Lambert'sches Gesetz

1.4 Die spektrale Lichtzusammensetzung

Wie bereits erläutert liegt die Quelle des Lichtes in der äussersten Atomschale. Durch Energiezufuhr werden Elektronen angeregt, fallen danach wieder in den Grundzustand und geben die aufgenommene Energie durch dieses Oszillieren als elektromagnetische Strahlung ab. Der Anteil

1.4

der elektromagnetischen Strahlung im Wellenlängenbereich von rund 400 bis 700 nm ist für unser Auge sichtbar und wird als «Licht» bezeichnet.

1.4.1 Kontinuierliche und diskontinuierliche Spektren

Glühende feste und flüssige Körper strahlen alle Wellenlängen des sichtbaren Lichtes, das heisst alle Farben, ab. Bedingt durch die enge Wechselwirkung der Atome untereinander kommen praktisch sämtliche Energieniveaus vor. Je nach Temperatur, auf die solche Körper erhitzt werden, ist der relative Anteil der abgestrahlten Wellenlängen unterschiedlich; sie können rötliches bis blauweisses Licht aussenden.

Die Lichtfarbe glühender Gase hingegen hängt stark vom Bau der Atome und der Anordnung der Elektronen ab. Glühende Gase senden nur einzelne, ganz bestimmte Wellenlängen aus.

Newton stellte 1669 fest, dass weisses Licht nichts anderes als die Summe eines Sammelsuriums aller elektromagnetischen Wellenlängen zwischen 400 und etwa 700 nm ist.

Sendet man nämlich weisses Licht, zum Beispiel dasjenige der Sonne, durch ein dreikantiges Glasprisma, so entsteht ein farbiges Regenbogenband, das *Spektrum.*

Beim Eintritt ins Glas versetzen die Photonen des Lichtes die Moleküle des Prismas in Schwingungen. Dadurch wird der Lichtstrahl von seiner geradlinigen Ausbreitungsrichtung abgelenkt. Die Photonen einer kurzwelligen Strahlung bewirken eine stärkere Schwingung als diejenigen einer langwelligen Strahlung.

Folglich wird kurzwellige Strahlung stärker abgelenkt als langwellige.

Das sichtbare weisse Licht ist ein Wellenlängengemisch von rund 400 bis 700 nm. Wenn einzelne dieser Wellenlängen unser Auge treffen, empfinden wir Farben. Trifft hingegen die Summe der Wellenlängen von 400 bis 700 nm unser Auge, werden alle drei Sorten der lichtempfindlichen Rezeptoren unserer Netzhaut getroffen, und wir bezeichnen den Empfindungseindruck als «weiss».

Feste Stoffe im glühenden Zustand und erhitzte flüssige Substanzen senden ein zusammenhängendes Gemisch aller Wellenlängen aus, von denen unser Auge den Anteil «Licht» empfangen kann. Stark verdichtete Gase verhalten sich gleich.

Sendet man das Licht eines Temperaturstrahlers durch ein Prisma, entsteht ein *kontinuierliches Spektrum,* das heisst, ein übergangslos ineinandergreifendes Band der Farben Violett, Blau, Grün, Gelb, Orange, Rot und Dunkelrot. Die dem Auge nicht sichtbare Strahlung oberhalb von etwa 750 nm (Infrarot) und unterhalb von 400 nm (Ultraviolett) hat für die Fotografie fast ebensolche Bedeutung wie der sichtbare Spektralanteil.

Ganz anders, nicht durch Temperatureinwirkung, entsteht Licht beispielsweise bei Fluoreszenzröhren. Hier wird die elektrische Energie zunächst in eine Bewegungsenergie umgewandelt. Schnell fliegende Elektrizitätsteilchen, gasförmige Ionen und Elektronen, prallen zusammen und bewirken Quantensprünge. Die Bewegungsenergie wird dabei in eine elektromagnetische Strahlung umgewandelt.

Im Falle unserer normalen Leuchtstoffröhren prallen die Photonen der entstehenden nichtsichtbaren kurzwelligen Strahlung auf einen puderartigen *Fluoreszenzstoff,* der an der Glasrohr-Innenwandung angebracht ist. Die aufprallenden Lichtquanten regen deren Atome zur Aussendung längerer Wellen an, die wir sehen können (Fluoreszenz).

Gewisse Gase wie Neon, Wasserstoff oder Helium geben in elektrischen Entladungsröhren direkt eine sichtbare Strahlung ab.

Praktiziert man die spektrale Lichtzerlegung eines in elektrischen Entladungsröhren leuchtenden Gases, zeichnet sich statt eines zusammenhängenden Spektrums ein System von einzelnen *Spektrallinien* ab. Man spricht hier von einem *diskontinuierlichen Spektrum.* Der Entstehungsunterschied von kontinuierlicher und diskontinuier-

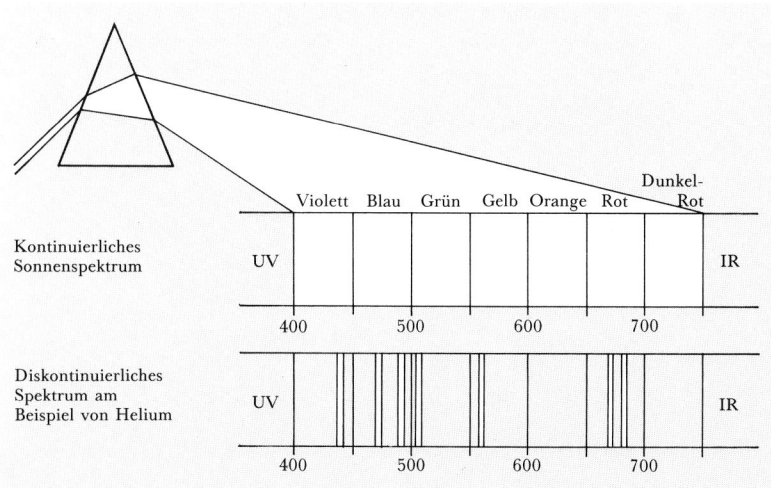

Kontinuierliches und diskontinuierliches Spektrum

licher Strahlung ist durch die Tatsache erklärbar, dass in festen Körpern die Atome dichter aufeinandersitzen als in Gasen und sich dadurch bei der Aussendung ihrer Photonen gegenseitig stören. Auch bei festen und flüssigen Temperaturstrahlern entstehen effektiv Spektrallinien, die aber derart nah aneinanderliegen, sich teilweise mehr oder weniger verwischen und uns so kontinuierlich und übergangslos erscheinen.

1.4.2 Verteilungs- und Farbtemperatur

Die Tatsache, dass ein glühender Körper bei relativ niedriger Temperatur rötliches, bei höherer mehr bläuliches Licht ausstrahlt, hat zur Schöpfung eines theoretischen «Schwarzen Körpers» (Planckscher Hohlraumstrahler) geführt, dessen farbliche Ausstrahlung bei einer gewissen Temperatur als Vergleich für die farbliche Strahlung einer Lichtquelle hinzugezogen wird. Man stellt sich dabei einen schwarzen Hohlraumkörper vor, der sämtliche auf ihn fallende Energie absorbiert und selbst keine Reflexionsfähigkeit besitzt. Natürlich handelt es sich um ein reines Denkmodell, denn kein uns bekanntes Material könnte die geforderten Eigenschaften erfüllen. Bei tiefster Temperatur, dem absoluten Nullpunkt (– 273°C = 0 K) erscheint der Körper vollständig schwarz. Heizt man ihn auf, beginnt er allmählich sichtbare Strahlung auszusenden (Temperaturstrahler).

Bei einer Temperatur von etwa 2000 K strahlt der Körper eine rötliche Lichtfärbung, ähnlich einer Kerze, aus. Bei Erhöhung der Temperatur steigt der relative Anteil an blauer Strahlung gegenüber der schon bei verhältnismässig tiefer Temperatur vorhandenen roten Strahlung allmählich an. Das Emissionsspektrum verschiebt sich mehr gegen Blau.

Wird der Körper schliesslich auf über 8000 K erhitzt, strahlt er eine Lichtfarbe aus, wie sie beispielsweise ein blauer Himmel aufweisen kann.

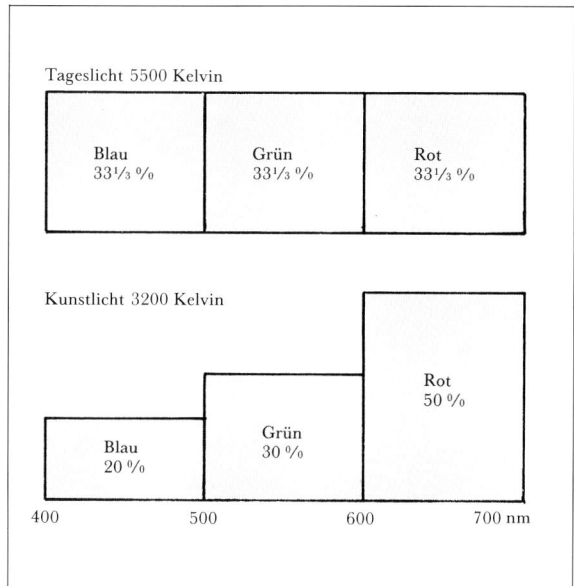

Relative Energieverteilung

Die prozentuale Energieverteilung der abgestrahlten blauen, grünen und roten Wellenlängen ist direkt abhängig von der Temperatur, auf die der Körper erhitzt wurde.

Da sich jeder Temperaturstrahler gleich verhält wie ein «Schwarzer Körper», kann man die Farbe seiner Lichtausstrahlung direkt mit der Temperatur des Strahlers vergleichen und sie in absoluten Temperaturwerten nach KELVIN angeben. Je höher der Kelvinwert, umso grösser ist der Anteil an blauer Strahlung.

Verteilungstemperatur bei Temperaturstrahlern

Temperaturstrahler erzeugen ein kontinuierliches Spektrum. Man charakterisiert die Farbe ihrer Strahlung durch die Strahltemperatur in KELVIN und sagt, das Kunstlicht einer Fotolampe besitze beispielsweise eine Verteilungstemperatur von 3200 K.

Die Verteilungstemperatur sagt aus, dass ein Temperaturstrahler in einem bestimmten Spektralgebiet *dieselbe Energieverteilung* wie der Schwarze Strahler besitzt.

Farbtemperatur bei Nichttemperaturstrahlern

Nichttemperaturstrahler erzeugen ein diskontinuierliches oder – wie zum Beispiel Fluoreszenzröhren – eine Mischung aus kontinuierlichem Spektrum mit einzelnen hervorragenden Spektralbanden.

Die Farbe lässt sich mit derjenigen eines Temperaturstrahlers lediglich *vergleichen*. Im Gegen-

Temp. K	Blau %	Grün %	Rot %	Entspricht etwa
2000	5,8	16,7	77,6	Kerze
2800	7,0	32,0	61,0	Glühlampe
3200	20,0	30,0	50,0	Fotolampe
5000	29,8	32,5	37,7	Sonne um 12 Uhr
5500	33,3	33,3	33,3	mittleres Tageslicht
8000	39,1	33,7	27,2	blauer Himmel

satz zum Licht von Temperaturstrahlern spricht man hier von Farbtemperatur und meint damit die Temperatur in KELVIN, auf die man einen Schwarzen Körper erhitzen *müsste*, um unserem Auge einen ähnlichen Eindruck zu vermitteln.

Der im Abschnitt 1.3.6 erläuterte *Farbwiedergabeindex R_a* macht in den Datenblättern der Lampenhersteller eine prozentuale Angabe über diese farbliche Relation im Vergleich zu einem reinen Temperaturstrahler, dessen Ra immer 100 beträgt.

1.5 Lichtquellen und ihre fotografische Eignung

Bis auf den heutigen Tag hat aus verständlichen Gründen das Tageslicht nichts von seiner Bedeutung verloren, werden doch sicherlich die weitaus meisten Bilder von Amateurfotografen bei Tageslicht gemacht. Spätestens seit der Verbreitung der Farbfotografie aber weiss auch der aus Liebhaberei Fotografierende, dass das Tageslicht stets spektralen Schwankungen unterworfen ist und die Zusammensetzung des Lichtes nicht konstant bleibt. Die Bildresultate fallen entsprechend unterschiedlich aus.

Der Wunsch nach einem Tageslichtersatz, unabhängig von Tageszeit, Wetter und Umweltbedingungen, hat über den Umweg von Petroleumlicht, Gaslicht, Kohlenbogenlicht einen ersten Abschluss mit der Entdeckung und Einführung der Glühfadenlampe gefunden. In den 50er Jahren unseres Jahrhunderts begann sich dann eine neue Lichtart, der *Elektronenblitz*, durchzusetzen. Der Amerikaner Prof. Harald Edgerton gilt als Wegbereiter für die Kurzzeitfotografie, die mit dieser neuen Lichtart möglich wurde. Sein Bild eines Milchtropfens, der auf einer Fläche aufplatscht und eine Krone bildet, ist zum Symbol der Kurzzeitfotografie geworden. Bekannt sind auch die vielen Aufnahmen von Geschossen, die Gläser zertrümmern, Früchte durchschlagen oder eine Vielzahl von Aufnahmen mit Stroboskopblitz.

Durch die Konstanz und günstige spektrale Zusammensetzung jeder einzelnen Entladung hat das Elektronenblitzlicht in den vergangenen

Aufnahme Fotostudio Lieb, Langnau a.A.

Jahren als unbestritten beste künstliche Lichtquelle seinen Platz im professionellen Fotostudio errungen.

Das will aber nicht heissen, dass andere künstliche Lichtquellen nicht ihre Berechtigung haben würden. Die folgende Aufstellung nennt die wichtigsten Lichtquellen und umschreibt ihre fotografische Eignung.

1.5.1 Glühlampen

Die Glühlampe stellt nach dem Lichtbogen der Kohlenbogenlampe die früheste Art einer elektrisch betriebenen Lichtquelle dar. Generationen von Fotografen haben sie als einzige künstliche Lichtquelle gekannt.

Als Leuchtkörper dient eine Wendel aus schwerschmelzendem Material wie zum Beispiel Wolfram (Schmelzpunkt 3385°C bzw. 3658 K). Die Wendel wird von elektrischem Strom durchflossen und dadurch über den Umweg von Wärme zum Glühen gebracht. Um das Verbrennen der Wendel zu verhindern, muss der Inhalt des Glaskolbens frei von Sauerstoff sein. Man erreicht dies durch Evakuieren und nachheriges Füllen mit einem Edelgas oder mit Stickstoff.

Um schädliche Sauerstoffrückstände zu binden, wird ein sogenannter *Getter* aufgebracht. Es handelt sich dabei um aufgedampfte Alkalimetalle oder um Thorium-Aluminium-Silberlegierungen, die durch Adsorption, Lösung oder chemische Reaktion Luft und Wasserdampf-Rückstände binden. Je höher die Betriebstemperatur der Leuchtwendel ist, umso sorgfältiger müssen Glaskolben evakuiert und von Sauerstoffresten befreit werden.

Die Länge und der Durchmesser des Wendeldrahtes sind auf die gewünschte Betriebsspannung, Leistungsaufnahme und Glühtemperatur abgestimmt. Mit steigender Temperatur nehmen Lichtausbeute und Verteilungstemperatur zu, die Lebensdauer geht zurück. Dieser Rückgang ist dadurch bedingt, dass das Drahtmaterial bei höherer Temperatur rascher verdampft und immer dünner wird, bis es an einer Stelle schmilzt. Verteilungstemperaturen über 3400 K lassen sich mit Glühlampen nicht erreichen. Man würde dabei zu nahe an den Schmelzpunkt des Wolframs heranrücken, was eine untragbar kurze Lebensdauer zur Folge hätte.

Bei Glühlampen wird nur etwa 4 bis 8% der zugeführten Energie in Licht umgewandelt, der Rest wird als Wärme frei.

Normale Haushalt-Glühlampen

Übliche Haushaltlampen sind evakuiert und teilweise mit Stickstoff gefüllt. Bei Kleinkolben verwendet man als Füllgas das Edelgas Krypton. Die Verteilungstemperatur liegt bei 2800 K und die Brenndauer bei etwa 1000 Stunden.

Fotolampen Typ B

Diese Lampen mit Leistungen von 250, 500 und 1000 Watt brennen mit etwas Überspannung, so dass eine Verteilungstemperatur von 3200 K entsteht. Die Lampenkolben sind mit Stickstoff gefüllt, was man häufig auch an dem Typennamen erkennen kann (z.B. Nitraphot). Die Brenndauer liegt bei 50 bis 100 Stunden.

Fotolampen Typ S

Vorwiegend für die Belange der Amateur-Filmtechnik wurden auch Glühlampen konstruiert, die eine Verteilungstemperatur von 3400 K abgeben. Bezogen auf die Wendel brennen derartige Lampen mit stärkerer Überspannung, was eine Edelgasfüllung notwendig macht. Die Brenndauer liegt bei 2 bis 15 Stunden. Fotolampen Typ S existieren auch mit einem blauen Überzug, der als Konversionsfilter funktioniert und so die Abstrahlung von mittlerem Tageslicht mit 5500 K ermöglicht.

Vergrösserungslampen

Vergrösserungslampen sind Typ B-Lampen mit einer Verteilungstemperatur von 3200K. Sie besitzen eine etwas flächigere Wendel, und der Glaskolben ist stärker opalisiert als bei normalen Lampen. Auch ihre Lebensdauer beträgt – je nach Schalthäufigkeit – 50 bis 100 Stunden.

Niederspannungslampen

Niederspannungslampen für Betriebsspannungen von 6, 12 und 24 Volt werden nahezu ausschliesslich für Projektionszwecke verwendet. Ihr Aufbau entspricht demjenigen der Normalspannungslampen.

Spektrale Zusammensetzung

Vereinfacht gesagt besteht Glühlampenlicht aus etwa 1 Teil Blau, 2 Teilen Grün und 3 Teilen Rot. Als Temperaturstrahler erzeugen Glühlampen völlig kontinuierliche Spektren, sie sind aus diesem Grund für farbfotografische Zwecke absolut brauchbar. Nicht übereinstimmende Verteilungstemperaturen können mit Hilfe von *Konversionsfiltern* an die Sensibilisierung der Farbfilme angepasst werden.

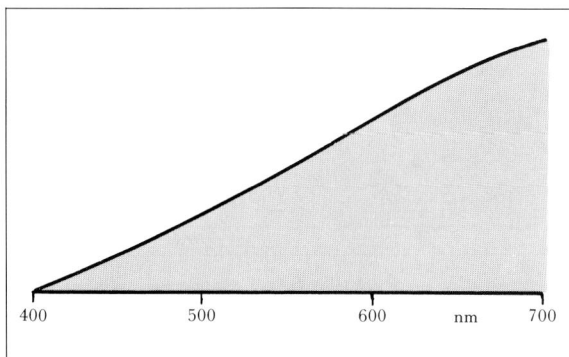

Spektrale Zusammensetzung von Glühlicht

Leider stimmt die Verteilungstemperatur einer Glühlampe nur, wenn sie noch völlig neu ist. Denn trotz Verwendung des schwerschmelzenden Wolframs als Wendelmaterial verdampft bei den hohen Betriebstemperaturen von über 3000°C immer ein wenig des Wendelmaterials. Am kühleren Glaskolben schlägt sich dieses Metall während der Betriebszeit als schwärzlicher Belag ab, und gleichzeitig wird die Wendel ständig dünner, wodurch der elektrische Widerstand zunimmt.

Durch Füllung der Lampenkolben mit den Gasen Stickstoff, Argon, Krypton oder Gemischen daraus, welche die Leuchtdrähte auch bei den hohen Temperaturen nicht angreifen, wird der Verdampfung etwas entgegengewirkt. Auch durch entsprechend grosse Glaskolben kann der Schwärzungsbelag dünn gehalten werden. Bei Speziallampen wird zudem durch die Kolbenform dafür gesorgt, dass sich das Wolfram nur an solchen Stellen niederschlägt, wo es den Lichtaustritt nicht oder nur mässig behindert.

Trotzdem strahlt jede Glühlampe mit zunehmender Betriebsdauer schwächer und in ihrer Farbverteilung rötlicher. Das heisst, die ursprüngliche Verteilungstemperatur von 3200 K einer Fotolampe sinkt gegen das Ende der Lebensdauer bis auf 2600 bis 2800 K zusammen. Dieser unangenehme Effekt macht die beste Glühlampe in der Farbfotografie unsicher, und Glühlicht-Fotografen kommen nicht darum herum, öfters die Zusammensetzung des vorhandenen Kunstlichtes zu messen und mittels Konversionsfiltern auszugleichen.

1.5.2 Halogenlampen

Diesbezüglich bedeutend günstiger verhalten sich sogenannte Halogenlampen. In diesen Typen ist zusätzlich zum Füllgas ein Halogen-Element eingelagert (meist Jod- oder Bromverbindungen). Zwar verdampft auch hier das Wolfram der Wendel, doch verbinden sich die bei Temperaturen von rund 3300°C frei werdenden Wolframatome beim Abkühlen in einem Temperaturbereich von unter 1400°C mit den vorhandenen Halogenatomen zu *Wolframhalogenid*, einer Verbindung, die bis zu einer Temperatur von 250°C gasförmig bleibt und so am kühleren Glaskolben praktisch nicht kristallisieren kann. Die verbundenen Partikel gelangen dann mit der thermischen Strömung des Füllgases wieder in die Nähe der heissen Wendel, wo sie durch die immense Hitze zerlegt werden und sich das freigewordene Wolframpartikel erneut an der Wendel (und zwar vorwiegend an den relativ dünnen, heissen Stellen, die zum Durchbrennen neigen) anlagern kann. Das ebenfalls wieder freiwerdende Halogenatom steht dem Kreislauf erneut zur Verfügung.

Durch diesen *Halogenid-Kreislauf* entsteht nicht nur keine Lampenschwärzung, auch die Wolframwendel bleibt während der gesamten Lebensdauer der Lampe ungefähr gleich dick. Halogenlampen strahlen deshalb während ihrer gesamten Betriebszeit einen praktisch gleichbleibenden Lichtstrom mit konstanter Verteilungstemperatur ab.

Um den Kreislauf aufrecht zu erhalten, ist eine relativ hohe Umgebungstemperatur notwendig. Dies ist dann gewährleistet, wenn die Lampe klein gehalten wird und aus schwerschmelzbarem Glas (Quarz, Vycor, Hartglas) gefertigt ist. In den kleinen Kolben lassen sich ohne Gefahr für den Benutzer höhere Fülldrucke anwenden, was seinerseits die Verdampfungsgeschwindigkeit des Wendelmaterials reduziert.

Beim Ausschalten der Halogenlampe sollte die Hitze möglichst noch einen Moment lang anhalten, um den Halogenid-Kreislauf zu beschliessen. Es ist daher bei Halogenlampen nicht angezeigt, nach dem Ausschalten die Lampe mit einem Ventilator rasch abzukühlen.

Halogenlampen-Typen

Für den normalen Netzbetrieb existieren Halogenlampen in Röhrenform, als Kolbenlampen oder als U-Form-Lampen.

Bei den röhrenförmigen Halogenlampen ist die Brennlage normalerweise horizontal. Je nach Ausführung leisten sie 500 bis 10 000 Watt und besitzen eine Lebensdauer von 100 bis 2000 Stunden. Die Verteilungstemperatur liegt je nach Typ bei 3000 bis 3400 K.

1.5

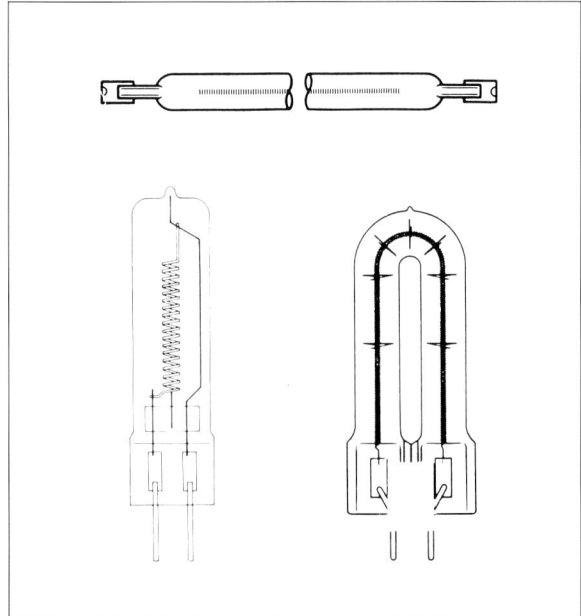

Normalspannungs-Halogenlampen

Kolbenlampen sind einseitig gesockelt und besitzen manchmal eine verstärkte Wendel. Die Brenndauer liegt bei 15 Stunden, und die Verteilungstemperatur beträgt je nach Typ 3200 oder 3400 K. Niederspannungslampen mit Verteilungstemperaturen von 3200 bis 3400 K sind einseitig gesockelt und finden meist Verwendung in Projektoren oder auch als Einstell-Lichtquellen bei tragbaren Klein-Elektronenblitzanlagen. Halogenlampen sollten nach dem Ausschalten erschütterungsfrei abgekühlt werden, da sonst ihre Lebensdauer eingeschränkt ist. Leuchtgeräte mit Halogenlampen sind aus Sicherheitsgründen mit superflinken Gerätesicherungen ausgerüstet. Beim Durchbrennen der Wendel kann es nämlich vorkommen, dass Wendelbruchstücke Kurzschluss machen. Wenn dies geschieht, kann die Lampe platzen und Glasstücke geschossartig versprühen.

Quecksilberdampflampen

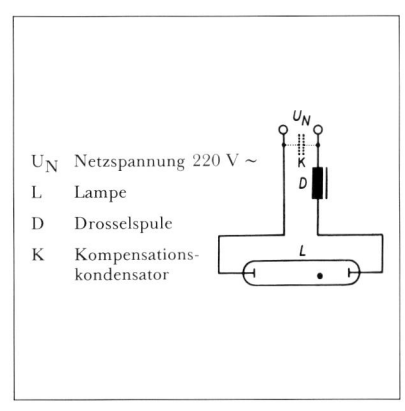

Schaltschema mit Drosselspule

1.5.3 Entladungslampen

Im Gegensatz zu Glüh- und Halogenlampen – die als Temperaturstrahler mit völlig kontinuierlichem Spektrum wirken – ist die Lichtentstehung auch über das Prinzip der Gasentladung möglich. Man schickt dabei in einem Entladungskörper einen Strom von Elektronen von einer Elektrode zur anderen. Die Elektronen prallen dabei auf Gasatome, deren Valenzelektronen dadurch kurzfristig ein höheres Energieniveau einnehmen und infolge ihrer Bewegung eine elektromagnetische Strahlung provozieren. Je nach vorhandenem Gas, Gasgemisch, Gasdruck und angelegter Spannung entsteht eine Strahlung bestimmter Wellenlänge, die immer diskontinuierlichen Charakter aufweist.

Für farbfotografische Arbeiten sind nur Entladungslampen verwendbar, deren Spektrallinien sehr nah beieinanderliegen und das gesamte sichtbare Spektrum abdecken.

Quecksilber-Hochdrucklampen

Quecksilber-Hochdruckstrahler sind Entladungslampen, die nicht primär für Beleuchtungszwecke gedacht sind. Die Lampen bestehen aus einem röhrenförmigen Quarzbrenner, in welchem zwischen zwei Elektroden eine Entladung in Quecksilberdampf stattfindet.

Der Betrieb geschieht üblicherweise an Wechselspannung von 230 V mit vorgeschalteter Drosselspule.

Die abgegebene Strahlung liegt im Bereich von Ultraviolett. Je nach Art des Kolbens kann der sichtbare Anteil von langwelligem UV absorbiert werden.

Diese sogenannten «Violettglasstrahler» verwendet man in Wissenschaft und Unterhaltung (Disco) zur Anregung von Fluoreszenzstoffen. Trifft nämlich UV-Strahlung auf irgendwo vorhandenen Leuchtstoff, so leuchtet dieser im sichtbaren Strahlbereich auf.

Folgende besondere Lampenarten haben sich aus dem Grundtyp entwickelt:

Quecksilberstrahler mit Leuchtstoff

Diese Lampenausführung trägt auf der Innenseite des Glaskolbens eine *Leuchtstoffschicht*, die UV-Strahlung in vorwiegend rotes Licht umwandelt. Die sichtbare Lichtzusammensetzung besteht deshalb aus dem sichtbaren langwelligen UV-Anteil und der rötlichen Strahlung des Leuchtstoffes, was für unser Auge eine weissliche Lichtfarbe ergibt.

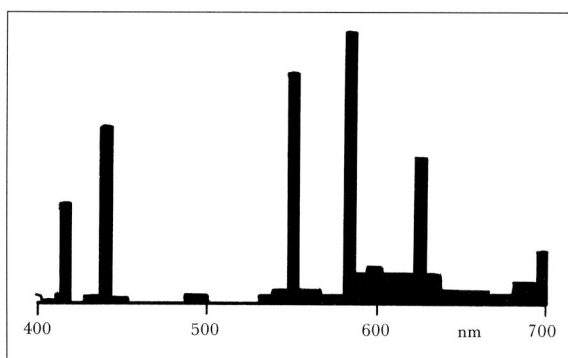

Quecksilber-Hochdrucklampe mit Leuchtstoff

Das Licht eignet sich für nichtfotografische Beleuchtungszwecke, wie Gebäudeanstrahlung, oder für Verkehrsbeleuchtung. Je nach Zusammensetzung des Leuchtstoffes sind auch diskontinuierliche Abstrahlungen im Bereich von Grün, Gelb und Rot möglich, wie es das Spektrum zeigt.

Quecksilber-Mischlichtlampen mit Leuchtstoff

Ein dritter Typ von Quecksilberdampf-Hochdruckstrahlern besitzt einen mit Leuchtstoff beschlämmten Ellipsoidkolben, in dem ein Quecksilberdampf-Hochdruckstrahler nebst einer *Wolframwendel* eingesetzt ist. Das entstehende Licht setzt sich zusammen aus der vom Quecksilberdampf ausgehenden UV-Strahlung, dem Licht der Wolframwendel und demjenigen des fluoreszierenden Leuchtstoffes. Durch die innige Mischung dieser verschiedenen Strahlungsarten wird eine tageslichtähnliche Lichtfarbe erreicht, die visuell einen guten Farbeindruck vermittelt. Farbfotografisch allerdings ist dieses Licht nur sehr bedingt einsetzbar.

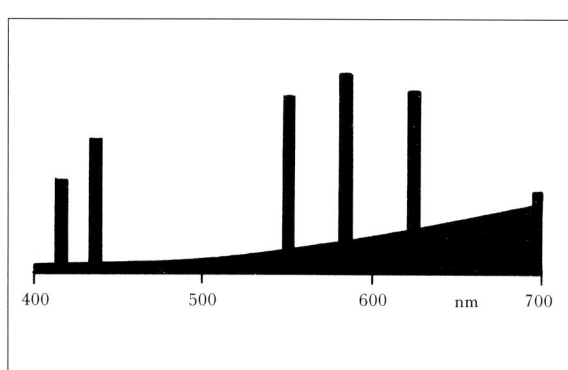

Spektrale Zusammensetzung einer Mischlichtlampe HWL

Ein Vorschaltgerät ist bei diesen Lampen nicht notwendig. Sie können wie normale Glühlampen direkt ans Netz geschaltet werden.

Da der Lampentyp ähnliche Lichteigenschaften aufweist wie eine einfache Fluoreszenzröhre, ist er heute kaum mehr im Einsatz.

Natriumdampflampen

Natriumdampflampen sind Entladungslampen, die im allgemeinen an Wechselspannung 230 V mit vorgeschaltetem Streufeldtrafo und einem Glühstarter verwendet werden. Bei hoher Lichtausbeute strahlen Natriumdampflampen neben etwas UV das intensive Gelb der Natriumlinie nahe bei 590 nm aus.

Sie eignen sich für Verkehrsbeleuchtungen und mit vorgeschaltetem Orangefilter als hervorragende Dunkelkammerlampe bei der Verarbeitung von schwarzweissen Vergrösserungspapieren.

Xenon-Hochdrucklampen

Xenon Hochdrucklampen mit Kurzbogen werden mit Gleichstrom betrieben und eignen sich infolge des punktförmigen Lichtbogens hervorragend für die Verwendung in optischen Strahlungsgängen (Projektoren).

Die einzelnen Spektrallinien von Xenon liegen derart nah beieinander, dass man die Ausstrahlung als kontinuierlich bezeichnen kann. Im sichtbaren Bereich entsteht ein Spektrum, das mittlerem Tageslicht sehr ähnlich ist.

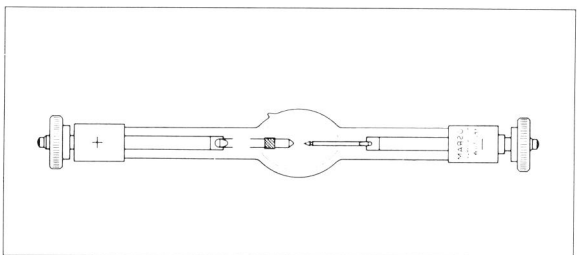

Xenon-Kurzbogenlampe

Die spektrale Energieverteilung bleibt während der gesamten Lebensdauer praktisch gleich und ist weitgehend unabhängig von Spannungsschwankungen des elektrischen Netzes. Zum Betrieb sind ein Stromversorgungsgerät (Gleichrichter) und ein Zündgerät zur Gasionisierung notwendig. Das Xenongas der kalten Lampe ist ein elektrischer Isolator, der erst beim Zündvorgang leitend wird. Zur Einleitung der Gasentladung wird an die Lampe für einige Zehntelsekunden eine hochfrequente Hochspannung im Bereich von 20000 bis 40000 V gelegt, die zwischen den Elektroden eine Ionisierung des Gases und damit einen elektrischen Durchschlag

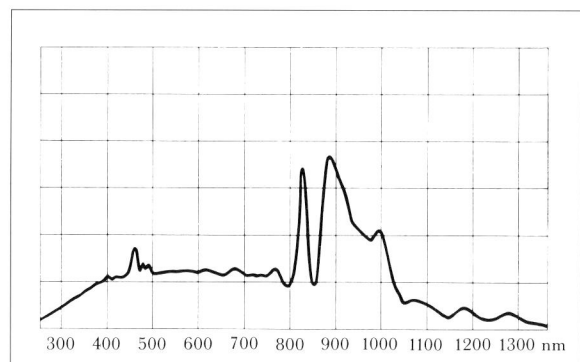

Spektrale Zusammensetzung des Xenon-Lichtes

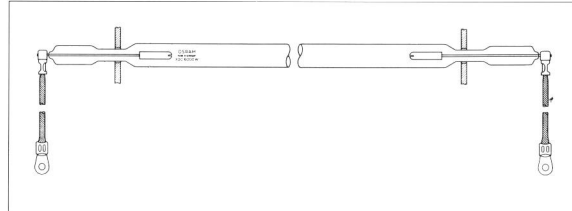

Xenon-Langbogenlampe

erzeugt. Neben Kurzbogenlampen existieren Xenon-Langbogenlampen, die für den Betrieb mit Wechselspannung vorgesehen sind. Langbogenlampen finden häufig Einsatz in Kopiergeräten für die Reprotechnik sowie für allgemeine Beleuchtungszwecke, wo grosse Leuchtdichten notwendig sind (z.B. Sportstadien, Flugplätze).

Halogen-Metalldampflampen
Primär für Farbfernsehzwecke wurden Halogen-Metalldampflampen (z.B. Osram Metallogen HMI, Halomet HTI oder Philips MSR) entwickelt. Es handelt sich um ein- oder zweiseitig gesockelte Kurzbogenröhren, die als Gasgemisch eine optimale Kombination von Halogeniden der Lanthaniden (Seltene Erden) wie Dysprosium, Thulium und Holmium eingelagert haben.

Der von Halogen-Glühlampen bekannte Wolfram-Halogenid-Kreislauf verhindert auch bei den Halogen-Metalldampflampen einen Niederschlag des verdampfenden Elektrodenmaterials auf der Kolbeninnenwand. Weitere Kreisprozesse sorgen dafür, dass in den heissen Zonen des Lichtbogens die zur Lichterzeugung notwendige hohe Konzentration von dampfförmigen *Seltenen Erden* erreicht wird.

Die meisten Lampen haben an beiden Enden Hülsensockel mit Gewinde- bzw. zylindrischen Stiften. Einseitig gesockelte Lampen besitzen einen Spezialkeramik-Sockel für axialen Einbau

in die Leuchten. Das elliptische oder zylindrische Entladungsgefäss besteht wegen der auftretenden hohen Temperatur aus ausserordentlich hitzefestem Quarzglas, in dem stabförmige Wolframelektroden eingelegt sind. Die Stromzuführung erfolgt mittels im Glas eingeschmolzenen Molybdänfolien.

Zum Betrieb ist Wechselspannung notwendig. Zur Strombegrenzung dienen Drosselspulen, Streufeldtransformatoren oder andere induktive Geräte, auch Halbleiterschaltungen. Mit elektronischen Vorschaltgeräten arbeiten Halogen-Metalldampflampen leistungskonstant und flimmerfrei.

Zur Einleitung der Gasentladung ist, ähnlich wie bei Xenonlampen, eine Zündung durch Hochfrequenzzündgeräte, die etwa 0,5 bis 1 Sekunde betätigt werden, erforderlich.

Im kalten Zustand der Lampen schlagen sich die Füllsubstanzen an der Kolbenwand nieder (Quecksilber meist in Tröpfchenform, die Halogenide als farbige Ablagerung). Nach der Zündung verdampfen diese Substanzen innerhalb von 1 bis 3 Minuten. Dabei nehmen Brennspannung, elektrische Leistung und Lichtstrom allmählich zu, bis sie sich dem Nennwert nähern, während der Lampenstrom und die Farbtemperatur anfangs höher als im stationären Betriebszustand der Lampe sind. Zur sofortigen Wiederzündung im heissen Zustand sind sehr hohe Zündspannungen notwendig.

Die elektrischen und lichttechnischen Daten hängen von der Temperatur des Entladungsgefässes ab und können daher auch durch die Art der Lampenkühlung beeinflusst werden. Unzureichend belüftete Scheinwerfer führen zu einer Reduzierung der Farbtemperatur. Ebenso hat eine Änderung der Versorgungsspannung Einfluss auf das Lampenverhalten.

Die Lichtausbeute ist hervorragend. So gibt eine Halogen-Metalldampflampe mit einer Leistungsaufnahme von 2500 Watt etwa gleichviel Licht ab wie eine konventionelle Halogenlampe mit einer Leistung von gegen 10 000 Watt (Lichtausbeute 80 bis 90 lm/W im Gegensatz zu einer Halogenlampe mit der Lichtausbeute unter 30 lm/W).

Das Spektrum ist tageslichtähnlich und gleicht jenem von Xenon-Hochdrucklampen; die Lichtausbeute ist indessen merklich höher als diejenige der Xenon-Hochdrucklampe. Für farbfotografische Zwecke ist das Spektrum brauchbar, wenngleich es nicht ganz so gut ist wie Elektronenblitzlicht (höhere Spitze bei 550 nm).

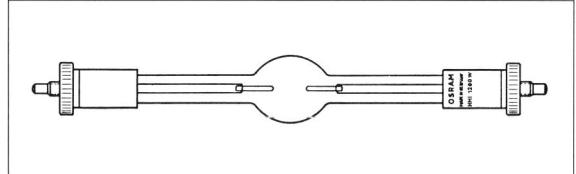

Halogen-Metalldampflampe, zweiseitig gesockelt

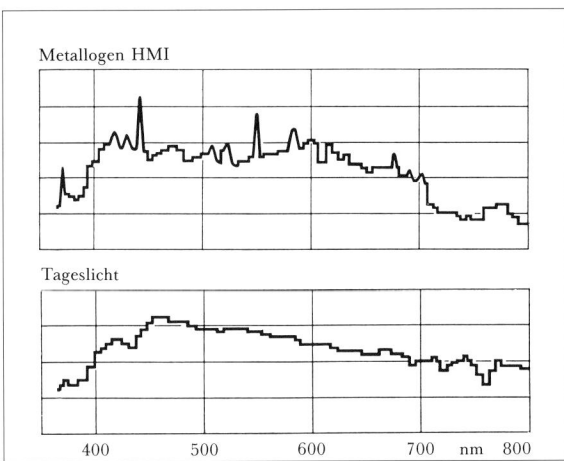

Metallogen HMI

Tageslicht

400   500   600   700   nm 800

Spektrale Abstrahlung einer Halogen-Metalldampflampe
im Vergleich zu Tageslicht

Halogen-Metalldampflampen gibt es von 125 bis
18 000 Watt mit einem Lichtstrom von 16 000 bis
weit über 1 Million Lumen. Die Lebensdauer
liegt je nach Typ bei 250 bis 1000 Stunden.

Der kurze Lichtbogen und insbesondere die
sehr hohe Konstanz und Flackerfreiheit prä-
destinieren die Lampe für den Einsatz in
Scheinwerfern für Film- und Fernsehaufnah-
men, aber auch für die Beleuchtung im Fotostudio, insbesondere für die elektronische
Bildaufzeichnung (z.B. broncolor HMI 575). Es
sind aber auch Einsätze in der Grossdiaprojek-
tion und für Overheadprojektoren bekannt.
Wie alle Metalldampflampen benötigen auch
Halogen-Metalldampflampen nach der Zündung eine gewisse Zeit, bis sie den stationären
Betriebszustand erreicht haben (etwa 3 Minuten). Die erneute Zündung der heissen Lampe
ist normalerweise erst einige Minuten nach dem
Abschalten wieder möglich. Zur sofortigen Wiederzündung im heissen Zustand sind sehr hohe
Zündspannungen notwendig, wie sie nur in modernen Zündgeräten erzeugt werden können.

1.5.4 Leuchtstoffröhren

Die Fluoreszenz- oder Leuchtstoffröhre besteht
aus einem rohrförmigen Glaskolben, der mit

Quecksilberdampf gefüllt ist (Niederdruck). An
beiden Enden sind gasdichte Sockel mit An-
schlussstiften und – gegen das Rohrinnere gerichtet – Elektroden aus mehrfach gewendeltem
Wolframdraht mit einer Emitterschicht angebracht. Um Schwärzungen an den Enden des
Glasrohres zu vermeiden, umgeben abschir-
mende Metallringe die Elektroden.

Bei der Zündung der Röhre fliessen Elektronen
von einer Elektrode zur anderen. Dabei treffen
sie auf die im Entladungsrohr enthaltenen
Quecksilberatome. Der Zusammenprall ist derart heftig, dass Elektronen, die den Atomkern
umkreisen, aus ihrer Bahn geworfen werden.
Durch die Anziehungskraft des Atomkerns fallen sie alsbald wieder in den Grundzustand
zurück und geben die beim Zusammenprall aufgenommene Energie in Form einer elektromagnetischen Strahlung wieder ab.

Der Hauptanteil der Strahlung ist kurzwellig
und liegt im Bereich von unsichtbarem Ultraviolett. Nur ein geringer Anteil ist sichtbares
Licht in Form einiger diskontinuierlicher Spektralbanden.

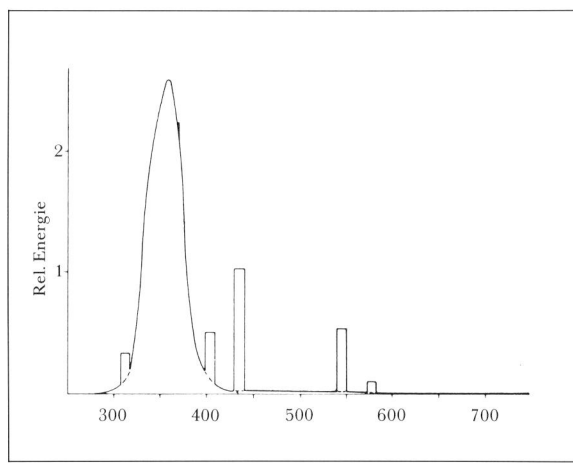

Spektrum einer Leuchtstoffröhre ohne Leuchtstoff

Eine solche Röhre ist natürlich nur äusserst beschränkt einsetzbar, etwa – versehen mit einem
Schwarzfilter – als UV-Röhre.

Für Beleuchtungszwecke sind die Glasrohrin-
nenwandungen mit einem puderartigen Stoff
versehen, der eine *Fluoreszenz* bewirkt. Dieser
Fluoreszenzstoff leuchtet im sichtbaren Bereich
auf, solange er durch die ultraviolette Strahlung
der Gasentladung angeregt wird.

Je nach chemischer Zusammensetzung des Flu-
oreszenzstoffes ist die Erzeugung verschiedener
Lichtfarben mit sehr unterschiedlichen Farbtemperaturen möglich.

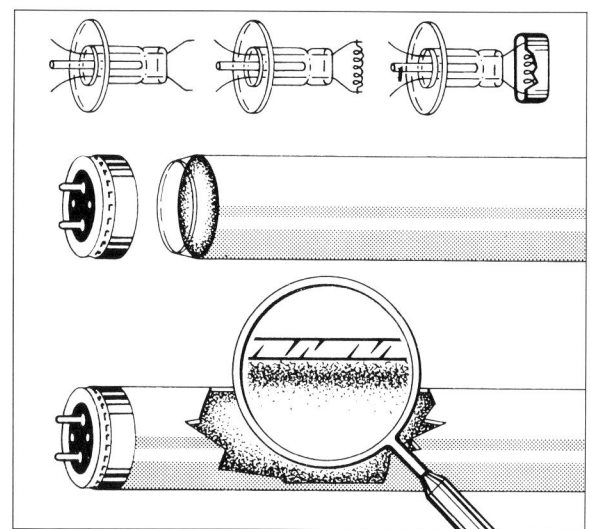

Aufbau einer Fluoreszenzröhre

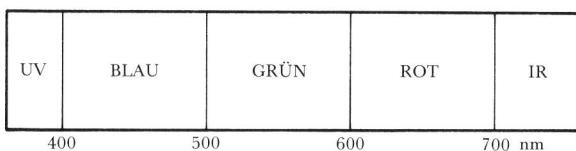

UV	BLAU	GRÜN	ROT	IR

400   500   600   700 nm

Energieverteilung einer typischen Warmweiss-Röhre

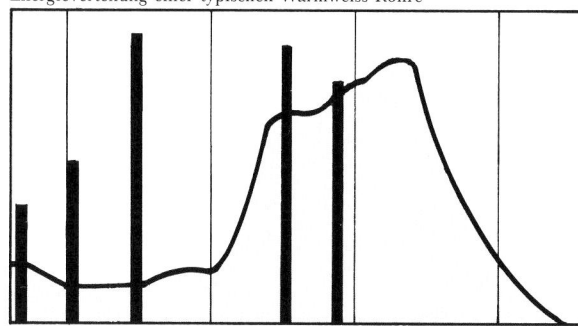

Energieverteilung einer typischen Tageslicht-Röhre

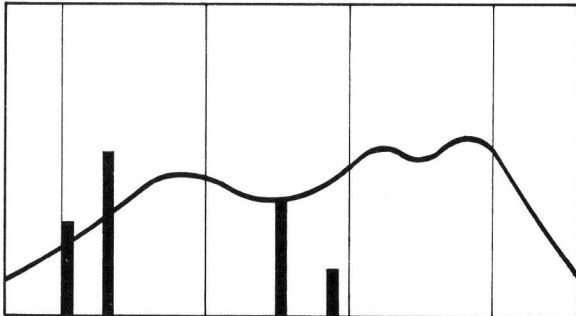

Spektrale Energieverteilung typischer Leuchtstoffröhren

Das ausgestrahlte Spektrum ist gemischt und besteht aus einzelnen diskontinuierlichen Banden, die durch ein kontinuierliches Spektrum unterlegt sind.

Zündung

Zum Zünden einer Fluoreszenzröhre müssen die Elektroden vorgeheizt werden. Zudem ist eine Zündspannung notwendig, die höher liegt als die Netzspannung. Um dies zu erfüllen, ist ein parallel zur Röhre geschalteter *Starter* notwendig. Es handelt sich dabei um ein gasgefülltes Entladungsröhrchen mit zwei aus Bimetallstreifen bestehenden Elektroden. Beim Einschalten des Netzstromes erzeugt die Spannung im Entladungsröhrchen eine Glimmentladung. Dabei entsteht eine gewisse Erwärmung, die die Bimetallstreifen krümmt, bis sich beide Elektroden kurzschliessen; die Glimmentladung wird dadurch unterbrochen.

Im gleichen Moment beginnt der Strom über die Elektroden der Fluoreszenzröhre zu fliessen und erwärmt diese. Weil im Starter nunmehr keine Glimmentladung mehr stattfindet, kühlen sich die Starterelektroden ab, wodurch der Kurzschluss zwischen ihnen unterbrochen wird, was in Verbindung mit einer zusätzlichen Drosselspule einen schlagartigen Spannungsanstieg an den Röhrenelektroden zur Folge hat. Diese Spannungsspitze bewirkt zusammen mit der Erwärmung der Elektroden die Zündung der Fluoreszenzröhre.

Der nunmehr zwischen den Röhrenelektroden hin und her fliessende Elektronenstrom bombardiert aussenliegende Elektronen der Quecksilberatome, die dadurch aus ihrer Bahn geworfen werden. Der Aufprall kann so heftig sein, dass viele aus der Bahn geworfene Elektronen nicht mehr auf ihre ursprüngliche Bahn zurückfinden. Sie stellen dann *quasifreie Elektronen* dar, die ebenfalls von Elektrode zu Elektrode schwingen und auf ihrem Weg weitere Quecksilberelektronen «befreien». Der Elektronenstrom würde sich dadurch lawinenartig vergrössern und der Strom unzulässig hohe Werte annehmen.

Um diesen Effekt zu verhindern, muss in die Schaltung eine sogenannte *Drosselspule* eingefügt werden, die nur den für den Betrieb notwendigen Strom durchlässt und somit die Spannung zwischen den beiden Elektroden konstant begrenzt hält.

Stromsparlampen

Stromsparlampen mit einer Lichtausbeute von etwa 40 bis 60 lm/W – als Ersatz für normale Glühlampen – basieren auf dem Prinzip der Fluoreszenzröhre. In der Regel handelt es sich um ein Bündel von bis zu vier Miniatur-Fluoreszenzröhren, die zusammen mit Drosselspule und Starter einseitig mit einem handelsüblichen Schraubgewinde gesockelt sind. Ihre

Lichtzusammensetzung entspricht derjenigen von Fluoreszenzröhren.

Induktionslampen

Eine Art moderne Fluoreszenz-«Röhre» stellen die Induktionslampen dar. Es handelt sich dabei um einen einseitig gesockelten Glaskolben in Form einer üblichen Glühlampe.

Im Gegensatz zu herkömmlichen Gasentladungslampen entsteht die Ionisierung des Füllgases nicht mit herkömmlichen und abnützbaren Elektroden. Bei der Induktionslampe wird die Ionisierung durch ein *hochfrequentes elektromagnetisches Feld* mit einer Frequenz von rund 2,6 MHz bewirkt. Eine in den Lampenkolben eingesetzte *Ferrit-Antenne* erzeugt ein Streufeld und überträgt die zugeführte Energie auf das Füllgas. Das elektromagnetische Feld dieser Sendeantenne induziert in der Gasfüllung einen hochfrequenten Strom, wodurch weitere Elektronen aus ihrer Bahn geworfen (angeregt) werden. Durch diese atomaren Wechselvorgänge entsteht innerhalb der Metalldampfmoleküle mehrheitlich unsichtbare UV-Strahlung, die mittels Fluoreszenz in der Leuchtstoffschicht auf der Innenseite des Lampenkolbens sichtbares Licht erzeugt.

Wegen des Fehlens von abnützbaren Elektroden haben Induktionslampen eine Lebensdauer von durchschnittlich 60 000 Stunden. Ihr Spektrum ist demjenigen von üblichen Fluoreszenzröhren ähnlich.

Fluoreszenzröhren als Aufnahmelichtquelle

Ein Blick auf die spektrale Energieverteilung einer Fluoreszenzröhre lässt neben einem kontinuierlichen Spektrum etliche Vorsprünge bei einzelnen Wellenlängen oder Wellenlängengruppen erkennen. Es ist ganz klar, dass Licht mit nicht vollständig kontinuierlichem Spektrum bestimmte Mängel aufweist. Farbbeurteilungen können wir nämlich nur vornehmen, wenn im ausgesandten Licht alle Spektralfarben in ausreichendem Masse vorhanden sind, einschliesslich derer, die an der Grenze des sichtbaren Bereichs liegen und für die unser Auge nur eine geringe Empfindlichkeit aufweist.

Der Farbeindruck kann auch beim Fotografieren nur richtig sein, wenn das verwendete Aufnahmelicht ausnahmslos alle Spektralanteile aussendet und dieses erst noch mit der Sensibilisierung des Filmmaterials übereinstimmt. Das Licht einer Fluoreszenzröhre ist ein Gemisch aus einzelnen diskontinuierlichen Spektralbanden und einem unterlegten kontinuierlichen Spektrum.

Je grösser der relative Anteil des kontinuierlichen Spektrums im Vergleich zu den diskontinuierlichen Banden ist, umso besser eignet sich das Licht zur Beurteilung von Farbwerten und damit auch zur Verwendung als Aufnahmelicht innerhalb der Farbfotografie.

Leider ist die Gesamthelligkeit von Röhren, bei denen die letztere Tendenz annähernd erfüllt ist, bedeutend kleiner als bei den anderen. Und so kommt es nicht von ungefähr, wenn in Fabrikhallen, wo es in erster Linie um Helligkeit geht und nicht um Farbqualität, weitgehend Röhrentypen vertreten sind, die sich für die Farbfotografie nur schlecht eignen.

Die Röhrenhersteller geben zwar in ihren Datenblättern Farbtemperaturen nach KELVIN an, was den Fotografen verleiten könnte, mittels entsprechender Konversionsfilter ohne Test zu arbeiten. Doch geht dies leider nicht. Bei Farbtemperaturangaben von Mischspektren handelt es sich lediglich um Angaben, die aussagen, welchem Farbeindruck das Röhrenlicht visuell entspricht. Die für eine Aufnahme notwendige Filterung ist daher nicht so einfach zu bestimmen. Fluoreszenzlampen werden während der ersten 10 Minuten nach der Zündung ständig heller und verändern zudem die Farbe. Es ist daher unumgänglich, die Röhren mindestens 10 Minuten vor der Aufnahme einzuschalten, und dies sowohl bei allfälligen Testaufnahmen wie auch bei der späteren endgültigen Arbeit.

Fluoreszenzröhren-Licht ist während jeder Wechselstromphase in Bezug auf Helligkeit und Farbzusammensetzung starken Schwankungen unterworfen. Bei Belichtungszeiten kürzer als $\frac{1}{50}$ Sekunde wären die Resultate eines jeden Bildes äusserst zufällig. Günstig erweisen sich Belichtungszeiten von $\frac{1}{15}$ Sekunde oder länger.

1.5.5 Elektronenblitz

Unter einem Elektronenblitz versteht man die kurzfristige Lichtabstrahlung einer Gasentladungslampe. Um ein Spektrum zu erhalten, das möglichst nah an reines Tageslicht heranreicht, verwendet man Blitzröhren, die mit dem Edelgas *Xenon* gefüllt sind. Zwar entsteht dadurch auch ein Linienspektrum, doch sind die einzelnen Linien derart nah beieinander, dass der Eindruck eines kontinuierlichen Spektrums entsteht.

In die stab-, ring- oder wendelförmige Blitzröhre aus Quarzglas sind an beiden Enden Elektroden aus Wolfram oder Molybdän eingeschmolzen. Legt man an die beiden Elektroden die Anschlüsse eines Kondensators, dessen eine Seite einen Elektronenüberschuss, die andere einen Elektronenmangel aufweist, kann sich dieser Spannungsunterschied nicht ausgleichen, da das Edelgas im Innern der Entladungsröhre elektrisch nicht leitend ist.

Legt man aber an oder um die Röhre eine *Zündelektrode* in Form eines Drahtes und gibt man an diese Elektrode einen Hochspannungsimpuls von über 10 000 Volt, wird dadurch die Gasstrecke *ionisiert* und somit kurzfristig leitend. Die Ladungsdifferenz beider Seiten des angelegten Kondensators kann sich über das Xenon-Gas in der Röhre entladen.

Während der Entladung wird das Xenon in der Röhre angeregt und zur Lichtemission gezwungen. Das Licht entspricht in seiner Zusammensetzung der Farbtemperatur von mittlerem Tageslicht mit rund 6300 K. Da der Anteil von nahem UV noch relativ gross ist, versehen die Blitzgerätehersteller die Blitzröhre mit einem golden schimmernden Filterbelag, der sogenannten *UV-Beschichtung*, oder stülpen über die Blitzröhre eine entsprechend beschichtete Schutzglocke. Die Beschichtung bewirkt neben der UV-Absorption die gewünschte Farbkorrektur von 6300 auf 5500 K.

wandelt, gleichgerichtet und einer ganzen Batterie von *Elektrolyt-Kondensatoren* zugeführt.

Die Spannungsumwandlung erfolgt bei modernen Geräten nicht mehr mittels eines schweren Transformators und nachfolgender Gleichrichtung, sondern durch direkte Gleichrichtung des Netzstromes über einen Spannungsverdoppler oder Spannungsvervielfacher mittels zur Kaskade geschalteter Dioden und Kondensatoren. Dadurch konnte das Gewicht der Blitzgeneratoren massiv gesenkt werden.

Die Blitzröhre ist in der Regel zusammen mit einem Zündkreis in einer Blitzleuchte mit unterschiedlichen Reflektoren getrennt vom Generator untergebracht. Beim Anschluss mehrerer Leuchten an denselben Generator verkürzt sich die Leuchtdauer.

Die Ionisierung des Xenon-Gases in der Blitzröhre und damit die Blitzauslösung erfolgt über einen Zündkreis, der vom Kamera-Synchronkontakt aus gesteuert wird.

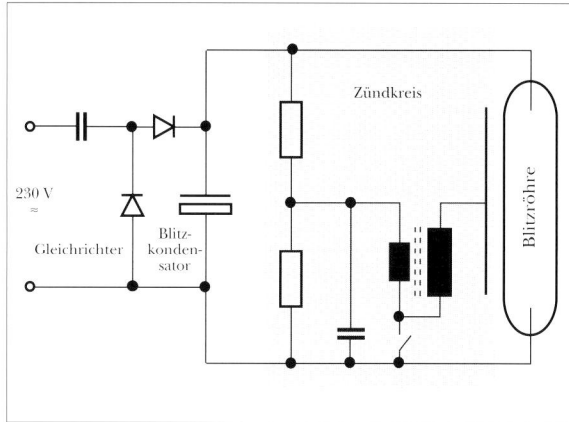

Prinzipschaltung einer Studioblitzanlage

Netzunabhängige Geräte

Bei netzunabhängigen, tragbaren Elektronenblitzgeräten erfolgt die Stromaufbereitung von einer Gleichstrombatterie aus.

Der niedergespannte Gleichstrom wird über einen Transistorzerhacker in eine Wechselspannung hoher Frequenz umgewandelt, die ihrerseits auf die notwendige Betriebsspannung transformiert werden kann.

Die meisten modernen Kleingeräte sind sogenannte «Computer-Blitzgeräte». Bei solchen Geräten ist zwischen Kondensator und Blitzröhre ein *Thyristor* als Schalter eingesetzt. Unmittelbar nach der Blitzauslösung misst ein Sensor am Blitzgerät die vom Objekt reflektierte Strahlung und löscht beim Erreichen der vorgegebenen Grenze den Thyristor. Die Blitzstrah-

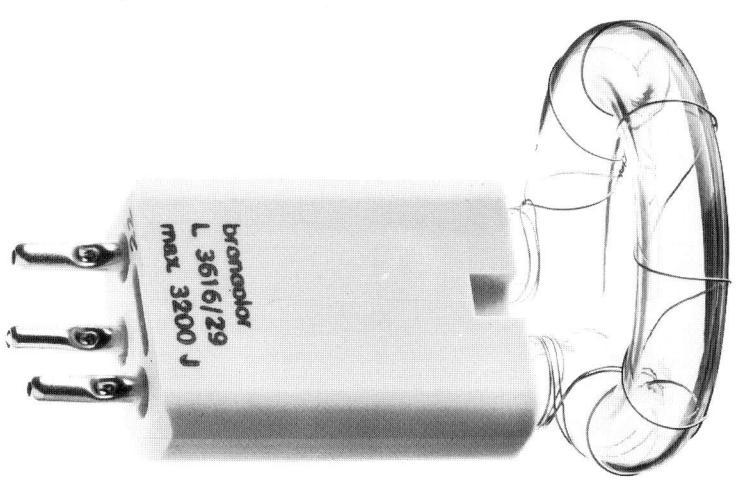

Beispiel einer ringförmigen Blitzröhre

Studioblitzanlagen

Bei Studioblitzanlagen wird im sogenannten *Generator* der Netzstrom auf etwa 700 Volt umge-

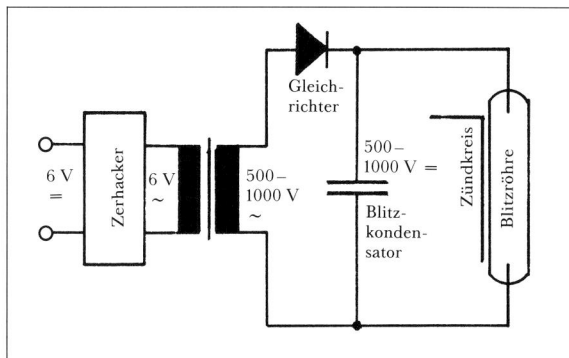

Prinzipschaltung eines Kleinblitzgerätes

lung hört damit auf, und die restliche, nicht verbrauchte Energie verbleibt im Kondensator. Je nach Aufnahmeentfernung und Gerät liegen bei «Computer»-Blitzgeräten die eigentlichen Blitzzeiten zwischen etwa $\frac{1}{500}$ und $\frac{1}{50000}$ Sekunde. Die modernste Ausführung dieses Blitzgeräte-Typs – sogenannte «TTL-Blitzgeräte» – nutzen das TTL-Belichtungsmess-System der Kamera als Sensor.

Kompakt-Blitzgeräte

Kompakt-Blitzgeräte stellen ein Zwischending zwischen tragbaren, netzunabhängigen Geräten und einer eigentlichen Studioanlage dar. Es handelt sich dabei um Geräte, bei denen der Stromaufbereitungs- und Speicherteil im Gehäuse des Leuchtenkopfs untergebracht ist. Selbstverständlich ist die Leistungsfähigkeit beschränkt, doch dafür hat man mit einem sinnvollen Kompakt-Blitz-System ein ganzes Blitzstudio im Koffer.

Wie bei den Studioanlagen arbeiten Kompaktgeräte mit dem Netzstrom und besitzen proportional zur Blitzleistung geschaltete dauerbrennende Einstellampen. An die Geräteköpfe lassen sich die unterschiedlichsten Reflektoren – gleich wie bei den Grossanlagen – ansetzen.

1.5.6 Kolbenblitze

Das sogenannte «Blitzlämpchen», ein sauerstoffgefüllter Glaskolben, der eine schnellbrennende Füllung aus Magnesium-Aluminium-Wolle oder Zirkoniumdraht enthielt, hat nur noch historische Bedeutung.

Bei der normalen Lampenausführung wurde durch Batteriestrom – in der Regel über einen kleinen Kondensator – ein Heizdraht zum Glühen gebracht. Der glühende Draht entzündete eine Zündpaste, die sofort im Lampenin-

nern allseitig verschleudert wurde und ihrerseits die Metallfüllung überall gleichzeitig zur Verbrennung brachte.

Um bei der entstehenden enormen Hitze von rund 3800 K ein Platzen des Glaskolbens zu verhüten, war der Kolbenblitz mit einer doppelten, zähen Lackschicht versehen. Diese blaugefärbte Lackschicht wirkte gleichzeitig als *Konversionsfilter* und gab dem abgestrahlten Licht eine Verteilungstemperatur von 5500 K.

Noch früher existierten Blitzlampen mit klarer Lackschicht. Die abgestrahlte Verteilungstemperatur betrug bei diesen Typen rund 3800 K. Diese Lampen waren vorwiegend für schwarzweisse Aufnahmearbeiten gedacht.

Bis Mitte der 70er Jahre wurden auch grosse Kolbenblitzlampen (PF 60 und PF 100) hergestellt; Lampen, die mit E-27-Fassungsgewinde versehen waren. Besonders die sogenannten «blauen» Blitzlampen (mit blauer Konversionslackschicht) waren in dieser Grösse bei vielen Industriefotografen zur Ausleuchtung grosser Hallen sehr beliebt. Der Fotograf konnte diese Lampentypen in übliche und vorhandene Lampenfassungen aller Art schrauben und durch eine Serieschaltung miteinander verbinden. Die Zündung erfolgte dann bei geöffnetem Kameraverschluss über ein spezielles Zündgerät.

Für den Einsatz in Massenkameras – wo die Kolbenblitze noch vergleichsweise lange ein gewisses Einsatzgebiet bewältigten – existierten kleine Blitzlämpchen, die in Gruppen zusammengefasst (jedes Blitzlämpchen mit eigenem Miniatur-Reflektor) waren und ein einfaches Arbeiten gewährleisteten: Blitzwürfel, Blitzbars usw. Sogenannte X-Würfel arbeiteten gar ohne Batteriestrom. Ihre Lämpchen waren mit einer Schlagzündung versehen. Neben dem Blitzwürfel waren Topflash und ähnliche Mehrfach-Blitzbars, deren Lämpchen der Reihe nach piezoelektrisch gezündet wurden, im Gebrauch.

1.5.7 Lampenwechsel

Beim Einsetzen oder Wechseln dürfen Lampen – vor allem solche mit Quarzkolben – nicht mit blossen Fingern angefasst werden. Fingerabdrücke können sich beim Betrieb einbrennen, lassen sich dann nicht mehr entfernen und trüben den Kolben, was eine zusätzliche Streuung verursacht. Wurden Lampen versehentlich angefasst, so lassen sich Fingerabdrücke mit einem in Spiritus getränkten Läppchen entfernen.

Übermässig hohe Druck-, Biege- und Torsions-kräfte sollen beim Einsatz von Lampen vermieden werden.

Xenonlampen haben auch im kalten Zustand einen Überdruck von mehreren Atmosphären.

Sie werden daher in einer Schutzhülle geliefert, die erst nach Einsetzen der Lampe entfernt werden darf. Dabei müssen Gesicht und Hände geschützt werden, wie in der Anleitung zu jeder Lampe beschrieben.

Aufnahme Fotostudio Lieb, Langnau a.A.

1.6 Welche Lichtart eignet sich?

Herkömmliches Dauerlicht spielt innerhalb der Fotografie kaum mehr eine Rolle. In ganz seltenen Fällen kann es vorkommen, dass für eine Aufgabe Dauerlicht benötigt wird. Meist behilft man sich in diesen Einzelfällen mit dem Einstelllicht der Studioblitzanlage, sofern dieses in voller Leistung die Verteilungstemperatur von 3200 K aufweist. Für alle Fälle sind in den Fotostudios jedoch meist einige Dauerlichtstrahler

vorhanden, wie zum Beispiel die Leuchten von Foba, die übliche Fotolampen Typ B mit 500 oder 1000 Watt Leistung aufnehmen und die eine Fokusverstellung mittels Spindeltrieb erlauben, was eine recht unterschiedliche Lichtführung zulässt.

Mit den üblichen Fotolampen Typ B mit einer Verteilungstemperatur von 3200 K hat man aber innerhalb der Farbfotografie oft etwas Mühe

Tageslicht

Vorteile	Nachteile
grosse Intensität	jahreszeitabhängig
kostenlose Energie	tageszeitabhängig
sehr variantenreich	witterungsabhängig
optimale spektrale Zusammensetzung	ständiger spektraler Veränderung unterworfen

Glühlicht

Vorteile	Nachteile
Netzanschluss direkt	grosser Energieaufwand und daher teuer
geringer Anschaffungspreis	Verteilungstemperatur nicht konstant
unabhängig von Tages- und Jahreszeit	grosse Hitze
	keine Leistungsregelung möglich ohne Veränderung der Verteilungstemperatur
	geringe Intensität
	lange Belichtungszeit
	schlechter Wirkungsgrad
	Verwendung von Kunstlichtfilm-Material notwendig (geringere Empfindlichkeit, Langzeiteffekt, kleine Auswahl, geringere Emulsionskonstanz)

Halogen-Metalldampflicht

Vorteile	Nachteile
konstante Lichtleistung	Vorschaltgerät notwendig
konstante Farbtemperatur	höhere Anschaffungskosten
flackerfreies Dauerlicht	
sehr gute Lichtausbeute	
Wärmestrahlung (geringer als bei herkömmlichen Dauerstrahlern)	
Tageslichtemulsionen	
Einsatz auch für Film-, Video und digital imaging	
Vorhandenes Zubehör	
in Kombination mit Elektronenblitz einsetzbar	

(die Verteilungstemperatur dieser Lampen stimmt nur, wenn die Lampe noch ganz neu ist). Aus diesem Grunde sieht man als Dauerlichtstrahler im Studio oft auch die ursprünglich aus der Amateur-Fotografie bekannten *Halogen-*

Elektronenblitz

Vorteile	Nachteile
konstante Lichtleistung	Generatorteil erforderlich
konstante Farbtemperatur selbst bei unterschiedlicher Intensität	Einstellampe notwendig
geringer Energieverbrauch daher preisgünstig im Betrieb	höhere Anschaffungskosten
günstiger Wirkungsgrad	
geringe Wärme	
kurze Belichtungszeit	
netzunabhängiger Betrieb möglich	
Verwendung qualitativ besserer Tageslichtemulsionen	
keine Schwierigkeiten mit den Reziprozitätseffekten	

leuchten mit einer oder zwei U-förmigen Halogenlampen. Diese Lampentypen behalten über den gesamten Zeitraum ihrer Lebensdauer die anfänglich vorhandene Verteilungstemperatur konstant.

Und schliesslich findet man auch noch *Stufenlinsenscheinwerfer,* die – bestückt mit sogenannten *Episkoplampen* – eine fokussierbare harte Beleuchtung ermöglichen.

Nur dort, wo Elektronenblitz nicht eingesetzt werden kann, in der Film- und Fernseh- bzw. Videotechnik sowie bei einzelnen Systemen der elektronischen Bildaufzeichnung (electronic still-imaging oder digital imaging) muss man auf Dauerlicht ausweichen. Dabei ist aber unbedingt ein Dauerlicht notwendig, das ein absolut flackerfreies und konstantes, tageslichtähnliches Licht abstrahlt.

Diese Forderung ist nur mit *Halogen-Metalldampflampen* sinnvoll zu verwirklichen. Grund genug für broncolor, eine solche Leuchte (broncolor HMI) ins Lieferprogramm aufzunehmen. Die broncolor HMI-Leuchte ist mit der Pulso-Bajonett-Halterung ausgerüstet und ermöglicht so den weitgehenden Einsatz desselben Zubehörs und derselben Reflektoren wie die Blitzanlage. Zudem ist das Spektrum der HMI-Leuchte praktisch gleich wie dasjenige des Elektronenblitzes, so dass HMI-Leuchten auch gleichzeitig mit der Blitzanlage eingesetzt werden können und somit die modernste Art von Dauerlichtquellen darstellen.

Vergleich Lampenlichtausbeute

Lampentyp	Lichtausbeute ohne Filter	benötigte Leistung für 49 000 lm Lichtstrom	Lichtausbeute bei Filterung auf 5500 K	benötigte Leistung für 49 000 lm Lichtstrom von 5500 K
Halogen-Metalldampf HMI/MSR	85 lm/W	575 W	85 lm/W	575 W
Halogen	35 lm/W	1400 W	17,5 lm/W	2800 W
Glühlampe	20 lm/W	2450 W	8 lm/W	6125 W
Elektronenblitz	35 lm/W	50 J *	35 lm/W	50 J *

* benötigte Blitzenergie, um dieselbe Lichtmenge zu erzeugen, wie die Dauerlichtquellen während $\frac{1}{30}$ s

Aus der Formulierung zu Beginn dieses Abschnittes kann man entnehmen, dass ich die Eignung von herkömmlichen Dauerlichtstrahlern für die professionelle Fotografie skeptisch beurteile. Und das aus folgenden Gründen: Weit über 90 % der praktischen Arbeiten werden heute als Farbaufnahmen mittels Diapositivmaterial erstellt. Um hier der verlangten Qualität gerecht zu werden, ist man auf ein Aufnahmelicht angewiesen, das immer und unter allen Umständen dieselbe Verteilungs- bzw. Farbtemperatur aufweist. Diese Forderung ist nur durch die Verwendung von Elektronenblitzanlagen oder durch Halogen-Metalldampflampen zu erfüllen. Eine gleichmässige Farbqualität ist zudem nur zu erreichen, wenn auch das verwendete Filmmaterial immer gleichbleibende Qualitäten aufweist. Und dies ist meiner Meinung nach nur mit auf Tageslicht sensibilisiertem Material zu verwirklichen. Bedenkt man, dass bei einem Kunstlicht-Farbmaterial die drei unterschiedlichen Schichtempfindlichkeiten sehr verschieden hoch sein müssen (die blauempfindliche Schicht rund fünfmal empfindlicher als die rotempfindliche!), so kann man leicht erkennen, wieviel einfacher es sein muss, einen hochwertigen Tageslichtfilm herzustellen.

Allerdings will ich damit nicht bestreiten, dass insbesondere bei schwarzweiss zu fotografierenden Modesujets die Verwendung von klassischem Kunstlicht gewisse Vorteile haben kann. In meinem Studio indessen findet der starke Halogenstrahler meist nur als Scharfeinstellhilfe Verwendung. Ich habe einen 2000 Watt Strahler am Top meines Studiostativs befestigt und scheue mich nicht, diesen Strahler zur besseren Scharfeinstellung kurzfristig einzuschalten, wenn ich das Gefühl habe, das Einstellicht meiner Blitzanlage genüge dazu nicht.

Die kurze Leuchtdauer, die konstante Lichtmenge, die optimale spektrale Zusammensetzung, der geringe Energieverbrauch sowie die vielfältigen Möglichkeiten der Beleuchtung mit verschiedenen Reflektoren haben Elektronenblitzlicht zur idealen Lichtquelle für die professionelle Fotografie gemacht. Sofern Dauerlicht notwendig ist, kann die Blitzanlage kostengünstig mit modernen Halogen-Metalldampfstrahlern kombiniert werden.

Blitzdauer und Blitzenergie

Für einen Lichtblitz grosser Intensität – wie dies bei Studioblitzgeräten der Fall ist – wird die dazu erforderliche Energie dem Netz entnommen. Der gleichgerichtete Strom fliesst in die Energiespeichervorrichtung, die als Kondensator oder Kondensatorpaket im Generator eingebaut ist. Diese Kondensatoren haben die Eigenschaft, während der gesamten Ladezeit die dem Netz entnommene Energie zu speichern und bei Bedarf innerhalb einer sehr kurzen Zeit über die Blitzröhre wieder abzugeben.

Durch diese Methode ist es beispielsweise möglich, während der Blitzleuchtdauer von $\frac{1}{1000}$ Sekunde eine elektrische Leistung von 1500 Kilowatt zu erbringen; eine Lichtleistung, die mit Dauerlicht nicht zu erreichen wäre.

1.7.1 Ladezeit

Für das Aufladen der Kondensatoren ist ein bestimmter Zeitraum erforderlich, während dem die elektrische Energie dem Netz oder (bei netzunabhängigen Geräten) der Batterie entnommen wird. Diese Zeitdauer wird bestimmt durch die Leistungsfähigkeit des Energielieferanten und von der Speicherkapazität der im Blitzgerät eingebauten Kondensatoren.

Je grösser oder leistungsfähiger das Blitzgerät, umso mehr Zeit verstreicht, bis der Ladevorgang beendet ist.

Diese Zeit, vom Beginn der Ladung bis zum Aufleuchten der Bereitschaftsanzeigelampe, wird mit *Ladezeit* bezeichnet. Nach den Normen DIN und ISO darf die Bereitschaft bereits bei 70% erreichter Ladung angezeigt werden. Allerdings ist bei Geräten, die sich an diese zu grosse Toleranz halten, mit unterschiedlichen Belichtungsresultaten zu rechnen, wobei der Unterschied bis zu einer halben Blende betragen kann. Bei den professionellen Geräten von broncolor erfolgt die Anzeige daher erst bei Erreichen der 100%-igen Ladung. Die Auslöse-Freigabe dagegen erfolgt auch hier bereits bei 70%iger Ladung, da ein unterbelichtetes Bild manchmal besser ist als gar keines.

Beim Laden eines Kondensators nimmt dieser zu Beginn sehr grosse Strommengen auf. Mit zunehmender Ladung fliesst ständig weniger Ladestrom. Die riesige Strommenge, welche die Kondensatoren ganz zu Beginn der Ladung aufnehmen, würde das Stromnetz überlasten und jedesmal die Netzsicherungen ausfallen lassen. Damit dies nicht geschieht, wird der Ladestrom mittels Vorwiderstand oder elektronischer Ladestrombegrenzung auf Werte begrenzt, die normale Strominstallationen aushalten können. In der Regel bauen die Hersteller von Blitzanlagen umschaltbare Ladestrombegrenzungen ein und bezeichnen diesen Schalter mit «Schnell-Ladung» (begrenzt auf 10 Ampere) beziehungsweise «Langsam-Ladung» (begrenzt auf 6 Ampere).

1.7.2 Blitzdauer

Beim Abblitzen wird die gespeicherte Energie durch den Befehl mit dem Synchrokabel oder anderen Massnahmen in wesentlich kürzerer Zeit, im Falle einer Anlage mit 1500 Joules etwa vierhundertmal schneller, entladen.

Beim Elektronenblitzlicht fliesst zu Beginn der Entladung viel Energie, die mit der Fortdauer immer schwächer wird. Man kann sich diese Kurve durch Vergleich mit einem Wassergefäss erklären, das durch eine unten angebrachte Öffnung entleert wird. Zu Beginn der Entleerung, wenn das Gefäss noch ganz gefüllt ist, herrscht ein hoher Innendruck, und das Wasser fliesst mit entsprechend grossem Druck aus. Während der Entleerung sinkt jedoch das Wasserniveau im Innern des Gefässes, und der Druck nimmt ab, so dass die Ausflussmenge pro Zeiteinheit immer kleiner wird und schliesslich ganz versiegt.

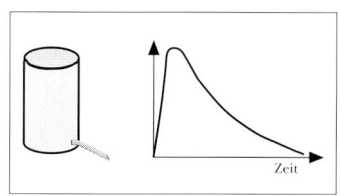

Vergleich der Blitzentladung mit einem auslaufenden Wassergefäss

Ähnlich verhält es sich mit der Energie in den Kondensatoren einer Blitzanlage. Zu Beginn der Blitzentladung sind die Kondensatoren noch vollständig geladen, und der Entladestrom (entsprechend der Ausströmgeschwindigkeit des Wassers in unserem Denkmodell) weist seinen grössten Wert auf. Während der Entladung sinkt die Spannung an den Kondensatoren und damit der Entladestrom. Die in der Blitzröhre durch die Entladung der Kondensatoren erzeugte Lichtmenge nimmt in ihrer Intensität entsprechend ab.

Die grundsätzliche Form der Entladekurve ist durch physikalische Gleichungen gegeben. Ihr Aussehen bleibt daher gleich, unabhängig vom Typ oder der Marke eines Blitzgerätes. Lediglich die Massstäbe an den beiden Achsen der Kurve können je nach Konstruktion etwas unterschiedlich sein. Selbst sogenannte «Computer»-Blitzgeräte, bei denen die Blitzentladung zu einer durch den Regelkreis bestimmten Zeit unterbrochen wird, folgen während der eingeschalteten Zeit denselben Entladegesetzen.

Beim Betrachten der Blitzentladekurve fällt auf, dass diese zwar einen einigermassen klar definierten Anfang, aber kein eindeutig erkennbares Ende aufweist. Die Lichtabstrahlung wird ständig kleiner und kleiner. Es ist nicht erkennbar, wann wirklich überhaupt kein Licht mehr abgegeben wird. Aus diesem Grunde ist es notwendig, das effektive Kurven-Ende in irgend einer sinnvollen Weise zu definieren.

1.7

Effektive Blitzdauer T 0.5

Gerechterweise müsste man für die Angabe der Blitzdauer die gesamte Zeit angeben, vom Zünden der Blitzröhre bis zum vollständigen Erlöschen. Da aber zu Beginn sehr viel Licht fliesst, das dann in seiner Intensität rasch abnimmt, ist der Rest für die Belichtung nur noch von untergeordneter Bedeutung. Hersteller und Verbraucher haben sich in den Normengremien ISO und DIN ursprünglich zur Angabe der sogenannten «Halbwertszeit» T 0.5 geeinigt. Das ist die Zeit, während der die Blitzintensität 50% ihres Maximums überschreitet. Die praktischen Werte von T 0.5 liegen bei Studioblitzanlagen mit Generator zwischen etwa $\frac{1}{250}$ und $\frac{1}{2000}$ Sekunde. Diese Werte gelten bei voller Leistung und dem Einsatz einer Leuchte, wobei die kürzeren Zeiten für kleinere Leistungsgrössen gelten. Bei Kompaktblitzgeräten liegen die entsprechenden Werte zwischen $\frac{1}{450}$ und $\frac{1}{2000}$ Sekunde.

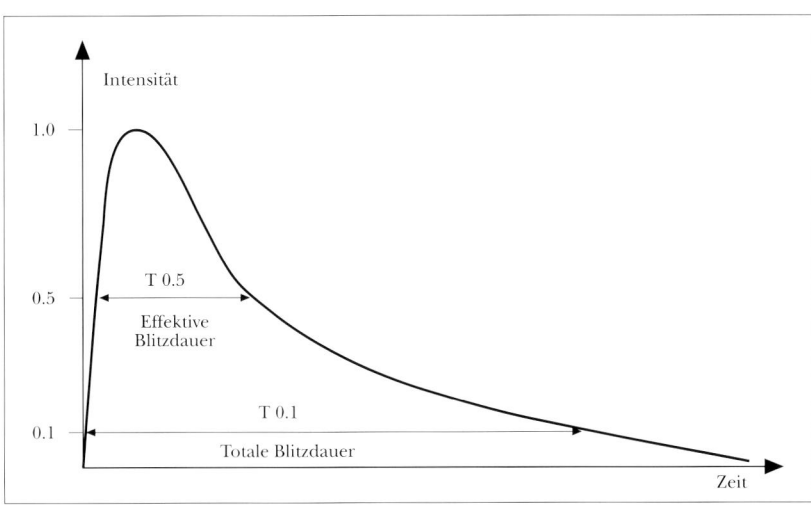

Definition der Blitzdauer

Totale Blitzdauer T 0.1

Wenn es darum geht, rasche Bewegungen mit kurzen Blitzen einzufrieren, dann gilt es zu bedenken, dass nach der angegebenen effektiven Blitzdauer T 0.5 der Blitz immerhin noch mit halber Intensität brennt. Die Blitzdauer T 0.5 kann daher bezüglich erreichbarer Schärfe nicht mit Verschlusszeiten gleicher Dauer verglichen werden. Aus diesem Grunde haben die Normengremien noch eine weitere Angabe der Entladedauer definiert, die *totale Blitzdauer T 0.1*. Es handelt sich dabei um die Zeit, während der die Blitzintensität 10% ihres Maximums überschreitet. Wenn die totale Blitzdauer

T 0.1 aus den technischen Daten einer Blitzanlage nicht erkennbar ist, so kann diese aufgrund der mathematischen Kurvenform als Faustregel mit dem *dreifachen Wert* von T 0.5 angenommen werden: Lautet die Angabe der effektiven Blitzdauer T 0.5 $\frac{1}{1500}$ s, beträgt die totale Blitzdauer T 0.1 angenähert $\frac{1}{500}$ s. Das heisst, ein bewegter Ablauf wird etwa mit derselben Schärfe wiedergegeben wie bei einer Kamera-Verschlusszeit von $\frac{1}{500}$ s bei Tageslicht.

Reduktion der Blitzdauer

Werden an einem Energiespeicher mehrere Anschlüsse angebracht, d.h. zum Beispiel mehrere Leuchtenköpfe an einem Blitzgenerator, so wird die Entladezeit verkürzt. Erinnern wir uns an das Denkmodell mit dem Wassergefäss: Werden am gleichen Wassergefäss zwei Auslassventile angebracht und gleichzeitig geöffnet, entleert sich das Gefäss in halber Zeit. Dasselbe geschieht, wenn bei einem Blitzgerät an dieselbe Kondensatorengruppe zwei Leuchten angeschlossen werden. Bei doppelter, gleichzeitig angeschlossener Leuchtenzahl halbiert sich die Blitzdauer.

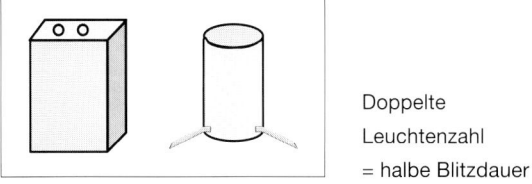

Doppelte

Leuchtenzahl

= halbe Blitzdauer

Das gilt sowohl für T 0.5 als auch für T 0.1. Genügt daher in unserem vorherigen Beispiel die totale Blitzdauer T 0.1 von $\frac{1}{500}$ s nicht zur eingefrorenen Darstellung eines schnellablaufenden Vorganges, so kann eine zweite Leuchte angeschlossen werden, um so eine totale Blitzdauer von $\frac{1}{1000}$ s zu erreichen.

Für Kompaktgeräte besteht diese Möglichkeit der Verkürzung nicht; es ist daher sinnvoll, deren Blitzdauer von vornherein in den kürzeren Bereich zu legen.

Die Blitzdauer von Studioblitzgeräten mit Generator liegt bei einer Leuchte für T 0.1 zwischen $\frac{1}{80}$ und $\frac{1}{700}$ Sekunde, je nach System und Leistung des Gerätes. Die grossen Studioanlagen mit Leistungen von 3000 J und mehr liegen mehrheitlich am längeren Ende dieser Skala. Das hängt damit zusammen, dass ein Reservoir grossen Inhalts nicht in gleicher Zeit entleert werden kann wie ein kleines Gefäss.

In elektrischen Grössen ausgedrückt bedeutet dies: Ein Gerät mit einer Blitzenergie von beispielsweise 300 J (oder veraltet Ws = Wattsekunden, was dasselbe ist) ist in der Lage, mit der aufgespeicherten Energie einen Verbraucher von 300 W während einer Sekunde oder (gleichbedeutend) einen Verbraucher von 300 000 W während $^1\!/_{1000}$ Sekunde zu speisen. Die letzterwähnten Werte entsprechen ungefähr den Verhältnissen bei einer Blitzentladung, unter der Annahme, die effektive Blitzdauer betrage $^1\!/_{1000}$ s. Das bedeutet nichts anderes, als dass dieses relativ kleine Gerät während der Abbrenndauer des Blitzes eine Helligkeit erzeugt wie eine Dauerlichtbeleuchtung von 300 000 W = 300 kW.

Diese momentane Leistung muss tatsächlich während der Blitzdauer umgesetzt werden, was beträchtliche Ansprüche an alle Elemente im Entladekreis stellt. Soll die Blitzdauer verkürzt werden, beispielsweise auf $^1\!/_{1000}$ s, so bedeutet dies im vorliegenden Beispiel, dass während dieser 10 mal kürzeren Zeit eine 10 mal höhere momentane Leistung umgesetzt werden muss, statt 300 kW nunmehr 3 000 kW. Das Umsetzen einer derart hohen Leistung – wenn auch nur für eine sehr kurze Zeit – würde einen entsprechend höheren Entladestrom oder eine entsprechend höhere Blitzspannung erfordern. Beide Werte, Entladestrom sowie Blitzspannung, müssen jedoch in praktischen Grenzen gehalten werden, die für den alltäglichen Gebrauch ungefährlich und zuverlässig gehandhabt werden können.

Die Forderung nach einer ultrakurzen Blitzdauer steht daher technisch im Widerspruch zur Forderung nach einer langlebigen und problemlosen Blitzanlage. Ausserdem ist zu bedenken, dass die drei Schichten eines Farbfilmes bei sehr kurzen Belichtungszeiten nicht mehr gleich reagieren, was zu Unterbelichtung und Farbverschiebungen führen kann (Reziprozitätsfehler, Ultrakurzzeit-Effekt).

Die relativ langen Blitzzeiten grosser Anlagen erlauben es, Erschütterungen von Kamera und Objekt unsichtbar zu machen, nicht jedoch schnellste Bewegungsabläufe wie sportliche Bewegungen scharf wiederzugeben. Bei der Auswahl einer Blitzanlage, mit der auch schnellere Bewegungsabläufe – wie sie zum Beispiel in der Modefotografie vorkommen können – noch scharf dargestellt werden können, sollte man den vom Hersteller angegebenen Blitzleuchtzeiten T 0.1 grosse Beachtung schenken!

Leistungsreduktion

Die Leistung von Blitzanlagen lässt sich normalerweise regeln. Bei älteren Blitzanlagen oder bei sehr einfach gebauten Typen wird die Leistungsreduktion im Generator durch Abschalten der nicht benötigten Kondensatoren erreicht. Die Abschaltung von Kondensatoren bei gleicher Leuchtenzahl bewirkt ebenfalls eine Reduktion der Blitzdauer. Wird bei derartigen Geräten mit Kondensatorumschaltung auf halbe Leistung geschaltet, wird die Blitzdauer ebenfalls halbiert.

Da diese Methode der Leistungsumschaltung nur in sehr groben Schritten möglich ist, wird sie bei modernen Anlagen nicht mehr praktiziert. Verwendet werden dagegen zum Einstellen der Lichtmenge *variable Spannungen an den Blitzkondensatoren*. Dies erlaubt eine sehr feinstufige oder kontinuierliche Variation der Lichtmenge. Bei diesen Geräten hat die Reduktion der Leistung keinen Einfluss auf die Blitzdauer. Durch Reduktion der Kondensatorspannung wird die Intensität des Blitzes über seine gesamte Dauer auf einen festen Bruchteil der ursprünglichen Intensität verringert. Die Form der Kurve bleibt dieselbe, und die Blitzdauer T 0.5 sowie T 0.1, gemessen am neuen, reduzierten Spitzenwert, bleiben dieselben.

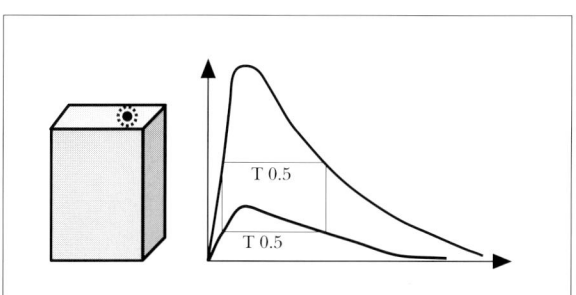

Durch Spannungs-Variator am Blitzgerät wird die Blitzdauer nicht beeinflusst

1.7.3 Leistungsangaben

Die Kenngrösse der Arbeit (Leistung mal Zeit) trägt die Einheit *Joule J*, früher *Wattsekunde Ws*. Diese Kenngrösse wird auch als Arbeitsangabe bei Blitzgeräten verwendet, nur dass wir dort – nicht ganz korrekt – von «Leistung» sprechen.

Hat ein Gerät eine Blitzenergie von 300 Joule, kann – wie oben bereits erläutert – mit dieser Energie während einer Sekunde ein Verbraucher von 300 Watt oder während $^1\!/_{1000}$ Sekunde ein solcher von 300 000 Watt gespiesen werden. Diese letztere Situation entspricht etwa jener während des Abblitzens. Die Energieangabe in Joule errechnet sich ausschliesslich aus elektrischen Grössen und zwar aus der Kondensator-kapazität und der Betriebsspannung nach folgender Formel:

$$\text{Energie } [J] = \frac{\text{Blitzkondensatorkapazität } [F]}{2} (\text{Spannung } [V])^2$$

Sie gibt daher keinen direkten Aufschluss über die tatsächliche Lichtmenge, die abgestrahlt wird und die für die Belichtung von Bedeutung ist. Diese Joule-Angaben lassen nämlich einige wichtige Faktoren ausser Betracht, die für die Umsetzung der elektrischen Energie in Licht vermindernd wirken können. So müssen beispielsweise die Blitzröhre auf das Gerät abgestimmt, der Reflektor an die Blitzröhre angepasst und die Zuleitung entsprechend dimensioniert sein, damit beim Energietransport vom Speicherteil zur Lampe möglichst geringe Verluste entstehen. Ausserdem lässt sich die Joule-Angabe durch den Anwender nicht nachprüfen, was gelegentlich einen Hersteller dazu verleitet, diesen Wert in den Prospekten sehr grosszügig aufzurunden.

Die gespeicherte Energie in J oder Ws ist kein direktes Mass für die erzeugte Lichtmenge und deshalb als Kenn- oder Vergleichsgrösse nur bedingt geeignet.

Sollen die obenerwähnten Verluste mitberücksichtigt werden, so bleibt offensichtlich nur die Möglichkeit, die Lichtmenge direkt anzugeben. Bei Amateurgeräten wird eine *Leitzahl* angegeben. Die Leitzahl ist das Produkt aus Blendenzahl und Blitzdistanz. Soll dieses Produkt als Kenngrösse für ein Gerät dienen, so muss es in allen Fällen konstant sein, das heisst unabhängig von der Blitzdistanz. Diese Bedingung ist aber nur erfüllt, wenn die Beleuchtung quadratisch mit dem Abstand abnimmt. Dies trifft zu, wenn die Abmessung der Lichtquelle sehr klein ist gegenüber dem Abstand zum Objekt. Bei kleinen, tragbaren Amateurblitzgeräten ist diese Voraussetzung weitgehend erfüllt.

Studioblitzgeräte dagegen verwenden Leuchten, die in der Regel nicht «punktförmig» sind, vielmehr werden professionelle Leuchten eingesetzt, die eine grössere Ausdehnung haben, im Falle von Flächenleuchten oft grösser als das Objekt selbst. Für Studioblitzgeräte ist die Angabe der Leitzahl daher keine brauchbare Alternative. Deshalb ist man bei den neuen Normen DIN und ISO dazu übergegangen, für

Studioblitzanlagen direkt die zu erwartende Blende in einem Leuchtabstand von 2 m anzugeben. Diese Angaben haben den Vorteil, dass der Fotograf eine verbindliche Aussage über die Belichtung erhält, die bereits alle mit der Arbeitsangabe J oder Ws nicht berücksichtigten Verluste und Wirkungsgrade beinhaltet. Die Angabe gilt auch für den Vergleich des Wirkungsgrades verschiedener Reflektoren.

Bei ein und demselben Hersteller kann man indessen davon ausgehen, dass sein Gerätetyp mit der Blitzenergie von 3000 J unter gleichen Bedingungen tatsächlich doppelt soviel Licht (eine Blende mehr) abgibt wie sein kleineres Gerät mit der Blitzenergie von 1500 J.

1.7.4 Blitz-Synchronisation

Synchronisieren bedeutet, Blitz- und Kameraverschluss-Auslösung aufeinander abzustimmen. Üblicherweise besitzen moderne Verschlüsse eine *X-Synchronisation*. Dies bedeutet, dass der entsprechende Kontakt dann geschlossen wird, wenn der Verschluss vollständig geöffnet ist. Oder anders ausgedrückt: sobald der Verschluss der Kamera vollständig geöffnet ist, wird der Kontakt des Synchronippels niederohmig und löst dadurch den Blitz aus. Verwendet wird diese Synchronisationsart grundsätzlich immer beim Einsatz von Elektronenblitz.

Bei älteren Verschlüssen ist noch ein zweiter, mit M bezeichneter Synchrokontakt oder eine entsprechende Stellung eines Wahlschalters möglich. Es handelt sich dabei um eine *Vorsynchronisation*. Das heisst, der Synchronippel wird etwa $\frac{1}{60}$ Sekunde vor dem gänzlichen Öffnen des Verschlusses niederohmig. Verwendet wird diese Einstellung nur beim Einsatz von langsambrennenden Kolbenblitz-Lampen («Blitzlämpchen»), die eine Gesamtbrenndauer von $\frac{1}{30}$ Sekunde haben.

Wünscht man in diesem Fall trotzdem eine kürzere Belichtungszeit, so ist es natürlich nicht sinnvoll, die Aufflammphase des Blitzlämpchens auszunutzen. Besser ist die Auswertung des Scheitelwertes. Bei M-Kontakt beginnt das Blitzlämpchen aufzuleuchten, und der Verschluss öffnet sich erst, wenn die Spitzenleuchtleistung des Blitzlämpchens erreicht ist.

Vorsicht aber bei Elektronenblitz: Mit M-Kontakt wäre der kurzblitzende Elektronenblitz bereits wieder erloschen, wenn sich der Verschluss öffnet!

1.7

Um die Zusammenhänge zwischen Kameraverschluss und Blitzdauer bzw. Blitzsynchronisation zu verstehen, müssen wir strikte unterscheiden zwischen Zentral- und Schlitzverschluss.

Zentralverschluss

Betrachten Sie dazu die folgende Abbildung. Die Verschlusslamellen des Zentralverschlusses benötigen eine gewisse Zeit, um sich vom geschlossenen in den geöffneten Zustand zu bewegen. Diese Bewegungsdauer kann man bei langen Verschlusszeiten vernachlässigen; sie muss indessen bei kurzen Verschlusszeiten berücksichtigt werden.

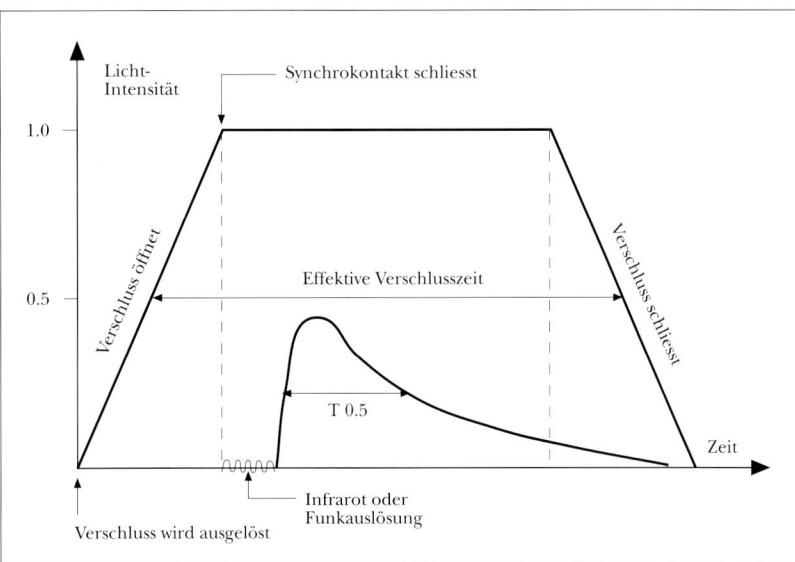

Blitzbelichtung mit Zentralverschluss

Erst wenn der Verschluss vollständig offen ist, wird der Synchrokontakt geschlossen und damit die Blitzauslösung freigegeben. Wird ein Funk- oder Infrarotauslöser verwendet, verzögert sich die Blitzauslösung um die Laufzeit des Auslösesignals zusätzlich. Um die gesamte Lichtmenge auf den Film zu bannen, müssen die Verschlusslamellen geöffnet bleiben, bis der Blitz vollständig abgebrannt ist bzw. auf 10% seiner maximalen Intensität abgesunken ist.

Aus der Abbildung ist zu ersehen, dass die einzustellende Verschlusszeit wesentlich länger sein muss als die effektive Blitzdauer des Blitzgerätes. Wird die Verschlusszeit zu kurz gewählt, beginnt der Verschluss zu schliessen, während der Blitz noch brennt, was zu einem Lichtverlust führt. Beim Einsatz eines Zentralverschlusses muss daher die Verschlusszeit auf $^1/_{125}$ s oder länger eingestellt sein, wenn mit Studioblitzgeräten und Fernauslösung gearbeitet wird. Kürzere Verschlusszeiten können einen Lichtverlust bewirken.

Schlitzverschluss

Beim Schlitzverschluss ist die Situation noch wesentlich kritischer. In der betreffenden Abbildung ist in vertikaler Richtung der Weg des Verschlussvorganges eingetragen. Es wird in diesem Beispiel vereinfacht angenommen, die Verschlussvorhänge bewegen sich von der unteren zur oberen Kante des Bildformates.

Aus der Abbildung ist das Prinzip des Schlitzverschlusses ersichtlich: Die Belichtungszeit zwischen dem Öffnen des ersten Vorhanges und dem Schliessen des zweiten Vorhanges ist für alle Bildpunkte, unabhängig von ihrer Lage, dieselbe. Aber es werden nicht alle Bildpunkte zur gleichen Zeit belichtet. Diejenigen in der Nähe der unteren Kante des Bildformates werden früher belichtet als die Bildpunkte in der Nähe der oberen Bildkante. Die Zeit, während der alle Bildpunkte belichtet werden, ist wesentlich kürzer als die eingestellte Verschlusszeit, nämlich nur die Differenz zwischen der Ankunftszeit des ersten Vorhanges in der offenen Verschlussstellung bis zur Startzeit des zweiten Vorhanges. In dieser Zeit muss ein allfällig ausgelöster Blitz vollständig abbrennen können.

Aus diesem Grunde kann für Blitzbelichtung nicht jede beliebig kurze Zeit eingestellt werden, selbst wenn der Blitz unendlich kurz wäre. Die auf dem Verschluss mit «X» oder mit einem roten Blitzsymbol gekennzeichnete Belich-

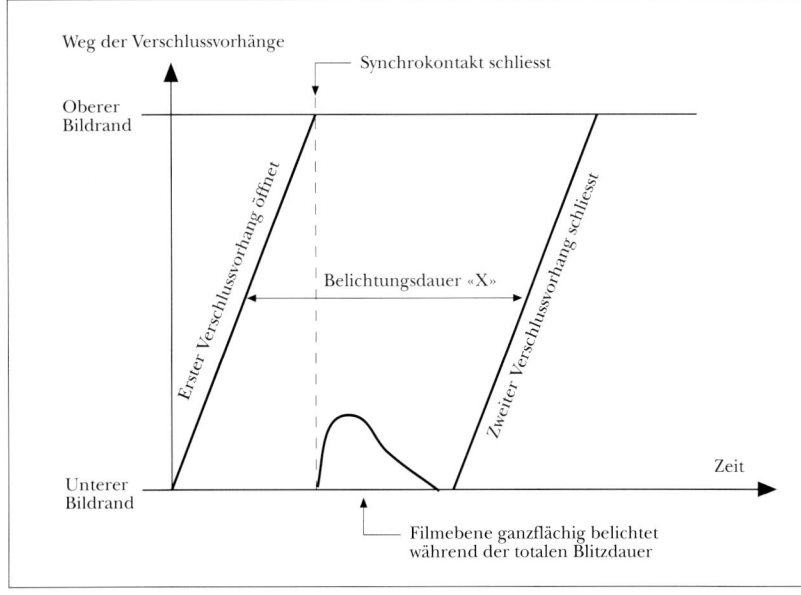

Blitzbelichtung mit Schlitzverschluss

tungszeit stellt die sogenannte *Grenzsynchrozeit* dar. Es ist dies die kürzeste Zeit, während der der Verschluss einmal vollständig geöffnet ist. Bei allen kürzeren Zeiten startet der zweite Verschlussvorgang bereits, bevor der erste seine Offenstellung erreicht hat, und würde somit bei Blitzbeleuchtung bloss einen Streifen des Bildformates belichten.

Die Grenzsynchrozeit ist abhängig von der Verschlussablaufrichtung und der Konstruktionsart des Schlitzverschlusses. Bei modernen Verschlüssen von Kleinbildkameras liegt sie bei $1/125$ bis $1/250$ s.

Allerdings berücksichtigt die Grenzsynchrozeit nur kurze Blitzbelichtungen, wie sie bei kleinen, aufsteckbaren Amateurblitzgeräten üblich sind. Wird der Verschluss mit Studioblitzgeräten betrieben, bei denen die Blitzdauer länger ist, muss dementsprechend eine längere Verschlusszeit eingestellt werden.

Diese Situation wird in den folgenden Abbildungen veranschaulicht.

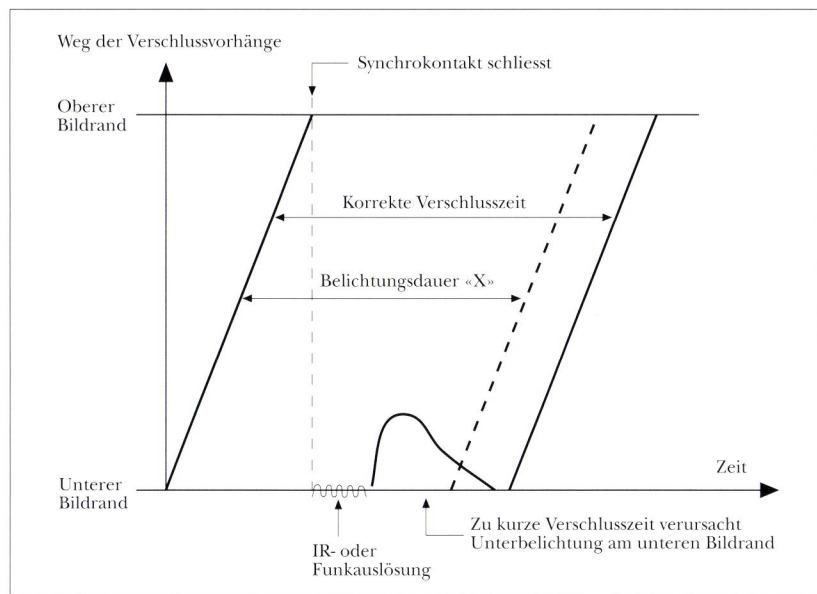

Schlitzverschluss mit Studioblitz

Dunkle Randpartie bei Verwendung der Grenzsynchrozeit «X» mit einem älteren Schlitzverschluss

Korrekte Belichtungszeit $1/60$ s mit der Nikon F4 und Studioblitzanlage

Verlaufende Unterbelichtung bei Verwendung der Grenzsynchrozeit $1/250$ mit der Nikon F4 und Studioblitzanlage

Nach dem Öffnen des ersten Vorhanges wird der an sich schon längere Blitz der Studioblitzanlage ausgelöst, allenfalls noch über eine Funk- oder IR-Auslösung, die ihrerseits eine zusätzliche Verzögerung mit sich bringt. All diese Vorgänge müssen aber während der Zeit ablaufen können, während der der Verschluss vollständig geöffnet ist. Dadurch ergibt sich eine minimale Belichtungszeit, die wesentlich länger ist als die vom Kamerahersteller angegebene und markierte Grenzsynchrozeit.

Was geschieht, wenn fälschlicherweise gleichwohl die mit «X» bezeichnete Verschlusszeit eingestellt wird, zeigt ebenfalls die gleiche Abbildung: die Bildpunkte in der Nähe des unteren Bildrandes werden durch den zu früh startenden zweiten Vorhang abgedeckt, während der Blitz noch hell brennt. Die Bildpunkte in der Nähe des oberen Bildrandes dagegen werden später abgedeckt, zu einem Zeitpunkt, in dem der Blitz bereits im wesentlichen abgebrannt ist. Es resultieren dadurch beträchtliche Belichtungsunterschiede zwischen dem oberen und unteren Bildrand.

Bei der Verwendung von Schlitzverschlüssen müssen beim Betrieb mit Studioblitzgeräten daher folgende minimale Verschlusszeiten eingestellt werden:

- $\frac{1}{60}$ s bei Grenzsynchrozeiten «X» von $\frac{1}{125}$ s oder $\frac{1}{250}$ s
- $\frac{1}{30}$ s bei Grenzsynchrozeiten «X» länger als $\frac{1}{125}$ s

Werden kürzere Zeiten am Verschluss eingestellt, entsteht eine dunkle Partie entlang eines Bildrandes (je nach Ablaufrichtung des Verschlusses an einer schmalen oder breiten Bildkante) oder – bei sehr modernen Verschlüssen – eine gegen den Bildrand hin verlaufende Unterbelichtung.

Beschnitt der Blitzleuchtkurve

Praktische Aufnahme-Versuche mit Elektronenblitz und raschen Bewegungsabläufen zeigen, dass es bei noch vorhandener Bewegungsunschärfe wenig hilft, die Blitzdauer um beispielsweise bloss 20% zu verkürzen. Eine wesentliche Verbesserung der Bildschärfe erfordert immer gleich die Halbierung oder Viertelung der Blitzdauer.

Ausserdem ist es interessant zu sehen, dass die Unschärfe wegen zu langer Blitzdauer «asymmetrisch» ist, das heisst, Übergänge hell – dunkel weisen nicht dieselbe Schärfe auf wie Übergänge dunkel – hell. Das lässt sich durch die asymmetrische Form des Blitzlichtimpulses (steile Anstiegsflanke, flache Abfallsflanke) erklären. Bei gewollter Bewegungsunschärfe ist zu beachten, dass der entstehende Wischer eine Bewegung zeigt, die anscheinend in Gegenrichtung zur tatsächlichen Bewegung verläuft!

Die asymmetrische Form der Blitzkurve, die gegen das Ende hin nur noch kleine Intensität aufweist, lässt die Frage auftauchen, ob denn dieser «Schwanz» – der ja für die Unschärfe verantwortlich ist – nicht einfach abgeschnitten werden könnte?

Beschnitt durch kurze Zentralverschluss-Zeit

Dies ist in der Praxis näherungsweise möglich, indem der Zentralverschluss auf eine kürzere Zeit als eingangs beschrieben eingestellt wird.

Von der gesamten Blitzlichtmenge wird auf dem Film nur ein Teil wirksam, weil der Verschluss den hinteren Teil der Kurve abschneidet. Der

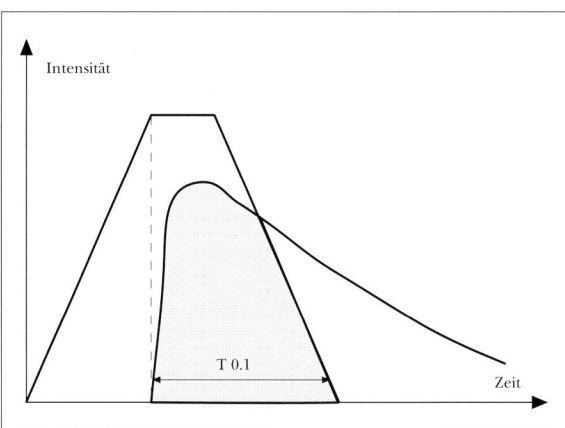

Verkürzung der Blitzdauer durch den Zentralverschluss

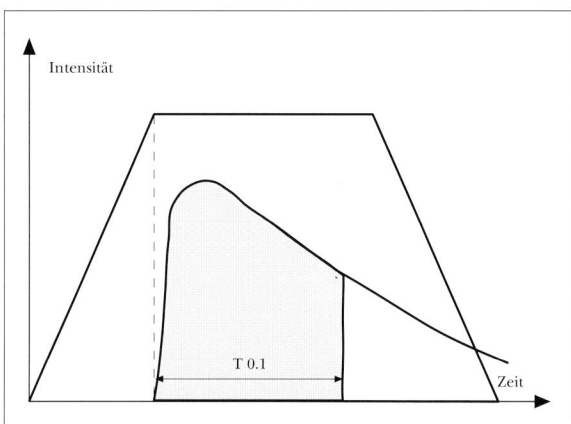

Verkürzung der Blitzdauer durch elektronische Abschaltung

Lichtverlust kann allerdings beträchtlich sein, denn damit der Verschluss zur gewünschten Zeit wieder geschlossen ist, müssen die Lamellen frühzeitig zu schliessen beginnen, zu einer Zeit also, während der die Blitzstrahlung noch mit grosser Intensität leuchtet. Man schneidet mit dieser Methode daher nicht bloss den «Schwanz» der Kurve weg, sondern reduziert die Blitzintensität auch während der Zeit, in der der Blitz noch mit hoher Intensität brennt.

Ausserdem ist zu beachten, dass die relativ grossen Toleranzen der Verschlussmechanik die Lichtmenge beeinflussen, so dass diese Methode nur angewandt werden kann, wenn es nicht auf genaueste Einhaltung der Lichtmenge ankommt.

Beschnitt durch elektronische Abschaltung

Um diese Nachteile zu vermeiden, bietet broncolor mit der Produktelinie Pulso A ein Studioblitzgerät an, mit dem es möglich ist, die Blitzentladung mittels eines elektronischen Schalters zur gewünschten Zeit zu unterbrechen. Die Mechanismen hierzu funktionieren ähnlich wie bei den sogenannten «Computer»-Blitzgeräten der Amateurfotografie. Die Blitzleuchtdauer lässt sich dabei bis zu $1/6000$ s reduzieren.

Den dabei entstehenden Lichtverlauf zeigt die untere Abbildung auf der vorhergehenden Seite. Man sieht, dass die Abbrennkurve durch den Beschnitt einen nahezu rechteckigen Verlauf annehmen kann, so dass in der kürzestmöglichen Zeit die maximale Lichtmenge abge-

strahlt wird. Ausserdem ist diese Lichtmenge sehr konstant und mit einem Blitzbelichtungsmesser messbar, was im Fall der Blitzabschneidung mit kurzer Zentralverschlusszeit nicht möglich ist.

Die folgenden Bildvergleiche zeigen die Schärfenwirkung bei einem freien Fall mit der unbeschnittenen Blitzkurve bei T 0.1 = $1/125$ s (links) und bei Beschnitt der Abbrennkurve durch Einstellung der Blitzleuchtdauer auf T 0.1 = $1/6000$ s.

T 0.1 = $1/125$ s

T 0.1 = $1/6000$ s

T 0.1 = $1/125$ s

T 0.1 = $1/6000$ s

Synchronisationsverbindung

Die Verbindung zwischen dem Synchronippel der Kamera und dem Blitzgerät erfolgt entweder über ein *Synchrokabel* oder drahtlos mittels eines *Infrarot-Senders* oder eines *Funkauslösers*. Sobald der Verschluss vollständig geöffnet ist, wird der Synchrokontakt niederohmig, und im Blitzgerät erfolgt die Auslösung der Ionisierspannung, die ihrerseits die Gasentladung über die Xenon-Blitzröhre bewirkt und den Blitz startet.

Zu beachten ist die (meist sehr kurze) zusätzliche Verzögerungszeit durch drahtlose Auslöser. Wird die Verbindung mit einem Synchrokabel verwirklicht, braucht das Kabel nur zwischen der Kamera und einem Blitzgerät gelegt zu werden. Weitere gleichzeitig eingesetzte Blitzgeräte lösen über eine Fotozelle automatisch aus, sobald der erste Blitz aufleuchtet. Die Verzögerungen sind dabei vernachlässigbar klein und liegen – je nach verwendetem Prinzip – bei $\frac{1}{5000}$ bis $\frac{1}{50000}$ Sekunde.

Die spektrale Abstrahlung des Elektronenblitzes

Die spektrale Energieabstrahlung der Elektronenblitzröhre entspricht etwa mittlerem Tageslicht. Unter anderem ist die Abstrahlcharakteristik abhängig vom Xenon-Gasdruck in der Blitzröhre. Je höher der Gasdruck ist, umso länger ist die Blitzleuchtzeit und umso gesättigter ist das Linienspektrum der Xenon-Entladung. Andererseits wird mit zunehmendem Gasdruck die Zündung schwieriger.

Die Blitzentlade-Kurve eines Elektronenblitzes zeigt eine hohe Intensitätsspitze am Anfang und dann eine mehr oder weniger steil abfallende Flanke. Das liegt daran, dass die zu Beginn der Entladung noch voll aufgeladenen Blitzkondensatoren einen raschen Stromanstieg und daher in der Blitzröhre einen hohen Helligkeitsanstieg bewirken. Wenn das Maximum erreicht ist, fällt der Strom mit der abnehmenden Spannung in den Kondensatoren – und damit die Lichtintensität in der Blitzröhre – langsam gegen null zurück.

Der ansteigende Teil der Blitzkurve weist eine sehr hohe Farbtemperatur von rund 7000 K (bläuliches Licht) auf. Die günstigste spektrale Verteilung stellt sich erst im abfallenden Teil der Kurve ein, wobei die Farbtemperatur des letzten Flankenteils etwa bei 4000 K (rötliches Licht) liegt. In der Summe, sofern die gesamte Blitzdauer für die Abbildung genutzt wird, entsteht in der Blitzröhre eine Farbtemperatur von rund 6300 K. Durch die Absorptionswirkung des beschichteten Quarzrohres der Blitzröhre reduziert sich schliesslich die wirksame Abstrahlung auf 5500 K. Die relative Energieverteilung des Elektronenblitzes entspricht dabei etwa derjenigen von mittlerem Tageslicht, allerdings mit einer zusätzlichen Spitze im UV- und Blaubereich. Die Absorption des überschüssigen UV- und Blau-Anteils erfolgt entweder durch eine UV-Beschichtung des Quarzrohres der Blitzröhre oder (behelfsmässig) durch Aufsatz einer entsprechend behandelten Pyrex-Schutzglocke über die Röhre. Dadurch entsteht eine spektrale Verteilung, die mittlerem Tageslicht entspricht.

broncolor Blitzröhren und Schutzgläser sind wahlweise in drei Farbtemperatur-Varianten lieferbar:

- stark beschichtet: 5100 K
- dünn beschichtet: 5500 K
- unbeschichtet: 5900 K und höher

Die dünne Beschichtung, die eine Farbtemperatur von 5500 K bewirkt, entspricht der Stan-

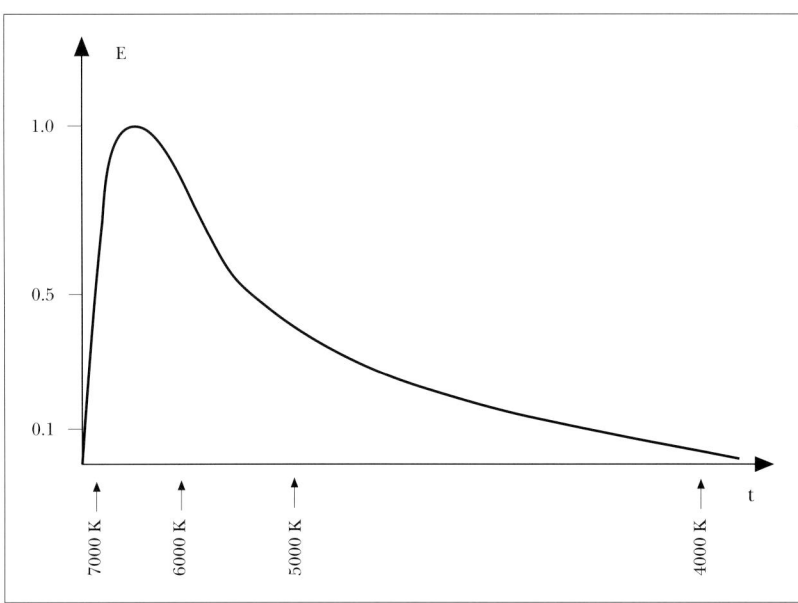

Sinkende Farbtemperatur während der Blitzabstrahlung

dardausführung, denn Tageslicht-Farbfilm-Emulsionen sind ebenfalls für diese Farbtemperatur sensibilisiert.

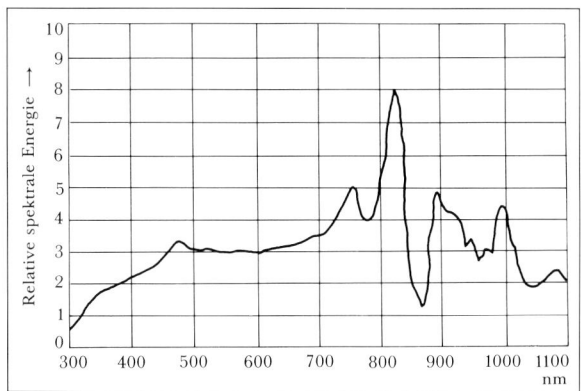

Spektrale Energieverteilung eines Elektronenblitzes
mit unbeschichteter Blitzröhre

Die ideale spektrale Verteilung verändert sich, wenn die Blitzleuchtkurve zum Erzielen einer kürzeren Blitzzeit abgeschnitten wird. In diesem Fall resultiert eine höhere Farbtemperatur (Blaustich). Das Gegenteil geschieht, wenn die Blitzleistung durch den Spannungsvariator reduziert wird (Rotstich).

Keine sichtbare Veränderung der Farbtemperatur kann dagegen festgestellt werden, wenn die Reduktion der Blitzleuchtzeit durch den Anschluss weiterer Leuchten am gleichen Generator vorgenommen wird oder wenn zur Leistungsreduktion statt mittels feinregulierbarer Spannungsverkleinerung ganze Kondensatorpakete abgeschaltet werden.

Eine besonders stabile Farbtemperatur kann erreicht werden, indem die Leuchtdauer des Blitzes elektronisch gesteuert und der gewünschten Energie und Blitzspannung angepasst wird. Die Geräte broncolor Pulso A sind mit der entsprechenden Elektronik ausgerüstet und erreichen eine konstante Farbtemperatur über einen Verstellbereich von 6 Blenden!

Die Farbqualität des Lichtes wird aber auch massgeblich beeinflusst durch allfällige Eigenfärbungen von Reflektoren und Diffusoren. Neue Reflektoren und Diffusoren sind diesbezüglich farbneutral. Mit zunehmender Verschmutzung verändern sie aber die Farbtemperatur des abgestrahlten Lichtes in rötlicher Richtung. Besonders rasch tritt dieser unerwünschte Effekt in Studios ein, in denen intensiv geraucht wird.

1.9 Die broncolor-Geräte

Leistungsstarke Elektronenblitzanlagen arbeiten mit einem separaten *Generator*, der einen oder mehrere Lampenanschlüsse besitzt. Beim Einsatz mehrerer Generatoren braucht nur einer mit der Kamera synchronisiert zu sein, die anderen lösen über Fotozelle, Infrarot oder allenfalls Funk automatisch aus.

Das dauerstrahlende Einstellicht ist – wie der Name sagt – in erster Linie für die Einstellarbeit zu benutzen. Es sollte dazu möglichst hell sein, sich aber gleichzeitig und automatisch mit der Leistungseinstellung der Blitzanlage in der Helligkeit verstellen lassen. So lässt sich beim Einsatz mehrerer Geräte durch das proportional zur Blitzleistung geschaltete Einstellicht die spätere Lichtwirkung sehr genau beobachten.

Bei nahezu allen Anlagen ist die Leuchte im Baukastensystem aufgebaut. Grundeinheit bildet der Leuchtenkopf, der bei den meisten Leuchtenvarianten praktisch gleich bleibt. Verändert wird jeweils nur der Reflektoraufsatz.

Bei den *Kompakt-Geräten* sind Leistungsteil und Leuchtenteil auf engem Raum zu einem kompakten System vereinigt. Kompakt-Geräte sind in der Regel leistungsschwächer als Anlagen mit separatem Generator und besitzen meistens eine kürzere Blitzdauer. Sie eignen sich aber optimal für den Einsatz «on location» oder im kleinen Portrait-Studio. Im Gegensatz zu Anlagen mit Generator – bei denen mit dem Anschluss einer weiteren Leuchte bloss die vorhandene Energie auf eine weitere Leuchte verteilt wird – erhält man bei den Kompakt-Geräten in der Tat mehr Licht, sobald eine weitere Leuchte zum Einsatz kommt. Fotografen, die bisher mit Kunstlicht gearbeitet haben, liegt diese Arbeitsweise näher.

Bei der Anschaffung eines Systems sollte man einerseits einen Hersteller berücksichtigen, der international in der Lage ist, die notwendigen Servicearbeiten durchzuführen, eine weite Verbreitung hat und gleichzeitig Anlagen anbietet, die nach dem neuesten Stand der Technik gebaut sind.

broncolor aus dem schweizerischen Allschwil erfüllt alle diese Anforderungen kompromisslos und stellt hochmoderne, zuverlässige Beleuchtungs-Systeme zur Verfügung.

1.9.1 Das Impact-System

Unter der Bezeichnung Impact bietet broncolor mehrere Kompaktgeräte an: das Impact 21 mit 150 J und das Impact 41 mit 300 J sowie Impact S40 mit 300 J und Impact S80 mit 600 J. Die Grundgeräte aus schlagfestem Zweischalen-Kunststoff sind Generator und Leuchtenkopf zugleich.

Durch umfangreiches Zubehör besitzt der Fotograf mit den Impact-Geräten eine praxiserprobte Ausrüstung. Die kleinen Abmessungen des Impact-Bajonetts und des Zubehörs weisen auf die Hauptmerkmale dieses Gerätetyps hin: Kompaktheit, geringes Gewicht und praktische Handhabung. Impact-Geräte sind besonders für Portrait-, Mode- und einfache Werbeaufnahmen gedacht. Bei Aufnahmen «on location», in der Industrie und für Innenaufnahmen werden weitere Vorteile dieser Produktelinie sichtbar: Das Impact-Bajonett erlaubt, das Zubehör schnell auszuwechseln und um 360° zu drehen. Der L-Bügel ermöglicht dem Fotografen direkte Sicht auf das Bedienungsfeld mit der Bereitschaftsanzeige. Der eingebaute, abschaltbare Infrarot-Empfänger gestattet die drahtlose Auslösung,

nicht nur mit den IRS-Sendern, sondern auch mit allen Messgeräten von broncolor.

Impact und Impact S stellen ein vollständiges Beleuchtungs-System von Kompaktgeräten mit massgeschneidertem Zubehör dar. Verschiedene, komplette Ausrüstungs-Kits sind in einer praktischen Reisetasche oder in einem widerstandsfähigen Hartschalen-Koffer erhältlich.

Zum Betrieb der Impact ist ein beliebiger Wechselstrom zwischen 110 und 240 Volt mit einer Frequenz von 50 oder 60 Hertz notwendig. Durch einfaches Umstellen eines Wählschalters sind die Geräte auf der ganzen Welt einsetzbar. Die Impact S passen sich automatisch an die vorhandene Netzspannung an, ohne dass dabei die Lampen für das Einstellicht ausgewechselt werden müssen.

Ist einmal kein Wechselstromanschluss vorhanden, dient zum Betrieb die Autobatterie, deren Gleichspannung durch den broncolor Umformer in Wechselstrom der richtigen Spannung umgesetzt wird. Ein Betrieb des Einstellichtes ist dann allerdings nicht mehr möglich.

Die Blitzleistung lässt sich beim Impact 21 von ganzer auf halbe Leistung schalten (1 Blende), beim Impact 41 bis zu einem Viertel der Gesamtleistung (2 Blenden) reduzieren. Das Einstellicht (Halogenlampe 12V/50W) schaltet proportional zur gewählten Blitzleistung mit.

Die beiden Impact S lassen sich in Drittelsstufen über 3 Blenden regeln. Das Einstellicht (120 V/150W) schaltet proportional mit.

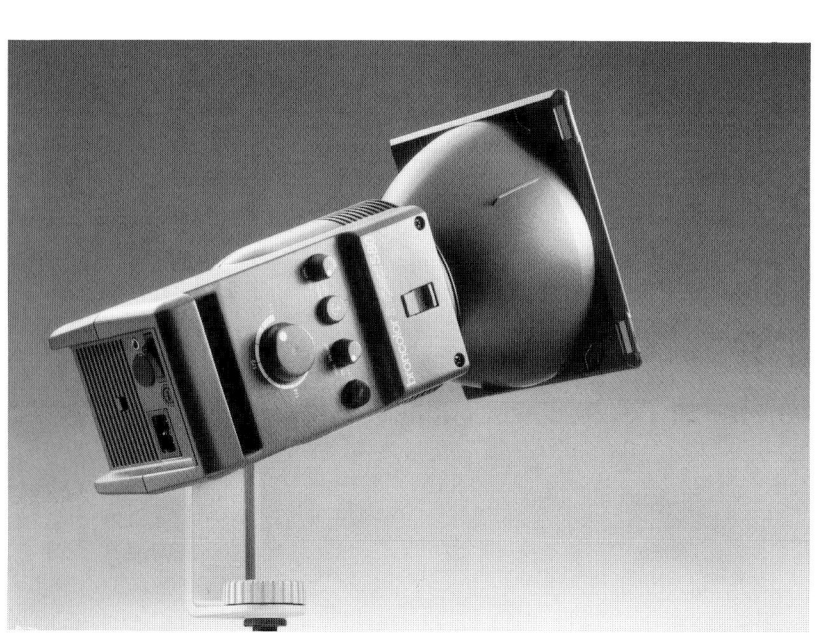

Kompaktgeräte Impact S80

Die wichtigsten Reflektoren zu Impact

Die Blitzdauer (T 0.5) bei voller Energie beträgt beim kleineren Gerät $\frac{1}{2000}$, beim grösseren $\frac{1}{1000}$ Sekunde. Die Ladezeit liegt bei voller Leistung knapp über 2 Sekunden.

An das Grundgerät der Impact-Linie lassen sich eine grosse Anzahl verschiedenster Reflektoren anbringen. Neben silbernen und weissen Normalreflektoren, Weichstrahlern und Schirmen aller Art sei insbesondere Impaflex erwähnt, eine zusammenlegbare, aus Stoff gefertigte «Soft-Box», ein leicht transportables Himmelslicht in Grössen bis 80 cm im Quadrat.

1.9.2   Das Pulso-System

Das Pulso-System enthält sowohl Kompaktgeräte wie auch leistungsstarke Anlagen mit Generatoren. Beide Systemrichtungen besitzen dasselbe Bajonett an der Leuchte und können daher weitgehend dasselbe Zubehör verwenden.

Kompaktgeräte

Minipuls C und *Compuls* sind die Kompaktlösung für Fotografen, die als Einsteiger künftig mit broncolor Generatoren arbeiten wollen oder solche, die bereits über eine broncolor-Ausrüstung verfügen. Die Kompatibilität zu vorhandenen broncolor-Geräten macht Minipuls C zum idealen, preisgünstigen Zusatz- oder Einsteigerlicht im Studio. Compuls ist die starke Lichtquelle bei Industrieaufnahmen und für alle Fotografen, die Kompaktgeräte dem traditionellen Generator mit Leuchten vorziehen.

Kompaktgerät Minipuls C80

Minipuls C- und Compuls-Geräte sind mit einer Blitzenergie von zwischen 300 J bis 1600 J lieferbar, die sich über drei bzw. vier Blenden regeln lässt.

Beide Kompakt-Typen verfügen über ein starkes Halogen-Einstellicht, das auch mit den Leuchten zu den broncolor Generatoren kompatibel ist. Beide Gerätetypen verfügen über eine abschaltbare Fotozelle, einen eingebauten Infrarot-Empfänger zur drahtlosen Auslösung mit dem Infrarot-Sender und den broncolor-Messgeräten.

Der L-Bügel des Compuls ermöglicht jederzeit die Sicht auf das Bedienungsfeld, unabhängig davon, ob das Gerät links oder rechts des Objektes steht oder an einer Deckenaufhängung befestigt ist.

Das Pulso-Bajonett gestattet, die Reflektoren um 360° zu drehen und das Vorsatzzubehör schnell und sicher auszuwechseln. Das helle Einstellicht lässt sich auf volle Leistung schalten, um die Scharfeinstellung auf der Mattscheibe zu verbessern.

Für den portablen Einsatz sind drei verschiedene Kofferausrüstungen (Kits) erhältlich, deren Inhalt auf verschiedene Aufgaben zugeschnitten ist.

Generatoren

broncolor Generatoren sind im Baukastensystem entwickelt worden. Ihre Vorteile gegenüber den Kompaktgeräten liegen in der höheren Leistung, der Möglichkeit, mehrere Leuchten anzuschliessen, sowie in der Verfügbarkeit spezieller Leuchten (Flächenleuchten,

Kompaktgerät Compuls

Die Einsteigermodelle Primo...

... und Opus

Spots usw.) und im grossen Zubehörsortiment. In ihrer überschaubaren Vielfalt passen sich diese Geräte den gewünschten Beleuchtungsaufgaben und ebenso dem Budget an. broncolor Generatoren, -Leuchten und -Zubehöre sind weitgehend mit Minipuls C- und Compuls-Kompaktgeräten kompatibel.

Für den Einstieg ins broncolor-System bieten sich die *Primo*- und *Opus*-Generatoren an, welche sowohl in symmetrischer als auch asymmetrischer Energieverteilung lieferbar sind.

Der Generator *Pulso A* verfügt über die sogenannte «individuelle Leistungsverteilung», über die absolute Kontrolle der Farbtemperatur und der Blitzleuchtdauer sowie über zahlreiche programmierbare Zusatzfunktionen, die dem Foto-

grafen neue Anwendungsbereiche erschliessen, die bisher nur mit erheblichem Mehraufwand realisierbar waren.

broncolor Generatoren werden mit unterschiedlicher Leistung von 1600 J bis 6400 J Blitzenergie hergestellt. Für stroboskopähnliche Effekte können Opus- und Pulso A-Generatoren zusammen programmiert werden. Durch Zusammenschalten mehrerer Pulso- bzw. Opus-Generatoren ist es möglich, eine sog. «alternierende Auslösung» zur Verkürzung der Ladezeit und für sehr schnelle Blitzfolgen, z.B. in der Modefotografie, zu erzielen. Mit Ausnahme der Primo-Generatoren lassen sich alle Generatoren kabellos steuern.

Das Halogen-Einstellicht lässt sich mit allen Generatoren proportional zur unterschiedlichen Blitzleistung verschiedener, gleichzeitig eingesetzter Generatoren und zur Anzahl Leuchten einstellen, um die Beleuchtungssituation im richtigen Verhältnis zur effektiven Blitzleistung beurteilen zu können. Zur optimalen Scharfeinstellung – selbst bei sehr langen Kameraauszügen – lässt sich das Einstellicht jederzeit auf volle Leistung schalten.

Die ergonomische und übersichtliche Gestaltung der Frontplatte der broncolor Generatoren reduziert Bedienungsfehler und informiert laufend über die gewählten Leistungswerte. Kalibrierte Leistungsschalter zur Regulierung der Blitzenergie erlauben jederzeit die Wiederholung von Aufnahmen unter absolut identischen Lichtverhältnissen. Das eingebaute Gebläse sowie der Schutzthermostat verhindern Beschädi-

Pulso A Generatoren

gungen durch Überhitzung. Die besonders robusten Gehäuse der broncolor Generatoren schützen die Elektronik im harten Alltagsgebrauch. Moderne Mikroprozessortechnik ermöglicht nicht nur die Steuerung verschiedener Funktionen, sie überwacht auch gleichzeitig Kondensator- und Betriebsspannung des Einstellichtes und regelt diese auf 1% genau.

Alle broncolor Generatoren verfügen über eine eingebaute zuschaltbare Fotozelle sowie die Möglichkeit der Umschaltung auf Langsamladung bei schwach abgesichertem Netz.

Bedienung am Beispiel eines Pulso-Generators: Ist das Gerät mit dem Netz verbunden und die gewünschte Anzahl Leuchten eingesteckt, erfolgt die Inbetriebnahme durch Antippen des Schaltfeldes «on/off». Während rund 2 Sekunden leuchten sämtliche Anzeigen auf. Der Prozessor macht in dieser Zeit den Geräte-Selbst-Test. Darauf schaltet sich das Einstellicht der angeschlossenen Leuchten ein, und auf dem Bedienungsfeld wird der Einstell-Status angezeigt, der beim letztmaligen Gebrauch verwendet und gespeichert wurde.

Oben links zeigt eine 2 cm hohe Leuchtanzeige die Leistungsregelung an. Bei kleinster Leistung lautet die Anzeige 6.0 und bei grösster 10 (Leistungsregelung über 4 Blendenstufen). Die Einstellung der gewünschten Blitzintensität erfolgt über die «+/-»Tasten: durch kurzes Antippen wird die Intensität um $\frac{1}{10}$ Blendenstufe (oder nach entsprechender Umprogrammierung um $\frac{1}{3}$ Stufe), durch langes Drücken um eine ganze Stufe verändert. Die Leuchtanzeige blinkt solange, bis die eingestellte Blitzkapazität erreicht ist. Sobald dies der Fall ist, leuchtet im Feld

«test» eine grüne Leuchtdiode auf und ertönt ein akustisches Bereitschafts-Signal.

Die Leuchtenanschlüsse sind mit den Tasten «I - IIII» einzeln schaltbar. Fällt einmal eine Blitzröhre aus, blitzt das Gerät nicht. Statt dessen ertönt ein akustisches Störsignal, und der Blitzröhrenausfall wird durch ein Blinken im entsprechenden Tastenfeld signalisiert.

Die bisher beschriebenen und auf dem Bedienungsfeld angezeigten Funktionen reichen für die üblichen Arbeiten aus. Der Anwender wird mit keinen weiteren Möglichkeiten belästigt. Für die Steuerung raffinierter und praxisgerechter Zusatzfunktionen dienen zwei weitere Tastenfelder, die eine zweite und dritte Denkebene einschalten.

Pulso A, die höchstentwickelte Technologie
Modernste Technologie, auf die Bedürfnisse des high-tech-Fotografen abgestimmt, ist im Generator Pulso A verwirklicht.

Wesentliche Neuerungen sind eine individuelle Leistungsverteilung über die vier Leuchten-Steckdosen des Gerätes, eine Leistungsregulierung über ganze 6 Blendenstufen und eine *individuelle Blitzdauersteuerung* von $\frac{1}{125}$ bis $\frac{1}{6000}$ s. Eine Mikroprozessorsteuerung der zweiten Generation stimmt bei Normalbetrieb automatisch Intensität und Blitzdauer optimal aufeinander ab und sichert damit für jede Aufnahme eine *immer gleichbleibende Farbtemperatur*. Eine vierstellige Hilfsanzeige erlaubt feinere Abstufungen der eingestellten Werte. So sind zum Beispiel Auslöseverzögerungen ab 0,01 s möglich, was bei Auslösung durch Lichtschranken sehr wertvoll ist.

Beim Stroboskopeffekt lassen sich Zeitabstand, Energie und Anzahl der Blitze unabhängig voneinander einstellen.

Die vier Leuchtenanschlüsse sind unterteilt in zwei Hauptanschlüsse und zwei Nebenanschlüsse. Die Energie kann entweder gleichmässig über die Anzahl der angeschlossenen Leuchten verteilt werden, oder es lassen sich jeder Leuchte relativ individuelle prozentuale Leistungsanteile zuordnen. Dabei kann zwischen zwei verschiedenen Betriebsarten unterschieden werden:

Color Temperature Control (CTC) mit Color-Priority
In dieser normalen Betriebsart mit bis zu 2 Leuchten über die beiden Hauptanschlüsse kann die Leistungsverteilung 20:80, 30:70, 40:60, 50:50 % usw. betragen. Der Mikroprozessor regelt dabei die Zeitdauer des Blitzes und die

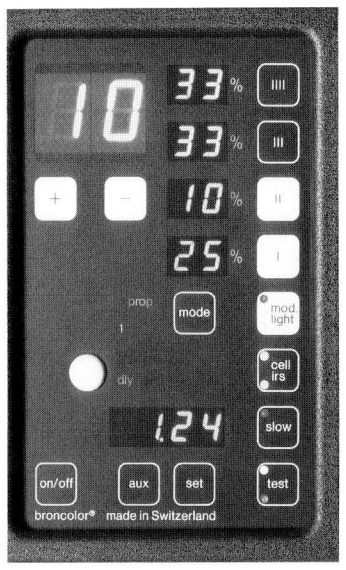

Bedienungsfeld des
Pulso A-Generators

1.9

Kondensatorspannung automatisch, so dass eine immer gleichbleibende Farbtemperatur von 5500 K (mit der normalen UVE-Blitzröhre) abgestrahlt wird. Die automatisch gewählte Blitzdauer kann auf Wunsch über das Display angezeigt werden.

Ohne CTC kann die Leistung weitgehend individuell über alle vier Leuchtenanschlüsse verteilt werden.

Time Priority (TP)

In der Betriebsart TP kann eine bestimmte, feste Blitzdauer im Bereich von $\frac{1}{125}$ bis $\frac{1}{6000}$ Sekunde (T 0.1) vorgewählt werden. Diese *Varipuls-Schaltung* funktioniert ebenfalls über die beiden Hauptanschlüsse, so dass wahlweise eine oder zwei Leuchten angeschlossen werden können. Naturgemäss ist dabei nicht in jeder Kombination der gesamte Leistungsbereich regelbar. Fehler indessen kann man nicht machen, der Mikroprozessor begrenzt den Regelbereich automatisch in Abhängigkeit der vorgewählten Kombination (Gerätetyp, Anzahl angeschlossener Leuchten und vorgewählter Blitzdauer).

Die Farbtemperatur ist in diesem TP-Betrieb natürlich nicht konstant, die Blitzleuchtkurve wird ja je nach eingestellter Blitzdauer frühzeitig durch eine Thyristorschaltung abgeschnitten. Doch auch dafür hat broncolor mit der Konstruktion des *FCC-Farbtemperatur-Messgerätes* vorgesorgt. Mit diesem Messgerät kann die erforderliche Korrekturfilterung hochpräzis festgestellt werden.

Die problemlose Verkürzung der Blitzdauer ermöglicht es dem Fotografen trotz hoher Beleuchtungsstärke auch scharfe Abbildungen schneller Bewegungsabläufe zu realisieren, sei

Zerspringende Flasche, Blitzleuchtdauer $\frac{1}{6000}$ s. Aufnahmen Schudel & Schudel, Zürich

Champagnerglas. Diese Aufnahme zeigt, dass mit kurzen Zeiten die aufsteigenden Bläschen scharf abgebildet werden können. Mit herkömmlichen Blitzanlagen wäre ein unscharfer, nach unten zeigender Schweif entstanden.

dies in der Mode- und Action-Fotografie oder im Bereich der Sachaufnahmen. Insbesondere im Nahbereich, wie zum Beispiel Flüssigkeiten beim Eingiessen, der Strahl aus einer Spraydose, ein fallender Gegenstand, ein platzender Ballon usw. sind kurze Belichtungszeiten erforderlich. Gerade diese Situationen bedingen aber wegen der gewünschten Schärfentiefe auch meist kleine Blenden und damit verbunden viel bis

Spraydose. Nur mit kurzen Blitzleuchtzeiten können die unterschiedlich schnell fliegenden Farbkörperchen der Spraydosenmischung dargestellt werden. Dabei ist nicht in jedem Fall die kürzest mögliche Blitzdauer gewünscht. Der beste darzustellende Effekt kann mit einigen Probeaufnahmen mit unterschiedlicher Leuchtdauer rasch ermittelt werden.

Springendes Mädchen. Diese Aufnahme wurde mit dem Einstellicht, der Auslöseverzögerungsfunktion «dly» und einer kurzen Blitzzeit realisiert. Bei Pulso A kann in der Betriebsart «dly» die Blitzauslösung im Bereich von 0,01 bis 99,99 s verzögert werden. Diese Betriebsart ermöglicht im übrigen bei Verwendung mehrerer Generatoren Aufnahmen mit Stroboskop-Effekt unterschiedlichster Pausenzeiten.

sehr viel Licht. Die Forderung nach grosser Lichtintensität bei kurzer Leuchtdauer ist mittels modernster Technik bei den Pulso A-Geräten in hervorragender und praxisgerechter Weise realisiert.

Im Resultat kommt dies dadurch zum Ausdruck, dass die Kantenschärfe beidseitig des Objekts identisch ist und nicht, wie bei einem herkömmlichen Blitz, einen sinnverzerrten Wischer in entgegengesetzter Richtung zur Bewegung hinterlässt.

Das Leuchtenprogramm
Leuchtenköpfe
Die Leuchte bestimmt massgebend die Lichtqualität. Die Lichtqualität ihrerseits ist die Summe verschiedener Faktoren: Form und Beschichtung der Blitzröhre, Charakteristik und Oberfläche der Reflektoren, Gleichmässigkeit

der Ausleuchtung innerhalb einer bestimmten Reflektorenachse, Übereinstimmung der Abstrahlcharakteristik von Blitz und Einstellicht, optimale Farbtemperatur usw.

Das umfangreiche Leuchtensortiment von broncolor hat zum Ziel, den Wünschen der Fotografen für kreative Lichtquellen zu entsprechen. Die Leuchtenköpfe Pulso und Primo mit dem Pulso-Bajonett erschliessen dem Benützer ein grosses Sortiment von Wechselreflektoren mit Zubehör für das «Licht machen» nach Mass. Pulso- und Primo-Leuchten zeichnen sich durch kompakte Abmessungen, helles Halogen-Einstellicht, Kühlgebläse, eingebauten Thermoschutzschalter, steckbare Blitzröhren, praxiserprobte Schnellwechselhalterung usw. aus. Spezielle Effekte werden ermöglicht durch Spezialleuchten wie Spots mit Vorsatzobjektiven, Flooter, Fibrolite, Boxlite und Striplite, Diffusi-

Pulso-Leuchtenkopf mit Normalreflektor

Der Reflektor Mini-Hazylight

Pulso-Spot 4 mit Fresnellinse

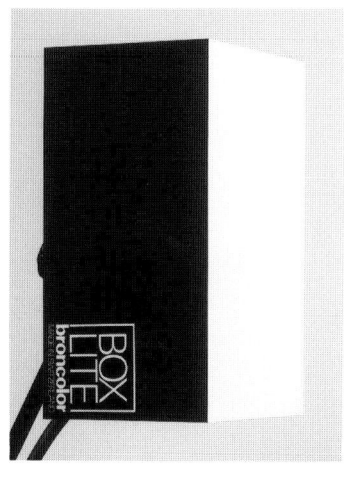

Leuchtbaustein
Boxlite

Flächenleuchten

Weiches, diffuses Licht ist vermutlich die meistverwendete Beleuchtungsart in der Studiofotografie. Dieser Lichtcharakter kann durch zwei unterschiedliche Arten erzielt werden: durch *Reflexion* oder *Diffusion*.

Die Qualität des Lichtes wird weitgehend von Art und Grösse der Lichtquelle mitbestimmt. Die Art beeinflusst unter anderem die Farbsättigung, die Grösse im wesentlichen den Kontrast und die Reflexführung.

«Licht machen» bedeutet in der Fotografie nicht in erster Linie «hell machen». Vielmehr geht es – insbesondere in der Sachfotografie – darum, *gezielte Reflexe* zu setzen. Und das kann man, selbst bei kleinen Objekten, nur mit mehr oder weniger grossen Flächenleuchten.

broncolor bietet daher nebst faltbaren und transportablen Flächenreflektoren (Pulsoflex und Impaflex) auch eine Reihe von festen Flächen-Reflektoren und Flächenleuchten wie Hazylight, Cumulite und Megalite.

Das Baukastenprinzip des Megalite erlaubt optimale Abmessungen im Verhältnis zu der Grösse der zu fotografierenden Objekte (z.B. Fahrzeuge, Möbel usw.).

Alle Flächenleuchten mit Ausnahme von Megalite können auch auf Stative montiert, beweglich und flexibel eingesetzt werden. Grössere Flächenleuchten werden aber mit Vorteil an der Decke montiert. Durch Tastendruck auf der kabellosen Fernsteuerung kontrolliert und steuert der Fotograf in diesem Fall vom Kamerastandpunkt aus Position, Neigung und Leistung seiner Grossflächenleuchte und beurteilt auf der Mattscheibe die Licht- und Reflexwirkung.

ons- und Streuschirme, die faltbaren Textilreflektoren Pulsoflex. «Twin»-Leuchten erlauben es, die Energie von zwei Generatoren gleichzeitig auf einen Leuchtenkopf zu konzentrieren, und mit der Pulso 8-Leuchte kann eine einzelne Blitzröhre mit bis zu 6400 J belastet werden.

Für alle broncolor Leuchten sind auch entsprechende Zubehöre und Stative lieferbar.

Die Grossflächenleuchte Megalite

1.9.3 broncolor HMI

Neben Elektronenblitzanlagen baut broncolor eine dauernd leuchtende Lichtanlage, die auf dem Prinzip der *Halogen-Metalldampflampe* (siehe dazu auch die Ausführungen im Kapitel 1.5.3) basiert. Der broncolor Leuchtenkopf HMI F575 oder F1200 ist mit dem üblichen Pulso-Bajonett ausgerüstet, so dass die vorhandenen Reflektoren und das Pulso-Zubehör weitgehend verwendet werden können. Als Lampe dient ein Metallogen-HMI-Strahler mit einer Leistung von 575 oder 1200 Watt, die unter einem Schutzglas installiert ist. Das in verschiedenen Varianten erhältliche Schutzglas – ohne das ein Betrieb nicht möglich ist – bietet Schutz gegen eventuelle Lampenplatzer und dient zugleich als UV-Schutzfilter. Standardmässig sind die Leuchten mit mattiertem und beschichtetem Schutzglas versehen, das auf die hohen Anforderungen bei fotografischen Aufnahmen, im Videobereich und für die meisten Belange der elektronischen Bildaufzeichnung abgestimmt ist. Die Leuchte enthält ein geräuscharmes Gebläse, einen automatisch arbeitenden Thermoschutz und einen Betriebsstundenzähler.

Im Gegensatz zu Halogenleuchten strahlt die broncolor HMI-Leuchte ein Tageslichtspektrum aus und kann so auch bei Mischlichtsituationen zusammen mit Tageslicht oder in Kombination mit der Elektronenblitzanlage eingesetzt werden. Infolge der hohen Lichtausbeute von Halogen-Metalldampflampen entspricht die Lichtleistung derjenigen einer Halogenleuchte von rund 1500 Watt. Das Licht ist absolut flackerfrei und völlig konstant. Es behält seine Farbtemperatur über die gesamte Lebensdauer und auch beim Dimmen weitgehend konstant.

Das Vorschaltgerät – an das die Leuchte, ähnlich wie bei einer Blitzanlage mit Generator, angeschlossen wird – enthält eine Erdungskontroll-Leuchte. Wegen der hohen Zündspannungen dürfen HMI-Leuchten aus Sicherheitsgründen nur bei einwandfreier Erdung betrieben werden. Ein umsteckbarer Spannungswähler gestattet den Einsatz bei Netz-Spannungen von 100 bis

1.9

broncolor HMI 575 mit Vorschaltgerät

240 V und bei Wechselstrom-Frequenz von 50 – 60 Hz. Dadurch ist der weltweit mögliche Einsatz der Anlage gewährleistet

Mittels Leistungsregler kann die gewünschte Lampenhelligkeit eingestellt werden. Erreichbar ist ein Verstellbereich über etwa 1 Blendenstufe. Dabei ist zu beachten, dass sich je nach verwendetem Lampentyp die Farbtemperatur geringfügig verändern kann. Während des Aufheizvorganges sollte der Leistungsregler auf voller Leistung stehen.

Die Inbetriebnahme der Anlage nach Verbindung mit dem Netzstrom erfolgt über den Hauptschalter am Vorschaltgerät. Sobald auch der Leuchtenschalter auf «on» gestellt wird, erfolgt nach rund 2 Sekunden die Zündung. Die maximale Helligkeit und die optimale Farbtemperatur ist nach etwa 3 Minuten erreicht.

Einsatzbereiche

Die tageslichtähnliche HMI-Leuchte ergänzt in der herkömmlichen Fotografie die Blitzanlage, wenn ein starkes, mit der Blitzanlage kombinierbares Dauerlicht gewünscht wird. Sie ist aber auch dann unumgänglich, wenn für *Video- und Filmaufnahmen* ein professionelles Licht benötigt wird, mit dem dank dem grossen Reflektoren- und Beleuchtungszubehör fotografisches «Licht machen» ermöglicht wird.

digital imaging

In der elektronischen Bildaufzeichnung sind zur Zeit verschiedene Kameratypen bekannt, bei denen teilweise mit dauerstrahlendem Licht gearbeitet werden muss:

Kameras mit CCD-Wandler der HDTV-Technologie (High Definition Television): Diese Kameras haben eine Auflösung von 1,3 bis 1,8 Millionen Pixel. Da die elektronischen Bildwandler – ähnlich wie die Silberhalogenid-Kristalle beim konventionellen Film – die Lichtmenge während der Belichtung aufsummieren, lässt sich dieser Kameratyp sowohl mit Dauerlicht wie auch mit Blitzlicht einsetzen. Ihr Vorteil liegt in der Möglichkeit, die Bildinformation direkt mit elektronischen Kommunikationsmedien zu übertragen, so dass sich die Kamera vor allem für Reportagen im Zeitungsbereich eignet. Die begrenzte Anzahl Pixel lässt einen Einsatz in der Studiofotografie nur in Ausnahmefällen zu.

Kameras mit hochdichtem CCD-Wandler: Diese Kameras verzichten auf die Dreifarben-Information und erreichen zur Zeit eine Dichte von 4 Millionen Bildpunkten. Für Farbaufnahmen werden drei Belichtungen benötigt, wobei jeweils ein dem Farbkanal entsprechendes Auszugsfilter vorgesetzt wird. Die Filter werden dabei automatisch gewechselt, so dass – abhängig von der Steuerung des Aufnahmevorganges – Blitzlicht (drei Blitzauslösungen) oder Dauerlicht benötigt wird.

Der gesamte Aufnahmevorgang für alle drei Farbkanäle liegt bei etwa 10 bis 20 Sekunden. Ein Einfrieren von Bewegungen ist daher bei Farbaufnahmen nicht möglich, so dass sich dieser Kameratyp nur für statische Aufnahmesituationen eignet.

Microscanning: Auch diese Kameras verwenden einen hochauflösenden CCD-Flächen-Chip. Allerdings wird die Anzahl der Bildpunkte dadurch erhöht, indem mehrere Bilder hintereinander aufgenommen werden, wobei der Bildwandler zwischen jeder Aufnahme um einen Bruchteil des Pixelabstandes in der Bildebene verschoben wird. Dadurch lässt sich eine Auflösung von bis zu 6 Millionen 3-farbiger Pixels erreichen.

1.9

Der Aufnahmevorgang dauert rund 16 Sekunden. Während dieser Zeit ist ein absolut konstantes Licht erforderlich, wie es die HMI-Leuchte liefert.

Scannerkamera: Die höchste Auflösung lässt sich mit einem Zeilenscanner (linearer CCD-Chip) erreichen, der in der Bildebene mechanisch mit höchster Präzision über das Bildformat geführt wird. Auf diese Weise können 30 Millionen Pixel und mehr erreicht werden. Allerdings sind dafür Aufnahmezeiten bis zu 20 Minuten in Kauf zu nehmen.
Wie beim Microscanning muss während dieser Zeit das Aufnahmelicht absolut konstant bleiben, was wiederum Metall-Halogenlampen erfordert. Diese Lampenart liefert ausserdem den im Blaubereich benötigten hohen Energieanteil.

Blitzlicht auch in Zukunft

All diese Lösungen zur Erhöhung der Pixeldichte können jedoch nur als Zwischenstufe angesehen werden in Richtung einer zukünftigen elektronischen Kamera, die eine ausreichende Anzahl Bildpunkte aufweist und in der Lage ist, das Bild in Sekundenbruchteilen aufzunehmen. Wie lange die Weiterentwicklung des Flächen-Chips auf 10 bis 20 Millionen Pixel dauern wird, kann zur Zeit noch niemand voraussagen. Mit Sicherheit kann jedoch gesagt werden, dass auch ein solcher «Zwanzig Megapixel Chip» die Lichtstrahlung aufsummiert und daher mit Blitzlicht verwendbar sein wird.
Auf längere Sicht wird Elektronenblitz die Lichtquelle des Studiofotografen bleiben. Auf dem Weg zur endgültigen Form der elektronischen Kamera kann für gewisse Anwendungen – ausschliesslich statische Situationen – der Einsatz von Metall-Halogenlampen erforderlich sein.

1.10 Die Stromversorgung

Studioblitzanlagen sind in der Regel so konzipiert, dass man sie an einer Netzleitung 10 Ampere betreiben kann, behelfsmässig und unter Inkaufnahme einer längerer Ladezeit auch mit 6 Ampere.
Im Studio wünscht man natürlich meist die schnellste Nachladezeit, so dass für jeden Generator ein 230 V-Kreis mit einer Absicherung von mindestens 10 Ampere benötigt wird.
Geht man davon aus, dass in einem mittleren Studio etwa 3 bis 6 Blitzgeneratoren vorhanden sind, so müssen – um auch die Infrastruktur noch betreiben zu können – Kapazitäten von mindestens 5 bis 10 Stromkreisen mit je 10 Ampere vorhanden sein.
Jeder Kreis sollte separat abgesichert sein, wenn möglich mit einer trägen Sicherung. Möglich sind übliche Schmelzsicherungen oder träg einstellbare Sicherungsautomaten.
Bei einer Neuinstallation finde ich die Montage eines gut zugänglichen Schaltkastens sinnvoll, auf dem für jeden Kreis eine Doppelsteckdose und ein darüber befindliches Sicherungselement vorhanden sind.
In ehemaligen Fabrikhallen, die sich für die Einrichtung eines Fotostudios hervorragend eignen, sind oft grosse Steckdosen mit 3x400 V vorhanden. Hier ist auch der Einsatz separater Schaltkästen sinnvoll. In derartigen Schaltkästen wird ein einzelner 400 V-Anschluss in die jeweils 3 Phasen mit Nulleiter aufgeteilt, für jede Phase eine oder zwei 230 V-Steckdosen gesetzt, die einzeln abgesichert werden.
Die Firma Foba hatte früher derartige Verteilkästen mit entsprechendem 400 V-Kabel, drei Doppelsteckdosen und drei Sicherungsschützen im Verkaufsprogramm. Sollten derartige Verteilkästen nicht mehr aufzutreiben sein, kann man sie von jedem Elektriker unter Beachtung der regionalen Vorschriften herstellen lassen.

Arbeitet man mit der Studioblitzanlage «on location» im Freien, zum Beispiel zur Realisation von Aufhellungen, und ist kein Stromanschluss in der Nähe, so wird man auf einen *Stromgenerator* ausweichen müssen. Derartige Generatoren sind für sehr unterschiedliche Leistungen zu haben. Man braucht sie auch nicht unbedingt zu kaufen, sofern solche Aufträge nur selten vorkommen. Meist kann man transportable Stromgeneratoren mieten. Dabei ist zu beachten, dass kleinere Generatoren häufig nicht spannungsstabil sind und auch höhere Spannungsspitzen vorkommen können.

53

Sind nur Aufhellungen mit kleineren Kompaktblitz-Anlagen ohne die Verwendung des Einstellichtes notwendig, eignen sich auch Stromumformer, die den Gleichstrom einer Autobatterie in den benötigten 230 V-Wechselstrom umsetzen. Ein derartiger Umformer liefert zum Beispiel broncolor. Damit sind mit Kompakt-Blitzgeräten und den Generatoren Opus und Primo mehrere hundert Auslösungen mit einer Akkuladung der Autobatterie möglich.

1.11 Historischer Rückblick

Die heutigen Studioblitzgeräte sind das Ergebnis von Versuchen, die seit mehr als 100 Jahren immer wieder aufgenommen wurden und darauf abzielten, eine Möglichkeit zu finden, um jederzeit sowohl in Innenräumen als auch im Freien fotografieren zu können.

In den ersten Jahren schien es ein hoffnungsloses Problem, genügend Licht zu beschaffen, um deutliche Bilder zu erhalten. Am Anfang war das Sonnenlicht. Es wurden alle nur denkbaren Versuche unternommen, die anfangs sehr langen Belichtungszeiten zu reduzieren und dafür zu sorgen, dass Portaits in Innenräumen und bei bedecktem Himmel aufgenommen werden konnten.

Unter den ersten erfolgreichen Lösungen dieses Problems befand sich eine sehr heisse Knallgasflamme aus Sauerstoff und Wasserstoff, die Kalk zur Weissglut erhitzte; das berühmte Kalklicht (Limelight), mit dem man insbesondere Schauspieler im vorigen Jahrhundert anstrahlte. Im Jahre 1883 entdeckte G.A. Kenyon, dass brennender Magnesiumdraht ein äusserst helles Licht von ähnlicher Zusammensetzung wie das Tageslicht erzeugt. Die Fotografen verwendeten daher bald Magnesiumlicht, um etwa in den grossen Pyramiden Ägyptens zu fotografieren. Der dichte weisse Rauch des verbrannten Magnesiums trieb jedoch die Fotografen hustend ins Freie, nachdem sie eine oder zwei Aufnahmen gemacht hatten.

Seit den 80er Jahren des vorigen Jahrhunderts wurden die meisten Kunstlichtaufnahmen mit Blitzlichtpulver gemacht, einer explosiven Mischung aus Magnesiumpulver, Kaliumchlorat und Antimonsulfid, das zwar äusserst wirkungsvoll, aber auch sehr gefährlich war. Viele Fotografen erlitten Verbrennungen durch unbeabsichtigte Explosionen oder wurden sogar blind. Erst in den 30er Jahren unseres Jahrhunderts wurde das Fotografieren mit Blitzlicht durch die erste Massenproduktion von Blitzlampen einfach

und sicher. Diese Blitzlampen sahen wie gewöhnliche Glühlampen aus und enthielten einen Bausch Aluminiumfolie und reinen Sauerstoff. Wenn sie mit Strom von einer Batterie entzündet wurden, erzeugten sie ein kurzes, intensives Blitzlicht. Die späteren kleinen Blitzlampen oder Blitzwürfel, gefüllt mit einem Knäuel feinem Zirkonium-Draht, waren die miniaturisierten Endprodukte dieser jahrelangen Entwicklung.

Der elegantere jüngere Verwandte der Blitzlampe, der Elektronenblitz, ist eine noch vielseitigere und bequemer zu handhabende Lichtquelle. Er liefert Lichtblitze, solange Strom zur Verfügung steht. Der Elektronenblitz ist viel wirtschaftlicher als Kunstlicht und verfügt überdies über bedeutende Vorteile für den Fotografen. Die Idee des elektrischen Blitzlichtes geht bis in die Anfänge der Fotografie zurück.

Der Stand der laufenden Recherchen von Pierre Bron bei Drucklegung dieses Buches erlaubt folgende Darstellung der Geschichte des Elektronenblitzes:

Im Jahre 1851 befestigte einer der Väter der Fotografie, William Henry Fox Talbot, eine Seite der Londoner «Times» auf einer rotierenden Scheibe. Durch die Beleuchtung mit einem elektrischen Funken aus einer Batterie von Leydener Flaschen, den Vorläufern der heutigen Kondensatoren, erhielt er eine lesbare Abbildung.

Während Jahrzehnten arbeiteten Wissenschaftler nach der gleichen Methode, wenn es darum ging, extrem kurze Vorgänge fotografisch festzuhalten. Beispiele dazu sind Ernst Mach 1886 und C.V. Boys 1892 (fliegende Geschosse), A.M. Worthingtons 1898 Study of Splashes (Wasser, Milchtropfen).

Der Anordnung zur Erzeugung eines elektrischen Funkens fehlte jedoch ein wesentliches Element: die mit Edelgas gefüllte Glasröhre.

Als junger Ingenieur im Automobilwerk Peugeot, Sochaux (F), baute Etienne Oehmichen zur

Stroboskopische Aufnahme eines Pentonrades in Betrieb mit einer Drehzahl von 3000 U/min. Durch synchrone Abstimmung der Blitzfrequenz mit der Drehzahl des Objektes und bei einer Belichtungszeit von einer Minute erfolgte die Belichtung durch 3000 extrem kurze Einzelblitze. Aufgenommen mittels eines Stroborama Typ A Gerätes von Seguin anlässlich der Internationalen Ausstellung für Binnenschiffahrt und Wasserkraftnutzung in Basel 1926 am Stand der Ingenieurschule der Universität Lausanne.

Beobachtung schneller Vorgänge in laufenden Motoren im Jahre 1916 den elektrischen *Stroboskopen*. Die Lichtquelle bestand aus einer mit *Neongas* gefüllten Glasröhre. Die elektrische Leistung lieferte eine Zündspule (Induktionsspule).

Zwei Jahre später entwickelte Oehmichen den *Strobographen*, womit er stroboskopische Effekte kinematografisch festhielt. Diese Geräte baute Oehmichen lediglich in Einzelanfertigungen für seine eigenen wissenschaftlichen Zwecke und zwar im Rahmen seiner Aufgaben bei Peugeot sowie seinen Arbeiten zur Entwicklung von Helikoptern. Dazu gehörten auch Studien an fliegenden Insekten und Vögeln mit Hilfe der Stroboskopen. Die Lichtleistung dieser Geräte war allerdings noch recht bescheiden.

Die Gebrüder *Laurent* und *Auguste Seguin*, Paris, erkannten die Nützlichkeit von Stroboskopen für Wissenschaft und Industrie. Sie konstruierten ab 1924 verschiedene Typen sowohl für die stroboskopische Beobachtung und die Fotografie als auch für die Aufnahmebelichtung durch Einzelblitze von extrem kurzer Blitzdauer ($\frac{1}{1000000}$ s). Durch Trennung des Zündkreises vom Leistungsteil und der Verwendung von Kondensatoren als Energiequelle für die Blitzentladung gelang es ihnen, die Lichtleistung entscheidend zu erhöhen, so dass stroboskopische Beobachtungen und Aufnahmen von grösseren Objekten bei normaler Umgebungshelligkeit möglich wurden.

Ab 1926 wurden Seguin's Stroboskopen von der Société de Recherches Mécaniques et Physiques in Paris hergestellt und unter dem Handelsnamen *Stroborama* weltweit vertrieben.

In verschiedenen Vorträgen haben die Gebrüder Seguin die Arbeitsweise ihrer Geräte vorgeführt und in Publikationen auch auf deren Verwendbarkeit innerhalb der Fotografie und der Kinematografie hingewiesen. Die Geräte waren indessen in erster Linie für technische Untersuchungen konzipiert. Als Lichtquelle im Fotostudio oder gar für die Reportage waren sie mangels geeigneter Leuchten und wegen ihres grossen Gewichtes ungeeignet.

Den Durchbruch zur Anwendung des Elektronenblitzes in der allgemeinen Fotografie schaffte *Harold E. Edgerton*, Professor am Massachusetts Institute of Technology, MIT, Cambridge-Boston, USA.

1930/31 begann Edgerton an der Entwicklung eines High-Speed Stroboskopen zu arbeiten und überraschte eine breite Öffentlichkeit durch die Publikation seiner erstaunlichen Aufnahmen. Erst auf Drängen mehrerer Leute entschloss sich Edgerton um 1937, die Entwicklung eines Elektronenblitzgerätes für die kommerzielle Fotografie aufzunehmen. Seine ersten Geräte lieferte er 1938/39 an einzelne Fotografen. Der Elektronenblitz für die Fotografie war geboren!

In Partnerschaft mit seinen ehemaligen Studenten *Germeshausen* und *Grier* konstruierte Edgerton für Eastman Kodak ein Studioblitzgerät mit 200 Ws Leistung und 4 Leuchtenanschlüssen. Es wurde von *Raytheion Co.* hergestellt und im August 1940 unter dem Produktenamen *Kodatron* auf den Markt gebracht.

Im folgenden Jahr kreierte die gleiche Arbeitsgruppe das erste akkubetriebene Reportergerät – wiederum für Kodak. Dieses konnte allerdings nur in kleiner Stückzahl hergestellt werden, denn die Produktion musste, wie auch diejenige des Kodatron, aus Kriegsgründen im selben Jahr 1941 eingestellt werden. Damit war aber Edgertons Kreativität keineswegs erschöpft. Im Gegenteil: Im Auftrag der US-Luftwaffe entwickelte er unter anderem eine Blitzanlage von 80000 Ws Leistung für die nächtliche Luftaufklärung vor der Landung der US-Truppen in der Normandie 1944.

Seine vielseitigen Interessen verleiteten ihn auch zum Bau von Blitzanlagen für Leuchttürme, Positionslichter in Flugzeugen, Unterwasser-Blitzgeräte, Mikroskop-Blitzleuchten usw.

Edgerton war ein hervorragender Forscher und Lehrer. Seine Fähigkeit, Menschen für eine Sache zu begeistern, war sprichwörtlich. Nicht zuletzt war er aber auch ein ausgezeichneter Fotograf, der diesem kommunikativen Medium eine neue Dimension gab. Kein Wunder, dass ihm 1981 der Kulturpreis der Deutschen Gesellschaft für Photographie verliehen wurde.

Bereits 1945 kamen neue Hersteller von zumeist tragbaren Blitzgeräten auf den USA-Markt; 1948 dürften es bereits deren 40 gewesen sein.

In Europa entwickelte *Dimitri Rebikoff* schon vor 1945, vermutlich als erster, Reporter- und Studioblitzgeräte für die Firma *Eclatron*, Paris. In Deutschland kam 1947 der erste *Multiblitz* von *Dr. Mannesmann* beim Fasching in Köln zum Einsatz. In Grossbritannien erschienen Ende der 40er Jahre die ersten *Dawe* Produkte.

Rebikoff siedelte 1948 in die Schweiz über. Als vielseitig interessierter Konstrukteur stellte er vorerst Studiogeräte her, dem 1951 das in seiner Lizenz produzierte *Ikotron* folgte. Ikotron war das erste und bisher einzige Reportergerät, dessen Energiequelle eine 900 Volt Trockenbatterie war.

Unterwasser-Blitzgeräte und Farbtemperaturmesser waren Teile seiner weiteren Erzeugnisse. Die von den Gebrüdern *Pierre* und *Joseph Bron* gegründete Firma *Bron & Co.* war zuständig für den Vertrieb der Rebikoff-Erzeugnisse.

1953, nach Auflösung der Firma Rebikoff, übernahm Bron & Co. die Herstellung und den Vertrieb der Studiogeräte unter dem Handelsnamen *broncolor*. Im Jahre 1958 erfolgte die Gründung der *Bron Elektronik AG*, die sich ausschliesslich mit der Entwicklung, der Herstellung und dem Vertrieb der broncolor-Produkte befasst.

Der technische Fortschritt im Bau der broncolor-Geräte über Jahrzehnte hinweg kann stellvertretend für diesen Industriezweig betrachtet werden, hat broncolor doch in diesem Bereich

Kodatron

stets Pionierstellung eingenommen.

Bis 1963 wurden ausschliesslich Hochspannungsgeräte mit *Metallpapierkondensatoren* gebaut. In den Jahren danach traten an deren Stelle *Elektrolytkondensatoren*, wie sie bei Blitzgeräten für die Reproduktionstechnik bereits ab 1958 eingesetzt wurden. Dies brachte eine sehr grosse Gewichtsersparnis: ein Generator der Serie 101 wog ca. 270 kg, ein Generator der heutigen Generation (Pulso 8 mit derselben Lichtleistung, aber viel mehr technischen Möglichkeiten) wiegt 21 kg. Ab 1965 wurden alle broncolor Geräte mit gedruckten und zum Teil steckbaren Schaltungen ausgerüstet. 1968 zeigte broncolor an der Photokina das erste *Kompaktblitzgerät*.

1969 erfolgte die Präsentation des ersten broncolor Gerätes mit wahlweise symmetrischer oder asymmetrischer Leistungsverteilung.

Wichtige Neuerungen brachte broncolor im Jahre 1971 mit dem oft kopierten *Hazylight* sowie 1976 mit der Einführung der *Infrarot-Synchroni-*

sation. 1978 wurde der *Generator 404* vorgestellt und 1980/81 erfolgte die Einführung der *Generatoren 304* und des *Servor-Systems,* der Fernsteuerungseinrichtung für das Studio sowie des *Cumulite-Flächen-Lichtsystems.*

1982 kamen die Kompaktgeräte *Impact* auf den Markt, und 1984 wurden die gänzlich neue Produktelinie – die mikroprozessor-gesteuerten

Pulso-Generatoren – sowie der erste Leichtgewicht-Generator *Flashman* und ein umfangreiches Zubehörprogramm vorgestellt.

1986 und 1987 schliesslich erweiterte broncolor das Lieferprogramm durch die leistungsstarken und kompatiblen Kompaktgeräte *Compuls* und den stärkeren Leichtgewicht-Generator Flashman 2.

«Cutting the card quickly» Aufnahme Harold E.Edgerton

Aufnahme Jost J.Marchesi, Dällikon

2 Belichtungsmessung

Der Erfolg unseres fotografischen Könnens und der doch recht kostspieligen Kamera- und Beleuchtungseinrichtung hängt an einem sehr feinen Faden, nämlich demjenigen der richtigen Belichtung. Es handelt sich hier um einen Engpass, dessen Überwindung nicht unerhebliche Mühe machen kann.

In der Überwindung dieses Engpasses herrscht sehr oft Unsicherheit. Es ist daher naheliegend, wenn wir den Betrachtungen zur Belichtungsfindung ein eigenes Kapitel widmen und uns Klarheit darüber verschaffen, mit welchen Belichtungsmessern und Messmethoden der Fachmann arbeitet.

Wir befassen uns innerhalb dieses Lehrganges mit professioneller Fotografie. Professionalität aber beginnt bereits bei der souveränen und sicheren Bewältigung anfallender Messprobleme. Die für den Fotoamateur und die Handkameras üblichen Messmethoden (insbesondere diejenigen einer nicht beeinflussbaren Vollautomatik) gehen vom Prinzip aus: Hinhalten, den Rest besorgt der eingebaute Belichtungsmesser bzw. die Kameraelektronik. Dieses Prinzip ist für die reportageartige Fotografie wohl richtig. Es vermag indessen den gesteigerten Ansprüchen und dem bewusst gestalteten Bild nicht zu genügen. Denken wir dabei nur an die unterschiedlichen Beleuchtungsarten im Auflicht, Durchlicht, Gegenlicht, ferner an die Beherrschung unterschiedlichster Objektumfänge, genaue Einhaltung oder Beeinflussung von Tonwerten, an Streulichteinflüsse, an Motive hell in hell (high key) oder dunkel in dunkel (low key), an Mehrfachbelichtungen, Verlängerungsfaktoren usw. Eine automatisierte, amateurhafte Belichtungserfassung kann in diesen Fällen unseren professionellen Ansprüchen nicht genügen.

Die elektronischen Techniken zur bewussten Belichtungsmessung sind heute derart perfekt geworden, dass beim Laien der Eindruck einer reinen Routinearbeit entstehen könnte. Kenner wissen indessen, dass die (genaue) Messung der Beleuchtungsstärken in Abhängigkeit der Filmempfindlichkeit lediglich ein Faktor unter vielen ist, die zur Belichtungsfindung führen. Die Belichtungsermittlung setzt sich aus weiteren Faktoren zusammen, von denen einige bekannt sind, andere indessen gemessen, ermittelt und interpretiert werden müssen.

Belichtungsmessung dient zudem nicht allein der richtigen Belichtungsfindung, sie ist in der Praxis unumgänglich zur bewussten Beleuchtungssteuerung und dient ebenso der feinen Helligkeitsanpassung aller verwendeten Leuchten.

Der professionell richtige und gekonnte Einsatz eines modernen Belichtungsmessers ermöglicht es dem Fotografen, die Umsetzung seiner Bildidee souverän gesteuert zu verwirklichen und dieses Ziel nicht erst nach langen Versuchen und unzähligen Kontroll-Sofortbildern zu erreichen.

Die Belichtungsmessung basiert auf der messtechnischen Erfassung der auf einen Gegenstand auffallenden Lichtmenge (Messung der Beleuchtungsstärke in Lux) oder der von einem Gegenstand bzw. von einer Gegenstandsstelle reflektierten Lichtintensität (Messung der Leuchtdichte in Candela pro m²).

Da in der Fotografie neben der Beleuchtungsstärke ebenso die Einwirkungsdauer des Lichteindruckes interessiert, ist die Belichtung definiert als Produkt der Beleuchtungsstärke bzw. der Leuchtdichte und der Einwirkungsdauer. Die *Luxsekunde* als Masseinheit der Belichtung interessiert aber in der Praxis kaum. Vielmehr möchten wir aufgrund der Belichtungsmessung wissen, wie lange die Belichtungszeit bei einer bestimmten Blende zu wählen ist. Und dazu verwenden wir in der Regel fotoelektrische Belichtungsmesser.

Für die Belichtung besteht bekanntlich zwischen der Verschlusszeit und der Blendenreihe eine direkte Beziehung. Folgende Zeit/Blenden-Paare ergeben zum Beispiel alle dieselbe Belichtung:

Blende	22	16	11	8	5,6	4	2,8	2
Zeit/Sek.	1	$\frac{1}{2}$	$\frac{1}{4}$	$\frac{1}{8}$	$\frac{1}{15}$	$\frac{1}{30}$	$\frac{1}{60}$	$\frac{1}{125}$

Belichtungsmesserfabrikanten und Kamerahersteller haben zur Vereinfachung der Belichtungswertübertragung auf die Verschluss- und Blendenmechanismen die sogenannten *Lichtwertzahlen* (LW oder englisch EV) eingeführt.

Für den Benutzer haben die Lichtwertzahlen heute im Zeitalter der Belichtungsautomatik keine vordergründige Bedeutung mehr. Doch basieren natürlich auch die Steuerungen automatischer Belichtungsmessungen auf den Lichtwertzahlen, wenn dies nach aussen auch gar nicht mehr sichtbar wird.

Ein bestimmter Lichtwert entspricht einer Belichtung gleichwertiger Zeit/Blenden-Paare. Als Basis wurde 1 Sekunde bei Blende 1 = Lichtwert 0 gewählt. Jede gleichwertige Paarung (z.B. 2 Sekunden bei Blende 1,4 oder 4 Sekunden bei Blende 2 usw.) besitzt ebenfalls Lichtwert 0. Unser obiges Beispiel (1 Sekunde bei Blende 22) weist demnach Lichtwert 9 auf.

Wenn wir innerhalb dieses Lehrgangs von einem *Lichtwert* oder auch einem *Belichtungswert* mehr oder weniger sprechen, so meinen wir damit schlicht und einfach die doppelte bzw. die halbe Belichtung. Dabei ist es bei einer Beleuchtung mit Dauerlicht gleichgültig, ob die Zu- bzw. Abnahme der Belichtung durch die Belichtungszeit oder die Blende vorgenommen wird. Verwenden wir zur Beleuchtung reines Elektronenblitzlicht, auf das eine Veränderung der Verschlusszeit nur bedingt Einfluss nimmt, so meinen wir bei der gleichen Aussage nur eine Veränderung der Blendeneinstellung bzw. eine Änderung der Blitzenergie im entsprechenden Masse.

2.1.1 Lichtempfindliche Zellen

Elektrische Belichtungsmesser können unterschiedliche Arten von Messzellen eingebaut haben. Alle haben gemeinsam, dass sie durch Lichteinwirkung in irgendeiner Art ihre elektrischen Eigenschaften verändern. Gemessen wird schliesslich die durch die Lichteinwirkung entstandene oder veränderte Stromstärke. Ein empfindliches Amperemeter kann dann in Lichtwerten geeicht werden und zeigt dadurch direkte Belichtungshinweise an.

Fotoelement (Fotozelle)
Eine frühe Fotozelle stellt die fast ausnahmslos in alten Belichtungsmessern verwendete *Selenzelle* dar. Der frühe Halbleiterbauteil bestand aus dünnster *Gold- oder Platinfolie* in engem Kontakt mit einer aufgedampften *Selenschicht* auf einem *Eisenträger*. Gold bzw. Platin hat dabei die Funktion eines n-leitenden Materials. Selen dagegen ist p-leitend.

Treten Photonen auf die dünne Goldfolie auf, schlagen sie Valenzelektronen der Goldatome mit Wucht in die Selenschicht, von wo aus sie

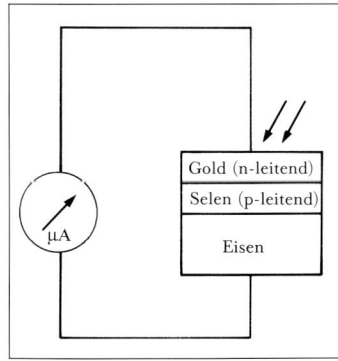

Prinzip Selenzelle

nicht mehr zurück, sondern nur in die folgende Eisenschicht geleitet werden können.

Verbindet man diese Eisenschicht mit einem sehr empfindlichen Galvanometer, lässt der fliessende Elektronenstrom einen Ausschlag im Messgerät entstehen. Der erzeugte Strom ist rund 50000 mal schwächer als derjenige, der eine Taschenlampe zum Leuchten bringt.

Selen-Belichtungsmesser arbeiteten ohne Batterie. Mit der Zeit war die Goldfolie «durchschossen». Bei ständigem Gebrauch war dies nach einer Zeitdauer von etwa 10 Jahren der Fall. Dann musste die Zelle ersetzt werden.

Fotowiderstand

Bestimmte Materialien, wie zum Beispiel *Cadmium-Sulfid* (CdS), ändern ihren elektrischen Widerstand in Abhängigkeit der einfallenden Lichteinstrahlung. In Dunkelheit ist der Widerstand gross, bei zunehmender Beleuchtung nimmt er ab. Die Lichtempfindlichkeit eines CdS-Widerstandes ist rund 250 mal höher als diejenige einer Selenzelle.

Zum Betrieb in einem Belichtungsmesser ist eine Batterie notwendig. Um den elektronischen Aufwand zur Stabilisierung der Betriebsspannung gering zu halten, verwendet man in der Regel eine *Quecksilberoxyd-Knopfzelle,* die über die gesamte Lebensdauer eine konstante Spannung abgibt.

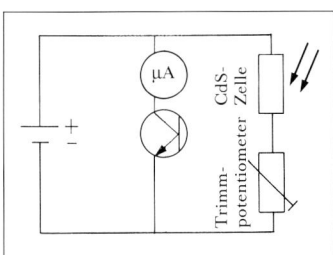

Belichtungsmesser
mit CdS-Zelle

CdS-Widerstände besitzen ein «Gedächtnis», das heisst, nach Messung sehr heller oder sehr dunkler Gegenstände kann die folgende Messung ungenau sein (Praktiker haben deshalb immer zwei aufeinanderfolgende Messungen vorgenommen und zur Belichtungsfindung die zweite Messung verwendet). Ebenso ist die Widerstandswirkung merklich temperaturabhängig, die Ansprechgeschwindigkeit sehr gering, und zudem weisen CdS-Widerstände eine gewisse Überempfindlichkeit auf langwellige Strahlung auf. CdS-Fotowiderstände waren in den sechziger Jahren in nahezu allen Belichtungsmesseinrichtungen eingebaut.

Fotodiode

Bei der Fotodiode handelt es sich meistens um ein *Silizium-Halbleiter-Bauelement* mit der Wirkungsweise einer Diode.

Legt man den p-dotierten Bereich einer Diode an den Minuspol und den n-dotierten an den Pluspol einer Batterie, fliesst kein Strom, denn die Diode ist in *Sperr-Richtung* betrieben. Bei der Silizium-Fotodiode ist die Sperrwirkung aber lichtabhängig. Bei Lichteinfall wird die Sperrwirkung mehr oder weniger abgebaut, so dass sich die Fotodiode ebenfalls als Messzelle in Belichtungsmessern eignet.

Fotodioden werden dabei mit Vorspannung in Sperr-Richtung betrieben (ohne Vorspannung arbeiten sie in Durchlass-Richtung als Fotoelement).

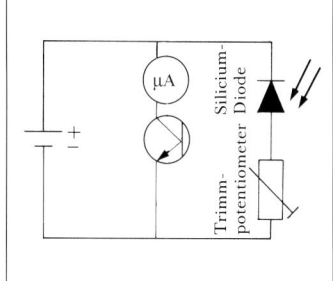

Belichtungsmesser
mit Fotodiode

Die Silizium-Fotodiode spricht schlagartig auf Lichtänderungen an und erzeugt eine über Transistoren verstärkte Stromstärkenänderung, die ein Milliamperemeter anzeigen kann.

Als Stromquelle in derartigen Belichtungsmessern verwendet man heute meist konventionelle Batterien, deren Spannung über eine elektronische Schaltung stabilisiert wird.

Wird vor die Silizium-Fotodiode ein bläuliches Interferenzfilter angebracht, erreicht man eine Spektralempfindlichkeit, die derjenigen des menschlichen Auges entspricht. Die Belichtungsmesser-Hersteller sprechen dann von einer *sbc-Zelle* (silicon blue cell).

Seit etwa 1975 sind praktisch alle Belichtungsmesser mit Fotodioden bestückt. Als Bauvariante finden auch *Gallium-Arsenid-Fotodioden* Verwendung.

Fototransistor

Beim Fototransistor wirkt Licht auf die Basiszone wie ein Basisstrom, der die Basis-Emitter-Strecke und damit den Kollektorstrom ansteuert. Fototransistoren sind empfindlicher als Fotodioden, reagieren aber geringfügig träger auf Lichtstärkenänderungen.

Neben Fotodioden sind Fototransistoren oft in *Blitzbelichtungsmessern* eingebaut. Diese Geräte sind derart konstruiert, dass sie speziell auf kurze Lichtimpulse hoher Intensität reagieren, gleichzeitig aber auch Dauerlichtmessungen innerhalb einer bestimmten Torzeit mitmessen.

Der Fototransistor bleibt nach dem Einschalten des Blitzbelichtungsmessers eine bestimmte Zeit lang messbereit.

Während der eigentlichen Messzeit integrieren der mit Filtern farbkorrigierte Fototransistor

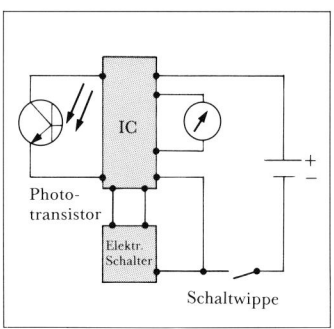

Blitzbelichtungsmesser mit Fototransistor

oder die Fotodiode und die spezielle Integrierschaltung der Elektronik sowohl Blitz- wie auch Umgebungslicht. Das Messresultat wird einige Zeit gespeichert und von einem Milliamperemeter angezeigt oder direkt in Blendenwerte umgerechnet in einem Display digital dargestellt.

Abwandlungen des Fototransistors stellen der *Foto-Feldeffekt-Transitor* und der sogenannte *Foto-Darlington* dar. Der Feldeffekt-Transistor (FET) kann leistungslos gesteuert werden, das heisst, es braucht kein Eingangsstrom mehr zu fliessen, es ist lediglich eine elektrische Ladung, eine Steuerspannung, notwendig. Beim Foto-FET

wird das Gate (entsprechend der Basis bei einem normalen Transistor) lediglich durch die Lichteinwirkung beeinflusst. Als Foto-Darlington wird eine Kombination aus einem Fototransistor mit einem weiteren Transistorsystem, das direkt in sogenannter *Darlington-Schaltung* verbunden ist, bezeichnet.

Farbempfindlichkeit verschiedener Messzellen

Für Belichtungsmesszwecke lässt sich ein lichtempfindliches Bauteil natürlich nur verwenden, wenn seine Farbempfindlichkeit einigermassen mit der Spektralempfindlichkeit des Aufnahmematerials übereinstimmt. Mit Hilfe von Filtern lässt sich die Spektralempfindlichkeit der Messzellen beeinflussen. Es stellt sich aber sogleich die Frage, an welches fotografische Material die Farbempfindlichkeit angepasst werden soll.

Sinnvollerweise versucht man, die farbliche Empfindlichkeit von Messzellen an diejenige des menschlichen Auges anzupassen, denn bei der Sensibilisierung unserer Gebrauchsfilmmaterialien besteht ja ebenfalls diese Tendenz.

Die Darstellung in folgender Abbildung zeigt, dass die Farbempfindlichkeit von sbc-Zellen derjenigen des Auges sehr nahe kommt.

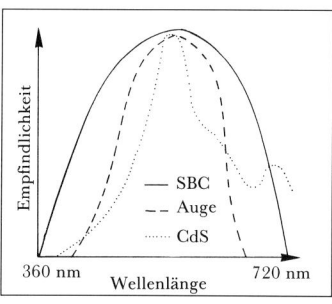

Farbempfindlichkeit üblicher Mess-Zellen

2.2   Die Messmethodik

Die Belichtungsangabe (Zeit/Blenden-Kombination), die uns ein Belichtungsmesser liefert, hängt ausschliesslich von der Stärke des Lichteinfalls auf die Messzelle ab. Der Belichtungsmesser interpretiert die einfallende Lichtmenge so, dass die angezeigte Belichtung korrekt ist für einen Gegenstand, der eine mittlere Dichte von rund 0.70 aufweist, das heisst, der insgesamt rund 20% des einfallenden Lichtes reflektiert.

2.2.1 Objekt- und Lichtmessung

Mit üblichen Handbelichtungsmessern sind zwei prinzipiell verschiedene Messarten möglich, die *Objekt-* und die *Lichtmessung*.

Misst man mit dem Belichtungsmesser vom Kamerastandpunkt gegen den zu fotografierenden Gegenstand (das Aufnahmeobjekt), spricht man von *Objektmessung*. Der Belichtungsmesser empfängt dabei innerhalb seines Messwinkels alle Lichtanteile, die vom Gegenstand reflektiert werden, misst also die sogenannte durchschnittliche Leuchtdichte der Aufnahmeszene. Man geht dabei davon aus, dass der Gegenstand häufig aus hellen, mittleren und dunklen Anteilen zusammengesetzt ist. Der Belichtungsmesser integriert den Gesamteindruck und empfindet die Lichtstärke so, als wäre der Aufnahmegegenstand aus einem einzigen, mittleren Helligkeitswert der Dichte 0.70 bestehend.

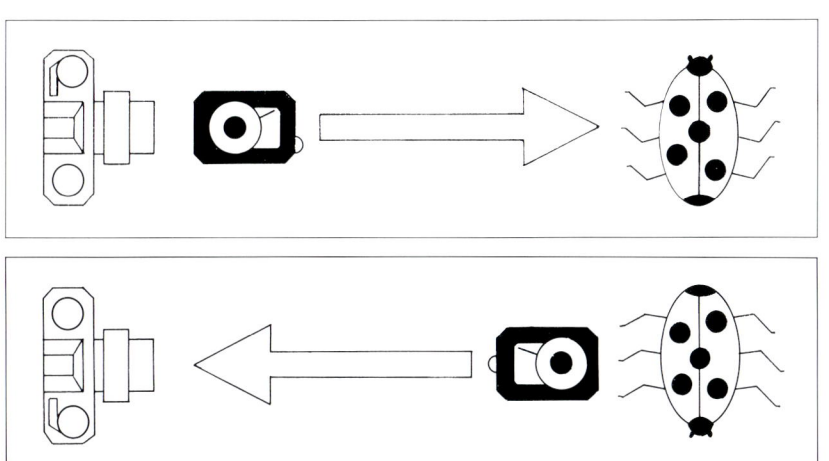

Objekt- und Lichtmessung

Handbelichtungsmesser sind in der Regel aber auch für eine Messung des auf den Gegenstand fallenden direkten Lichtes eingerichtet. Man schiebt in solchen Fällen einen halbkugelförmigen Diffusionskörper vor die Messzelle und

misst vom Aufnahmegegenstand in Richtung Kamera. Bei dieser *Lichtmessung* (Messung der durchschnittlichen Beleuchtungsstärke) geht man ebenfalls davon aus, das Sujet bestehe aus unterschiedlichen Helligkeitswerten, deren Reflexion im Durchschnitt rund 20% betrage und somit einem mittleren Grauwert der Dichte 0.70 entspricht.

In beiden Fällen handelt es sich um eine Mischmessung, eine sogenannte *integrale Messung*, die dann, aber nur dann richtige Resultate zeigt, wenn der Aufnahmegegenstand aus Helligkeitswerten besteht, die im Schnitt einem mittleren Grau entsprechen, wie wir es von der Kodak-Graukarte her kennen (Dichte 0.70).

Ist dies nicht der Fall, muss das angezeigte Resultat vom Fotografen interpretiert und gemäss seiner Erfahrung abgeändert werden.

Je nach Art des Belichtungsmessers und seines *Messwinkels* bei Objektmessung handelt es sich um eine *integrale Messung*, um eine *teilselektive* oder, wenn der Messwinkel sehr eng ist (Spotmessung), gar um eine *selektive Messung*.

2.2.2 TTL-Messung

Bei Spiegelreflexkameras erfolgt die Belichtungsmessung in der Regel durch das Aufnahmeobjektiv (durch die Linse, Through The

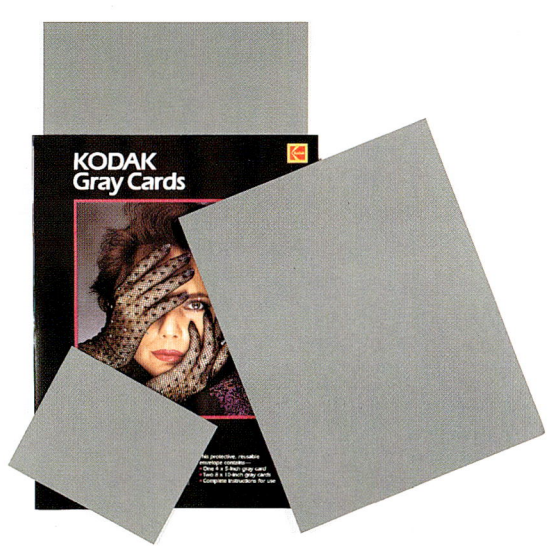

Kodak-Graukarte

Prinzip der Sondenmessung in der Bildebene mit dem broncolor FCM2 und Sonde

Aufnahme Christian Vogt, Basel

Lens, TTL). Die Messzelle befindet sich – je nach Bauart – entweder seitlich des Sucherokulars oder im Dachkantenprisma. Bei einigen Systemen wird im Umlenkspiegel oder in der Feldlinse ein Teil des Sucherlichtes abgezweigt und speziell angeordneten Messzellen zugeführt. Die Messung ist dabei integral, mit mehr oder weniger starker Mittenbetonung.

Von einer TTL-Messung spricht man auch bei Verwendung einer Mess-Sonde in der Bildebene einer Fachkamera, wie dies zum Beispiel beim broncolor FCM2 mit Sonde verwirklicht ist. Da in diesem Fall die Messfläche klein genug ist, handelt es sich um eine selektive Messung.

2.2.3 Integral-Messung

Die Messung erfolgt entweder mittels Lichtmessung oder durch Objektmessung mit breitem Messwinkel. Bei Lichtmessung ist im Messresultat das auffallende Licht ohne Berücksichtigung der Objekthelligkeit enthalten. Bei integraler Objektmessung entsteht das Messresultat aus

Mittelwerten der Summe des von allen Objektteilen reflektierten Lichtes. Bei integraler Objektmessung betrachtet man die Summe des Reflexionslichtes als mittleres Grau. Das Resultat

Korrekte Lichtmessung

ist dann richtig, wenn die Objekthelligkeit zwischen weiss und schwarz gleichmässig verteilt ist. Die integrale Lichtmessung wird – als einfachste Messmethode – überall dort angewendet, wo keine beleuchtungsmässigen oder kontrastmässigen Probleme zu bewältigen sind. Geräte zur Lichtmessung sind mit einer *halbkugelförmigen Kalotte* vor der Messzelle versehen. Für eine korrekte Messung wird die Kalotte vor dem Aufnahmesujet in Richtung optischer Achse zur Kamera gehalten.

Bei einem Beleuchtungsaufbau mit starkem *Gegen- oder Effektlicht* muss die Mess-Kalotte in Richtung der Lichtquelle gehalten werden.

Die meistgebrauchten Handbelichtungsmesser, die sowohl eine Messung von Dauer- wie auch von Blitzlicht zulassen, sind für die integrale Lichtmessung vorgesehen. Im professionellen Studiobereich werden diese Geräte vorwiegend eingesetzt, selbst dann, wenn beleuchtungstechnische Probleme zu bewältigen sind.

Die Belichtungsmesser-Angabe wird in diesem Fall als *interpretierbarer Belichtungsvorschlag* betrachtet, gemäss dem auf Sofortbildmaterial eine erste Belichtung vorgenommen wird. Allfällig noch notwendige Korrekturen sind danach aufgrund des interpretierten Sofortbild-Resultates einfach und unproblematisch realisierbar.

Das Sofortbild als Kontroll-Medium sowohl für die Wirkung der erstellten Beleuchtung wie auch für die Kontrolle der Belichtung spielt in der professionellen Fotografie heute eine nicht mehr wegzudenkende Rolle.

2.2.4 Selektive Belichtungsmessung

Unter selektiver Belichtungsmessung versteht man die kleinflächige (Objekt)Messung einer bestimmten Objektstelle mit Hilfe eines *Spot-Belichtungsmessers* mit kleinem Bildwinkel oder mittels einer *Mess-Sonde* in der Bildebene der Grossformatkamera.

Selektive Belichtungsmessung kann teilweise auch mit einem üblichen Handbelichtungsmesser mittels Objektmessung bewerkstelligt werden, wenn es gelingt, diesen – ohne Eigenschattenbildung – nah genug an die zu messende Objektstelle hinzuhalten.

Die selektive Belichtungsmessung ist zwar ausgesprochen schwierig, doch liefert sie bei richtiger Handhabung der Messeinrichtung und richtiger Interpretation der Messresultate in jedem Fall optimale Resultate. Allerdings bedarf diese Messmethode grosser Erfahrung.

Richtige Wahl der Mess-Stelle

Belichtungsmesser sind derart kalibriert, dass sie die für die Messung ausgewählte Objektstelle auf dem Bildpositiv in einer Helligkeit wiedergeben, die einer Dichte von 0.70 entspricht (entsprechend dem Helligkeitswert der Kodak-Graukarte). Jeder Gegenstandspunkt, der dunkler als die Mess-Stelle ist, wird entsprechend dunkler, jeder hellere entsprechend heller wiedergegeben. Es ist daher sinnvoll, als Mess-Stelle im Objekt eine solche zu wählen, die möglichst nah bei der Dichte 0.70 liegt.

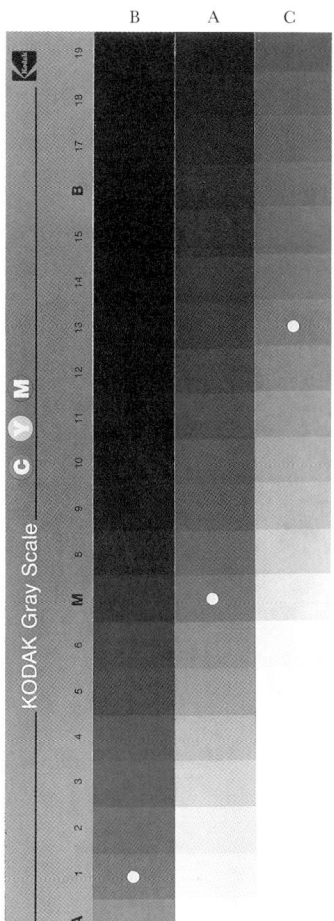

Selektive Messung
auf verschiedene
Grauwerte

Misst man am Objekt eine zu helle oder eine zu dunkle Stelle, entsteht zwar an diesem Ort auf dem Bild ein mittlerer Grauwert, die übrigen Helligkeitswerte aber werden entsprechend verschoben wiedergegeben. Das Resultat ist Unter- oder Überbelichtung.

Die Graukeil-Abbildung zeigt die Wirkung bei Wahl unterschiedlicher Mess-Stellen. Der Keil A ist richtig belichtet. Die selektive Mess-Stelle

liegt genau auf der Dichte 0.70 des Originalkeils. Keil B ist zwei Blendenstufen unterbelichtet. Die Mess-Stelle liegt auf der Dichte 0.10 des
Originalkeils. Und Keil C schliesslich ist um zwei
Blendenwerte überbelichtet. Die Mess-Stelle
liegt auf der Originaldichte 1.30. Für den Versuch wurden alle drei Negative gleich entwickelt
und beim Vergrössern genau gleich behandelt.
Das Resultat zeigt ganz deutlich, wie der Belichtungsmesser die Mess-Stelle als Mittelgrau interpretiert. Auf dem Positiv wird die gemessene
Bildstelle jedesmal gleich, nämlich in der Dichte
0.70 wiedergegeben, gleichgültig wie hell oder
wie dunkel die entsprechende Stelle im Original
ist.

1-Punkt-Messung auf Graukarte

Die Messung einer direkt beim Gegenstand auf-
gestellten Neutralgraukarte der Dichte 0.70
(Kodak-Graukarte) ergibt auf einfachste Weise
die richtige Belichtung. Dabei ist allerdings fol-
gendes zu beachten:

renden zwischen Aufnahmerichtung und
Hauptlichtrichtung plazieren. Leicht abkip-
pen, um Reflexe in Kamerarichtung zu vermeiden.
* Die Messung des reflektierten Lichtes erfolgt
genau auf der Achse der Aufnahmerichtung.
* Bei gesamthaft sehr hellen Gegenständen die
angezeigte Belichtung um 1 Lichtwert verrin-
gern.
* Bei gesamthaft sehr dunklen Gegenständen
die angezeigte Belichtung um 1 Lichtwert erhöhen.
* Ist der Gegenstand einseitig sehr hell oder
sehr dunkel, eignet sich diese Messmethode
nicht. In diesem Fall ist besser die Mehrpunktmessung anzuwenden.

1-Punkt-Messung eines Ersatz-Grauwertes

Unter Umständen ist es nicht möglich, die Graukarte zu plazieren. In solchen Fällen sucht man
am Gegenstand selbst eine Stelle mittlerer Helligkeit und misst diese. Zum Suchen einer mitt-

* Graukarte möglichst nahe am Gegenstand
plazieren. Lichtreflexe auf der Graukarte in
Richtung Kamera vermeiden.
* Bei zweidimensionalen Gegenständen (Re-
produktion) die Graukarte parallel zum Ge-
genstand plazieren (am besten draufflegen).
* Bei dreidimensionalen Gegenständen die
Graukarte etwa senkrecht zur Winkelhalbie-

leren Helligkeit schliesst man mit Vorteil ein
Auge und kneift das andere etwas zu; dadurch
erkennt man die Tonwerte besser.

1-Punkt-Messung auf hellste Bildstelle

Ist am Gegenstand selbst kein geeigneter Grauwert auszumachen (z.B. Schneelandschaften,
Fernsichten, Strichvorlagen auf weissem Grund

usw.) oder ist die Beleuchtung ausserordentlich schwach, misst man die hellste Gegenstandsstelle, die noch Zeichnung aufweisen soll (nicht die Spitzlichter!), und zieht vom Ergebnis zwei Lichtwerte ab.

Als Ersatzgegenstand lässt sich auch mit gleicher Belichtungskorrektur die (saubere) weisse Seite der Kodak-Graukarte (Rückseite) verwenden.

Die 1-Punkt-Messung auf hellste Bildstelle eignet sich ebenfalls zum Nachprüfen einer Mittelwertmessung, wenn man bei dieser etwas unsicher war.

Zwischen der selektiven Messung der grauen und der weissen Seite der Kodak-Graukarte sollte bei gleicher Beleuchtung ein Unterschied von $2\frac{1}{3}$ Lichtwerten entstehen. Voraussetzung allerdings ist eine noch völlig unverschmutzte Graukarte.

Mehrpunkt-Messung

Es ist naheliegend, dass die 1-Punkt-Messung, da nur auf einer Messung beruhend, toleranzbehaftet ist und individueller Korrektur und Anpassung bedarf. Aus diesem Grunde wird bei schwierigen Situationen vorzugsweise eine Mehrpunktmessung angewendet. Im Zweifelsfall misst man mehrere als Mittelwert interpretierte Gegenstandsstellen und verwendet als Basis zur Belichtungsbestimmung das Mittel der jeweils angezeigten Lichtwerte. Dies erscheint zwar aufwendiger als die 1-Punkt-Messung, doch

beinhaltet diese Methode vor allem für den Ungeübten eine weitaus höhere Sicherheit und Trefferquote.

2-Punkt-Kontrast-Messung

Besitzt ein Gegenstand keine gut interpretierbaren Mittelwertstellen, dafür aber neben hellen auch dunkle Werte, lässt sich durch nacheinan-

derfolgende Messungen der hellsten und dunkelsten noch zeichnenden Stelle ein sehr präziser Belichtungswert ermitteln. Es ist dabei wichtig, als Mess-Stelle nicht etwa ein Weiss der höchsten Spitzlichter oder eine Schattenstelle, die völlig schwarz werden soll, zu verwenden. Als hellste Bildstelle soll eine gewählt werden, die noch ganz *geringfügige Zeichnung* aufweist und als dunkelste eine solche, die im fertigen Bild *nicht gänzlich schwarz* erscheinen soll.

Bei jeder der beiden Messungen merkt man sich den angezeigten Belichtungswert und verwendet zur Belichtungsbestimmung das Mittel beider Angaben.

Neben der richtigen Belichtung macht diese Messart auch Angaben über den *Objektumfang*.

2.2.5 Interpretation der Messresultate

Jeder Aufnahmegegenstand setzt sich aus verschiedenen Helligkeitswerten zusammen. Die Aufgabe des Fotografen ist es, diese Helligkeitswerte durch genaue Belichtung möglichst exakt in die richtigen Tonwerte des Bildes umzusetzen. Für die Bestimmung der richtigen Belichtung gemäss der eigenen Bildvorstellung erbringen sowohl die beherrschte selektive, wie auch die integrale Belichtungsmessung meist einfache und gut interpretierbare Werte.

Für die Praxis indessen gilt folgende Empfehlung: Um sich gegen allfällige Verluste in der Schattenzeichnung bei Aufnahmen auf Schwarzweiss- und Farbnegativ-Material zu schützen, dürfen *Negative* gegenüber dem Messresultat um bis $\frac{2}{3}$ Blenden *reichlicher* belichtet werden. Ähnliches – mit umgekehrten Vorzeichen gilt für Farbdia- und Sofortbildmaterial. Dieses Material darf gegen Verluste in der Lichterzeichnung gegenüber dem Messresultat um bis $\frac{1}{3}$ Blenden knapper belichtet werden.

Kontroll-Sofortbild

Für alle Grossformat- und Mittelformatkameras, sowie für einige Kleinbildsysteme, existieren im Handel Kassetten bzw. Ansatzstücke, die es erlauben, *Polaroid-Sofortbildmaterialien* als Plan- oder Packfilme einzusetzen.

Es ist in der professionellen Fotografie üblich, nach erfolgter Bildeinstellung, Beleuchtung und Belichtungsmessung ein sogenanntes *Kontroll-Pola* zu belichten. Man kann an diesem Sofortbild nicht nur das Arrangement und die Beleuchtungswirkung studieren, das Kontroll-Pola

dient in der Regel auch zur Belichtungskontrolle. Nun ist zwar das Sofortbild nicht gerade ein Belichtungsmesser-Ersatz; dazu wären die emulsionsbedingten Schwankungen zu gross. Kennt man indessen die gerade aktuelle Emulsion, lässt sich daran mit etwas Übung ohne weiteres auch die richtige Belichtung überprüfen. Auf dem Kontroll-Pola erkennt man ebenso, ob die Wirkung einer bestimmten Leuchte der Bildvorstellung entspricht, oder ob man die Intensität dieser Leuchte noch zu verändern hat. Ja man kann sogar auf dem Sofortbild mit etwas Intuition auch prüfen, ob der Objektumfang dem gewünschten Verwendungszweck als Aufsichtsbild entspricht oder ob noch irgendwo eine Schattenaufhellung notwendig ist.

Sofortbilder als Kontroll-Mittel ersetzen nicht die Belichtungsmessung. Sie sind indessen ein bewährtes Mittel um die Arbeit der Informations-Umsetzung ins Bild zu vereinfachen und schliesslich das zu machende Bild qualitativ zu verbessern. Und weil so oder so in der Regel mit Hilfe der Sofortbildtechnik an der Umsetzung zum fotografischen Bild gearbeitet wird, begnügen sich viele Fotografen mit der einfacheren und schnelleren integralen Lichtmessung (sofern ein genaues Messgerät zur Verfügung steht), die rasch genügend Belichtungsinformation liefert, um das erste Kontroll-Pola zu belichten.

2.2.6 Objektumfang

Unter dem Begriff Objektumfang versteht man das *numerische Verhältnis* der *hellsten* zur *dunkelsten* Stelle eines beleuchteten Gegenstandes (Leuchtdichteverhältnis in der Szene). Mittels der *2-Punkt-Messung* auf hellste und dunkelste Gegenstandsstelle – *die auf dem Bildresultat noch Zeichnung aufweisen sollen* – erhält man nicht nur einen sehr genauen Belichtungswert, sondern gleichzeitig auch eine Angabe des Objektumfanges.

Aus der Lichtwertdifferenz lässt sich der herrschende Objektumfang ermitteln, wie der Tabelle zu entnehmen ist.

Unter *Objektumfang* versteht man das Helligkeitsverhältnis zwischen hellster und dunkelster Stelle des Aufnahmegegenstandes. In der fotosensitometrischen Terminologie wird der Objektumfang als *Leuchtdichteverhältnis in der Szene* bezeichnet. Der Kontrastumfang ist die (logarithmische) Dichtedifferenz zwischen dunkel-

Ermittlung des Objektumfanges

Belichtungswert-Differenz	Objekt-umfang	Resultierender Kontrast-umfang (Dichtedifferenz auf dem Film)
1	1:2	0,30
2	1:4	0,60
3	1:8	',90
4	1:16	1,10
5	1:32	1,50
6	1:64	1,80
7	1:125	2,10
8	1:250	2,40
usw.	usw.	usw.

ster und hellster bildwirksamer Stelle auf dem fertig entwickelten Film. Der Kontrastumfang lässt sich mit Hilfe eines *Densitometers* auf dem Film messen.

Der in der Tabelle angegebene resultierende Kontrastumfang stimmt nur, wenn das Filmmaterial eine Gradation von Gamma 1 aufweist. Negativmaterialien verarbeitet man aber in der Regel zu einem Gamma von etwa 0,60. Farbdias weisen eine Gradation von Gamma 1,5 auf. Der wirklich auf dem Film zu messende Kontrastumfang weicht daher von diesen Tabellenwerten ab. Die zu erwartenden Werte erhält man, indem man die Tabellenwerte mit dem durchschnittlichen Gamma des verwendeten Aufnahmematerials multipliziert.

2.2.7 Kontrastbewältigung

Zählt man zu den Werten des Objektumfanges den Belichtungsspielraum, den ein bestimmtes Aufnahmematerial noch aufweisen soll, dazu, so erhält man den gesamten *Belichtungsumfang*, den ein Aufnahmematerial verkraften kann.

Der Belichtungsumfang ist der ausnutzbare Belichtungsbereich einer fotografischen Schicht, das heisst, die Differenz der Belichtungswerte im «brauchbaren» Bereich einer Dichtekurve. Brauchbar ist der Bereich des *gradlinigen Teils*, ein Stück des *Schulterbereichs* sowie des *Durchhangs* bis in die Nähe des *Schwellenwertes*.

Der ausnutzbare Belichtungsumfang bei Aufnahmefilmen ist keine konstante Grösse, sondern unter anderem abhängig vom *Gammawert* und der *Kurvenform*.

Solange der Helligkeitsumfang des zu fotografierenden Sujets (Δ log E Vorlage) kleiner ist als der Belichtungsumfang der Schicht (Δ log H), besteht ein *Belichtungsspielraum*. Durch längere Belichtung wird das Belichtungsintervall Δ log E auf der Kurve lediglich nach oben verschoben, bei kürzerer Belichtung entsprechend nach unten. Solange sich das Belichtungsintervall im Bereich des Belichtungsumfanges befindet, ist die Belichtung «richtig», das heisst, es sind alle Belichtungsinformationen gespeichert. Durch Verdoppelung der Belichtung verschiebt sich das Belichtungsintervall um log H = 0,30 nach rechts, bei Halbierung um denselben Betrag nach links. Ist das Belichtungsintervall gleich gross wie der Belichtungsumfang der Schicht, hat es darauf gerade Platz; der Belichtungsspielraum ist null, jede Abweichung von der «richtigen» Belichtung führt in diesem Fall zu einem

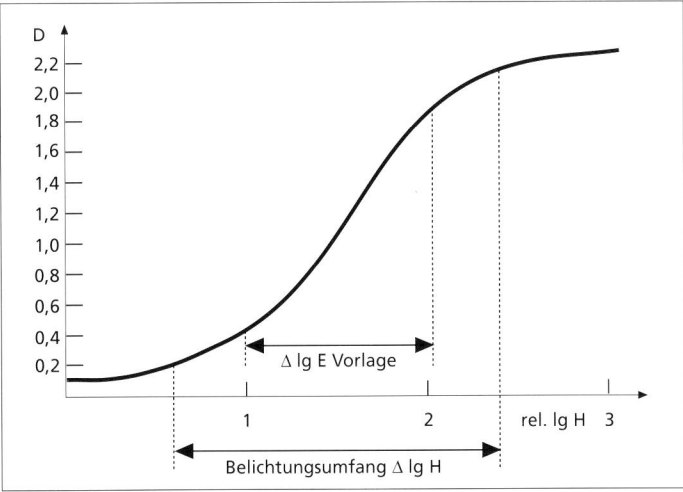

Belichtungsumfang

Informationsverlust. Ist schliesslich das Belichtungsintervall zu gross (zu hoher Objektumfang), kann es ohne Beschnitt nicht mehr auf dem Belichtungsumfang der Schicht untergebracht werden. Je nach Belichtung werden Schattenpartien, Lichterpartien oder beides beschnitten.

Die in der fotografischen Praxis verwendeten Materialien weisen etwa folgenden Belichtungsumfang auf:

Schwarzweiss-Negativmaterial
1:1000 (z.B. Objektumfang 1:64 plus/minus Belichtungsspielraum von 2 Lichtwerten = totaler Belichtungsumfang 1:1000)

Farbdiamaterial
1:200 (z.B. Objektumfang 1:64 plus/minus Belichtungsspielraum von ⅔ Lichtwerten = totaler Belichtungsumfang 1:200).

Ist der Objektumfang bei der Aufnahme grösser als 1:64, so verkleinert man zwangsläufig den Belichtungsspielraum bzw. vergrössert die Ausschussquote an Fehlbelichtungen.

Ähnlich wie bei Aufnahmematerialien, jedoch in weitaus engerem Bereich, unterliegt auch das Vergrösserungspapier einer Grenze der Wiedergabefähigkeit. Bei der Arbeit mit Sofortbildmaterialien sowie mit Diamaterial, das für die Weiterverarbeitung im Druck vorgesehen ist, sind die Grenzen der Wiedergabefähigkeit des schliesslich resultierenden Aufsichtbildes bereits bei der Aufnahme (maximal 1:32) zu berücksichtigen.

In der Berufsfotografie ist es deshalb üblich und notwendig, den Objektumfang bei *jeder Aufnahme* zu kontrollieren. Durch eine genaue Kontraststeuerung erzielt man eine verbesserte Endqualität, weniger Missverständnisse bei der Weiterverarbeitung sowie weniger Fehlresultate. Folgende Objektumfänge können in der Regel aufgrund der positiven Auswirkungen des bei jeder Aufnahme wirkenden Streulichtes problemlos weiterverarbeitet werden:
• Negativmaterial bis 1:125
• Farbdias für Projektionszwecke bis 1:64
• Farbdias, die zum Vierfarbendruck oder zum Direktpositivprint weiterverarbeitet werden, bis 1:32

Stellt man bei der Kontrastkontrolle einen zu grossen Objektumfang fest, muss mit Hilfe der Beleuchtung oder mittels Aufhellung mehr Licht auf die Schattenstellen gebracht werden.

Dazu stellt man zuerst mittels der 2-Punkt-Messung fest, um wieviele Blendenstufen die Aufhellung zu erfolgen hat. Dann misst man noch einmal die dunkelste Bildstelle und kontrolliert die Anzeige des Messgerätes, während man (oder ein Assistent) durch zusätzliches Licht oder durch Aufhellwände die Schatten aufhellt. Nach erfolgter Aufhellung ist die 2-Punkt-Messung zwecks genauer Belichtungsfindung zu wiederholen.

Steht kein selektiv arbeitender Belichtungsmesser zur Verfügung oder pflegt man die Belichtung durch eine Lichtmessung zu ermitteln, so kann man mit etwas Übung die Objektumfänge auf dem Kontroll-Pola recht gut beurteilen.

In manchen Fällen ist es nicht möglich, den geforderten Objektumfang zu erzielen (z.B. bei Aussen-Aufnahmen mit vorhandenem Sonnenlicht und keiner Aufhellmöglichkeit). Dann kann man durch *Verschieben des gemessenen Belichtungswertes* behelfsmässig eine gewisse Anpassung erreichen:
• Farbdias: ½ bis 1 Lichtwert knapper belichten als gemessen und ausgleichen durch entsprechende Verlängerung der Erstentwicklungszeit (Spezial-Entwicklung im Professional-Labor)
• Schwarzweiss-Negative: 1–2 Lichtwerte reichlicher belichten als gemessen und Ausgleich durch entsprechend kürzere (Oberflächen-Entwicklung

Landschaftsfotografen, die vorwiegend in Schwarzweiss arbeiten, wenden aus diesem Grunde zur Belichtungsmessung und Entwicklung ein sogenanntes *Zonensystem* an, um unter allen Umständen optimale Grauwertwiedergabe zu erhalten. Bei der Arbeit im Studio mit künstlichem Licht sind derartig komplizierte Techniken völlig unnötig, denn da kann man durch beherrschte Mess- und Beleuchtungstechnik praktisch jeden geforderten Objektumfang erreichen.

In der Sachfotografie kommt es recht häufig vor, dass ein Gegenstand freigestellt vor völlig weissem oder völlig schwarzem Hintergrund dargestellt werden soll. Die selektive 2-Punkt-Messung eignet sich zur Lösung auch dieses Problems. Denn durch beherrschte Messung kann man feststellen, wann der Hintergrund hell genug ist, um gegenüber dem Gegenstand weiss zu erscheinen, ohne dass unnötiges Streulicht in Kauf genommen werden muss. Ebenso kann man durch Messung eines Hintergrundes feststellen, in welchen Tonwerten – im Vergleich zu

Steuerung der Hintergrundhelligkeit

den Helligkeiten des Hauptobjekts – dieser auf dem fertigen Bild erscheinen wird.

Soll der Hintergrund völlig weiss erscheinen, muss seine Helligkeit um 1 Lichtwert heller sein als die hellste Stelle des Hauptobjekts. Stärkere Unterschiede führen zu einer Überstrahlung durch Streulicht. Soll der Hintergrund gänzlich schwarz erscheinen, muss seine Helligkeit um 1 Lichtwert geringer sein als die dunkelste Stelle des Hauptobjekts. Gegebenenfalls muss durch Lichtabschirmung mit schwarzer Pappe vermieden werden, dass Aufnahmelicht auf den Hintergrund fällt.

Soll der Hintergrund in einem Tonwert erscheinen, der im Hauptobjekt ebenfalls vorkommt, lässt sich das durch eine vergleichende selektive Messung einfach und genau steuern.

Die hier abgebildeten Aufnahmen sind durch Berücksichtigung dieser Vorschrift entstanden. Die Gegenstände sind auf einer Glasplatte arrangiert und der Hintergrund in Form eines gewölbten Hintergrundpapiers dahinter bzw. darunter angebracht. Diese Anordnung ermöglicht ein separates Ausleuchten des Hauptobjekts und des Hintergrundes, so dass die Gegenstände völlig freistehend dargestellt werden. Zur Eliminierung einer möglicherweise vorkommenden Spiegelung auf der Glasplatte kann ein Polarisationsfilter Verwendung finden. Bei Aufnahmen vor völlig weissem Hintergrund wird

dieser oft in Unkenntnis der Lage viel zu hell angestrahlt. Hier ist es ausserordentlich wichtig, die Helligkeit des Hintergrundes bewusst nur um 1 Lichtwert heller zu halten als die hellste Stelle des Aufnahmeobjekts. Wird diese Regel nicht eingehalten, entsteht zuviel Streulicht, was nicht nur zu einer Überstrahlung, sondern auch zu einer unschönen Verweisslichung der Farben führen muss. Selbst bei Einhaltung dieser Regel sollte man all das Weiss des Hintergrundes, das nicht mehr auf dem Bild erscheint, sorgfältig mit schwarzer Pappe abdecken. Die zusätzliche Arbeit muss man unbedingt im Interesse einer optimalen Aufnahme in Kauf nehmen.

2.3 Die Blitzbelichtungsmessung

Fotoelektrische Belichtungsmesser für die Messung von dauerstrahlendem Tages- oder Kunstlicht existieren bereits (als Selen-Belichtungsmesser) seit Ende der Dreissiger Jahre. Messgeräte, mit denen der relativ kurze Impuls einer Elektronenblitzröhre in Form einer Lichtmessung zuverlässig gemessen werden kann, sind erst gegen 1970 auf den Markt gekommen. Und dann hat es nochmals nahezu 10 Jahre gedauert, bis Geräte entwickelt waren, die neben der Blitz-Impuls-Messung auch das gleichzeitig vorhandene dauerstrahlende Licht mit unterschiedlichen Torzeiten mitmessen und automatisch im Messresultat berücksichtigen. Gleich jung sind die empfindlichen Blitzbelichtungsmesser, die es ermöglichen, neben einer Lichtmessung auch eine Objektmessung oder gar eine selektive Messung direkt in der Bildebene vorzunehmen.

So einfach und selbstverständlich die Blitzbelichtungsmessung heute auch ist, lange Jahre musste sich der Fotograf mit behelfsmässigen Mitteln abmühen.

2.3.1 Die Messung des Einstellichtes

In der noch nicht so lange zurückliegenden Vorzeit ohne Blitzbelichtungsmesser hat sich der Fotograf mit einer Messung des dauerstrahlenden Einstellichtes beholfen. Studioblitzanlagen hatten schon sehr früh neben der Blitzröhre eine mehr oder weniger helle Einstell-Lampe eingebaut, deren Helligkeit sich normalerweise proportional zur eingestellten Blitzleistung verhielt.

Aufgrund von Testaufnahmen, manchmal auch mit Hilfe von entsprechenden Angaben des Herstellers, ermittelte man einen Vergleichsfaktor zwischen der abgestrahlten Lichtleistung der Blitzröhre und derjenigen des Einstellichtes. Und so konnte man nach erfolgter Beleuchtungseinstellung ganz einfach den üblichen, nur für Dauerlicht geeigneten, Belichtungsmesser zur Hand nehmen, damit mittels Licht- oder Objektmessung die Helligkeit des Einstellichtes messen und bei einer durch Vorversuche bestimmten Belichtungszeit (meist um 1 bis 4 Sekunden) die entsprechende Blendenzahl ermitteln. Mit der so erhaltenen Arbeitsblende machte man dann seine Aufnahmen. Da das Verfahren natürlich alles andere als genau war, musste man einige Streubelichtungen vornehmen (gemessene Blende; halbe auf; halbe zu).

2.3.2 Blitz-Leitzahlen

Leitzahlen sind ein Hilfsmittel zur Bestimmung der notwendigen Arbeitsblende beim Einsatz tragbarer Elektronenblitzgeräte ohne Thyristorschaltung (d.h. keine «Computer»-Blitzgeräte), die ja auch nicht mit einem Einstellicht versehen sind.

Die Leitzahlen sind vom Blitzgerätehersteller für verschiedene Empfindlichkeiten angegeben. Allerdings handelt es sich nur um Richtwerte, die abhängig sind von der Reflexionsfähigkeit des Aufnahmeraumes und die zudem im Blitznahbereich sehr unzuverlässig werden. Die angegebenen Leitzahlen sind gültig beim Blitzen in Wohnräumen üblicher Grösse und mit hellen Wänden.

Die Blitzgeräte tragen in der Regel auf der Rückseite eine Rechenscheibe, der bei einer bestimmten Blitzdistanz die notwendige Arbeitsblende zu entnehmen ist. Wenn dies nicht der Fall ist, rechnet man zur Ermittlung der richtigen Blende die Leitzahl durch die Aufnahmedistanz in Meter. Manchmal möchte man aber (z.B. beim von der Kamera getrennten Blitz) für eine bestimmte Blende die notwendige Blitzdistanz wissen. In diesem Fall rechnet man einfach umgekehrt die Leitzahl durch die Blendenzahl. Einige weitere interessante Formeln, die in der Praxis gelegentlich gebraucht werden, entnehmen Sie bitte der Formelsammlung im Anhang.

Wenn bei einem sogenannten «Computer»-Blitzgerät ebenfalls Leitzahlen in den technischen Daten angegeben sind, so in der Regel nur, um damit etwas über die praktische Leistungsfähigkeit des Gerätes auszusagen. Gleiches gilt für Leitzahlen-Angaben bei Studio-Blitzanlagen.

Selbstverständlich lässt sich die Arbeitsblende auch bei Kleinblitzgeräten mit einem Blitzbelichtungsmesser zuverlässig ermitteln. Dabei ist indessen zu beachten, dass die Anwendung des Blitzbelichtungsmessers immer die Auslösung eines Messblitzes verlangt. Das heisst, man misst nicht die Lichtleistung derselben Blitzauslösung, mit der die Aufnahme gemacht wird! Die Messung des Blitzbelichtungsmessers ist nur dann richtig, wenn der folgende Blitz, mit dem ja erst die Aufnahme gemacht wird, wirklich dieselbe Lichtleistung aufweist.

Bei Kleinblitzgeräten, aber auch bei älteren Studioblitzgeräten oder solchen von Billiganbietern erfolgt die Bereitschaftsanzeige bereits bei einer 70%igen Kondensatorladung. Wird dann bereits ausgelöst, sind die Blitzabstrahlungen unterschiedlich und die Genauigkeit der Belichtung nicht gewährleistet. Die Blitzbelichtungsmessung kann nur dann genau sein, wenn man mit Sicherheit annehmen darf, dass jeder folgende Blitz dieselbe Leistung abgibt wie der vorhergehende!

Bei den broncolor Blitzgeräten wird aus diesem Grunde die Kondensator-Spannung elektronisch überwacht und auf 1% Genauigkeit eingeregelt. Die Blitzbereitschaft wird erst signalisiert, wenn dieser Status erreicht ist.

2.3.3 Die Belichtung bei «Computer»-Blitzgeräten

Tragbare Klein- und Kleinstblitzgeräte sind heute normalerweise mit einer *Thyristorschaltung* und einer Messzelle, dem sogenannten *Sensor*, ausgerüstet. Für die normale Reportage-Arbeit ist daher weder eine Blitzbelichtungsmessung noch ein Blendenrechnen mit Leitzahlen notwendig. Je nach Leistung des Gerätes, dem gewünschten Distanzbereich und der Filmempfindlichkeit, wählt man eine von mehreren vorgegebenen Blendenwerten und stellt diesen sowohl am Sensor wie auch an der Kamera ein. Alles weitere geschieht automatisch: Bei der Verschlussauslösung beginnt der Blitz seinen Abbrennvorgang, das vom Objekt reflektierte Licht wird vom Sensor registriert, und wenn der Sensor eine genügende Belichtung ermittelt

hat, wird über einen Thyristor der Stromfluss vom Kondensator zur Blitzröhre unterbrochen. Ist man bei einem dunklen Sujet unsicher, ob die Blitzleistung zur gewählten Blende genügend ist, so lässt sich an den meisten Geräten ein Probeblitz auslösen. In diesem Falle ist eine Leuchtdiodenanzeige vorgesehen, die dem Benutzer signalisiert, ob die Belichtung ausreichend war oder nicht.

«Computer»-Blitzgeräte werden üblicherweise über den Mittenkontakt des Sucherschuhs synchronisiert. Bei leistungsfähigeren Geräten braucht man deswegen aber den Blitzer nicht direkt auf den Sucherschuh aufzusetzen. Sofern das Gerät mit einem externen Sensor ausgerüstet ist, muss man lediglich den Sensor in den Sucherschuh der Kamera stecken und ihn mittels eines Kabels mit dem Blitzgerät verbinden. Durch diese Methode ist man bei der Beleuchtung mit nur einem Blitzgerät deutlich flexibler und nicht ausschliesslich an ein miserables Frontallicht gebunden.

Von nahezu allen Anbietern von Kleinbild- und Mittelformat-Systemkameras gibt es weitere Hilfen. So lassen sich bestimmte Blitzgeräte so mit der Kameraelektronik verbinden, dass ein externer, separater Sensor unnötig ist. Als Blitzsensor dient das Mess-System der Kamera selbst, sofern dieses so eingerichtet ist, dass eine *TTL-Messung* während der Belichtung möglich ist. In diesem Falle braucht man kaum mehr etwas zu denken. Es genügt, bei geeigneter Blendeneinstellung frischfröhlich draufloszublitzen. Die Kameraelektronik stellt dabei den Blitzvorgang ab, sobald sie eine genügende Belichtung registriert hat.

Weil bei diesem System eine TTL-Messung durch das Objektiv vorgenommen wird, sind auch recht präzise Belichtungen selbst im Makrobereich möglich geworden. Durch eine Anzeigemöglichkeit kann der Benutzer mittels einer Probeblitz-Auslösung feststellen, ob bei der gewählten Blendeneinstellung die Blitzleistung genügt.

2.3.4 Die professionellen Blitzbelichtungsmesser

Die in diesem Kapitel bisher besprochenen Methoden zur Ermittlung der richtigen Arbeitsblende mögen für eine behelfsmässige Arbeit (Messung des Einstellichtes) oder beim Einsatz von Kleinblitzgeräten innerhalb der dokumentierenden Reportage-Fotografie (wenn es nur darum geht, genügend «hell» zu machen) oft vollauf genügen. Beim Arbeiten mit ausgereiften Studioblitzgeräten unter Berücksichtigung professioneller Ansprüche indessen ist der Einsatz eines ebenso professionellen Blitzbelichtungsmessers unumgänglich.

In Frage kommen verschiedene Systeme, deren Wahl in erster Linie vom primären Arbeitsgebiet abhängig ist:

- *reiner Blitzbelichtungsmesser* mit fester Torzeit, eingerichtet mit Kalotte zur integralen Lichtmessung (z.B. broncolor FM)
- *Kombinationsmesser* für Dauerlicht und Blitzlicht mit variabler Torzeit, eingerichtet mit Kalotte zur integralen Lichtmessung (z.B. broncolor FCM2)
- *Kombinationsmesser* für Dauerlicht und Blitzlicht mit variabler Torzeit, eingerichtet mit Sonde zur Messung in der Bildebene von Grossformatkameras (z.B. broncolor FCM2 mit Sonde)

Der ersterwähnte Typ ist der preisgünstigste und genügend, wenn man vorwiegend im Studio reine Blitzmessungen durchführen möchte. Der zweiterwähnte Kombinationsmesser genügt sämtlichen Ansprüchen. Er lässt sich höchst universell einsetzen und ist durch seine Verwandelbarkeit an jedes Bedürfnis und jedes Kamerasystem anpassbar. Der dritterwähnte Typ mit zusätzlicher Bildebenensonde schliesslich eignet sich insbesondere für den Einsatz in Grossformatkameras.

Bevor wir einzelne Handelstypen miteinander anschauen und besprechen, sollten wir uns aber noch über einige Ausdrücke und die professionelle Arbeitstechnik klar werden.

Die Torzeit

Ursprünglich waren Blitzbelichtungsmesser lediglich für die Erfassung des Blitzimpulses konstruiert. Sie erfassten während einer bestimmten Zeit, eben der *Torzeit*, den gesamten Blitzimpuls und gaben die zur Belichtung notwendige Blendeneinstellung bekannt. Das Messgerät erfasst während der fest eingestellten Torzeit, z.B. während $\frac{1}{30}$ Sekunde, das gesamte in dieser Zeit einfallende Licht.

Ungenau sind derartige Messgeräte dann, wenn beispielsweise ein Modefotograf mit Hilfe seiner Zentralverschlusskamera nur $\frac{1}{250}$ Sekunde belichten wollte, um Bewegungsunschärfen zu vermeiden, oder wenn man zur gleichzeitigen Darstellung von schwächeren Dauerlichtern eine

längere Belichtung von z.B. $\frac{1}{8}$ Sekunde wählt. Aus diesem Grunde zieht man heute meist Messgeräte des zweiten oder dritten Typs vor, die einerseits als reine Dauerlichtmesser verwendet werden können und die anderseits beim Einsatz als Blitzbelichtungsmesser den Dauerlichtanteil während einer frei einstellbaren Torzeit mitmessen. Diese Messgeräte zeigen auch in den oben erwähnten Fällen die wirklich richtigen Belichtungswerte an.

Der Messvorgang

Die eigentliche Belichtungsmessung erfolgt in der Regel erst am Schluss langer fotografischer Vorbereitungen, wie Hintergrund-Montage, Arrangement-Aufbau, Beleuchtung. Während des Aufbaus der Beleuchtung, dem eigentlichen «Licht machen» finden aber bereits wichtige Aspekte, die zur Belichtungsmessung gehören, statt: Setzen der Hauptbeleuchtung, der notwendigen Aufhellungen und der Effektlichter.

Beim Arbeiten mit Elektronenblitzanlagen dienen die Einstellampen der visuellen Kontrolle des Lichteffektes. Dabei ist es besonders wichtig, dass die Einstellampen relativ stark sind, wodurch auch bei proportional zur Blitzenergie geschalteter Leistung noch genügend Licht abgegeben wird, um den Effekt des «Licht machens» auch richtig beurteilen zu können. Durch Leistungsveränderung der einzelnen Blitzgeräte wird zuerst rein visuell das Helligkeitsverhältnis der einzelnen Leuchten gemäss der eigenen kreativen Bildidee oder einer layoutmässigen Vorgabe eingestellt.

Und dann ist es soweit, die Belichtungsmessung kann beginnen. Bei sämtlichen vernünftigen Methoden zur Blitzbelichtungsmessung, gleichgültig ob das Gerät für Licht- oder Objektmessung vorgesehen ist, wird die Auslösung eines Blitzes notwendig, damit das Gerät die abgestrahlte Lichtenergie messen kann. Dies bedingt – wie bereits erwähnt – Blitzgeräte, die immer und unter allen Umständen bei gleicher Einstellung dieselbe Lichtleistung abgeben. Wenn dies nicht der Fall ist, kann eine Blitzbelichtungsmessung nicht genau sein. Die broncolor Anlagen kontrollieren mittels ausgeklügelter elektronischer Schaltung daher ständig die Spannung an den Kondensatoren und halten diese auf 1% Genauigkeit ein! Das Messgerät wird nun so plaziert bzw. gerichtet, wie wir das in unseren Betrachtungen zur Messmethodik bereits erläutert haben. Je nach Art des Messgerätes kann der Messblitz unterschiedlich ausgelöst werden. Einige Messgeräte besitzen lediglich eine Bereitschaftsschaltung, die das Gerät messbereit macht. Der Blitz wird dann von Hand ausgelöst, wodurch der Messvorgang aktiviert wird. Andere wiederum verbindet man durch ein Synchrokabel mit dem Generator und löst den Messblitz durch Tastendruck am Belichtungsmesser aus. Die broncolor Belichtungsmesser haben einen *Infrarot-Sender* eingebaut, der beim Drücken der Messtaste am Belichtungsmesser sämtliche Blitzgeräte gleichzeitig drahtlos ferngesteuert auslöst.

Die Belichtungsmessung hat indessen nicht nur den Zweck, die notwendige Arbeitsblende bei fest voreingestellter Generatorleistung zu ermitteln. In der professionellen Fotografie hat die Blende ja weitgehende Priorität. Zur Erlangung einer bestimmten *Schärfentiefe* steht in der Regel bereits vor der Belichtungsmessung fest, mit welcher Blendenzahl gearbeitet werden muss. Gibt der Belichtungsmesser bei der ersten Auslösung des Messblitzes nicht zufällig diese gewünschte Blende an, so weiss man aufgrund der ersten Messung, um wieviel die Blitzenergie der Generatoren verändert werden muss.

broncolor Flashmeter FM

Der broncolor FM ist ein Blitzlichtmessgerät mit sehr grossem Messbereich von über 14 Blendenwerten in zwei Bereichen, das für die Lichtmessung vorgesehen ist. Die fest eingestellte Torzeit beträgt $\frac{1}{60}$ Sekunde. Während dieser Zeit wird das einfallende Licht – auch das dauerndstrahlende Umgebungslicht – gemessen. Durch den grossen Messbereich eignet sich das Gerät für Lichtmessungen sowohl von kleinen Amateurblitzgeräten wie auch für leistungsstarke Studioblitzanlagen.

Als besonderes Merkmal weist der broncolor FM einen eingebauten Infrarotsender auf, der die sonst übliche Kabelverbindung zwischen Blitzgerät und Messgerät erübrigt. Die Messwerte werden auf Drittelsblendenwerte genau auf einem Display digital angezeigt.

Das Gerät wird mit einem Schiebeschalter eingeschaltet, wobei mehrere Vor-Einstellungen für Einzelblitze und Mehrfachblitze möglich sind. An einer Wählscheibe wird die Filmempfindlichkeit eingestellt. Erfolgt nach einer Messung eine Änderung der Filmempfindlichkeitseinstellung, ändert sich die Anzeige des Blendenwertes entsprechend der neuen Eingabe. Die Synchronisation mit dem Blitzgerät erfolgt entweder drahtlos mittels eingebautem In-

broncolor Flashmeter FM

frarotsender oder durch ein übliches Synchrokabel. Zur Messung wird eine Schaltwippe gedrückt, wodurch die Blitzanlage ausgelöst und das Messergebnis angezeigt wird. Zur Wiederholung der Messung genügt es, die Schaltwippe erneut zu betätigen. Ein Nullstellen ist nicht erforderlich.

Zeigt die Anzeige zwei Nullen, so war für die Messung zu wenig Licht vorhanden. Der Einschalt-Schiebeschalter wird dann einfach von HIGH auf LOW gestellt und die Messung wiederholt. Erscheint umgekehrt die Anzeige OVER, so schiebt man den Bereichs-Schalter in umgekehrter Richtung auf HIGH.

In der Bereichs-Stellung MULTI können eine beliebige Anzahl von Blitzentladungen unterschiedlicher Intensität gemessen und zum bereits gespeicherten und angezeigten Wert addiert werden. Das Gerät arbeitet mit einer handelsüblichen 9 V-Batterie.

broncolor FCM2

Der broncolor FCM2 ist ein Belichtungsmessgerät mit variabler Torzeit für die Erfassung von Blitz- und Dauerlicht. Sein enorm grosser Mess-

broncolor FCM2

bereich macht ihn sowohl für kleine Amateurblitzgeräte wie auch für leistungsstarke Studioanlagen einsetzbar. Ein eingebauter Infrarotsender löst die Blitzanlagen beim Messvorgang automatisch und drahtlos aus. FCM2 ist zudem das einzige Messgerät, mit dem die Lichtintensität der Pulso- und Opus-Generatoren fernbedient werden kann. Das Gerät erlaubt die Messung von Mischlicht in einem Messvorgang. Die Anteile von Blitzlicht und Dauerlicht können anschliessend einzeln angezeigt werden. Ein Messwertspeicher ermöglicht die Speicherung zweier Messungen zur Ermittlung des Beleuchtungskontrastes bzw. des Objektumfangs. Das Gerät verfügt überdies über einen Anschluss für die broncolor Sonde zur selektiven Messung in der Bildebene bei Fachkameras. An den gleichen Anschluss passt mittels Adapter auch die von Sinar gelieferte Messonde, der Sinar-Booster. Ohne Zusatzsonde arbeitet das Gerät nach dem Prinzip der Lichtmessung. Mit angesetzter Sonde kann selektiv in der Bildebene von Grossformatkameras gemessen werden.

Zur Messung wird das Gerät mit der Taste ON eingeschaltet. Für einen kurzen Augenblick erscheinen im Display alle Zeichen, über die die Anzeige verfügt. Mit den Tasten +/- wird die gewünschte Belichtungszeit von $\frac{1}{500}$ bis 30 Sekunden vorgewählt. Wird nun die Messtaste gedrückt, erscheint in der Anzeige die für die korrekte Belichtung erforderliche Blendenzahl auf $\frac{1}{10}$ Blendenwert genau, die dazu korrespondierende Verschlusszeit und die Angabe *ambi* für Dauerlicht oder *ambi+flash* für Messungen mit Blitzlicht. Blitzlicht wird nur bei Verschlusszeiten zwischen $\frac{1}{500}$ und $\frac{1}{8}$ Sekunde gemessen. Jede Änderung einer Variablen (Filmempfindlichkeit, Verschlusszeit) verändert die Anzeige auch noch nach erfolgter Messung.

Wird eine Messung von Blitzlicht und Dauerlicht ausgeführt, erscheint in der Anzeige *ambi+flash*. Mit der Taste ANALYSE können die für die beiden Lichtarten gültigen Messwerte separat angezeigt werden. Es erfolgt dabei wechselweise die Anzeige der beiden Messwerte mit Angabe der Blendendifferenz im Vergleich zur anderen Lichtart.

Ein gemessener Wert kann durch Drücken der Taste MEAN gespeichert werden. Ist ein Messwert gespeichert, erscheint in der rechten oberen Ecke des Anzeigefeldes ein Punkt. Erfolgt eine zweite Messung, kann diese ebenfalls durch Drücken der Taste MEAN gespeichert werden. Dies wird durch einen zweiten Punkt angezeigt. Gleichzeitig wird der mittlere Messwert beider Einzelmessungen sowie die Schrift *mean* angezeigt. In der rechten Ecke erscheint neben den beiden Punkten zudem die Blendendifferenz zwischen beiden Messungen. Nach erneutem Drücken der Taste werden beide Werte im Speicher gelöscht. Der zuletzt gemessene Wert erscheint wieder in der Anzeige. Dieser kann erneut gespeichert werden, um ihn zum Beispiel mit der nächstfolgenden Messung zu vergleichen.

Nach Drücken der Taste MULTI kann eine Folge von Blitzimpulsen unterschiedlicher Intensität gemessen werden. In der rechten oberen Ecke des Displays erscheint die Anzeige *multi*. Mit jeder neuen Messung erfolgt eine Addition zum bereits gemessenen Wert. Die Ziffer neben *multi* zeigt die Anzahl der bereits erfolgten Messungen an.

Mit den Tasten POWER – / + kann die Blitzenergie bei den broncolor Pulso- und Opus-Generatoren ferngesteuert werden. Weicht eine Messung vom angestrebten Wert ab, wird die Taste POWER gedrückt gehalten und anschliessend die Blitzenergie durch Drücken der Tasten –

oder + fernbedient verändert. Auf jeden Tastendruck erfolgt die Intensitätsänderung aller in Betrieb befindlichen Pulso-Generatoren um $\frac{1}{10}$ Blendenstufe durch kurzen Druck bzw. um eine ganze Blendenstufe durch langes Drücken. Die Auslösung der Messung erfolgt durch Drücken der Messtaste nach unten. Bei Blitzlichtmessung wird der Blitz über IRS oder Synchrokabel ausgelöst. Der Messvorgang kann auch durch den Lichtimpuls eines von Hand ausgelösten Blitzgerätes erfolgen.

2.3.5 Praxis der TTL-Messung

Mit Hilfe der broncolor Sonde oder des Sinar Boosters, die beide am broncolor Blitzbelichtungsmesser FCM2 angeschlossen werden können, ist eine kleinflächige, selektive TTL-Messung (Through The Lens) direkt am Ort der Belichtung möglich.

Die Messung in der Bildebene bringt eine ganze Reihe bedeutender Vorteile gegenüber der externen Licht- oder Objektmessung. Sie erfasst, im Gegensatz zu diesen, sämtliche die Belichtung beeinflussenden Faktoren wie Balgenauszug, Abbildungsmassstab, Filter, Lichtabfall durch Verlauffilter, Lichtverlust durch extreme Kameraverstellung, Blenden- und Verschlusstoleranzen, die bei den üblichen Methoden der Belichtungsmessung entweder berechnet oder nur annähernd bestimmt werden können.

Für den Einsatz der Sonde in die Bildebene sind bei einigen Fachkameras Messrückteile vorhanden, das heisst, Mattscheibenrahmen, die den Einsatz der Sonde erlauben. Ist dies nicht der Fall, so kann die TTL-Messung trotzdem mit Hilfe einer speziellen Messkassette in jeder Fachkamera vorgenommen werden.

Sobald die Sonde am FCM2 angeschlossen ist, erscheint in dessen Display die Zusatzanzeige *ext*, wodurch die Messwerteingabe automatisch von der Sonde her kommt.

Die Messung erfolgt bei Arbeitsblende durch Auslösen des Verschlusses. Die am FCM2 eingestellte Belichtungszeit muss dabei gleich oder länger sein, wie die am Verschluss eingestellte Zeit, um das während der Belichtungszeit zusätzlich zum Blitzlicht einwirkende Dauerlicht richtig mitzumessen.

Die Anzeige im Display des Belichtungsmessers gibt danach an, ob die Belichtung bei der gewählten Arbeitsblende gerade richtig ist, oder um wieviel die Blendeneinstellung oder die Generatorleistung verändert werden muss, um eine korrekte Belichtung zu erhalten.

Einpunktmessung

Die Sonde wird unter Mattscheibenbetrachtung auf die auszumessende Bildstelle ausgerichtet. Bei der Einpunktmessung richtet man die Messzelle der Sonde entweder auf eine im Aufnahmeobjekt plazierte Graukarte oder auf einen Ersatzgrauwert (siehe dazu die Ausführungen unter 2.2.4 «Selektive Belichtungsmessung»).

Sobald die Sonde in der richtigen Position plaziert ist, wird auf Arbeitsblende abgeblendet und die Mattscheibe gegen rückwärtigen Lichteinfall abgeschirmt. Dann wird der FCM2 mit der Taste ON eingeschaltet und der mit der Blitzanlage synchronisierte Verschluss ausgelöst.

Ist die Belichtung korrekt, so zeigt das Display des FCM2 den Wert 0.0 an. Bei abweichender Anzeige ist die Blende oder die Generatorleistung um den angezeigten Betrag zu korrigieren. Anzeigen ohne Vorzeichen bedeuten zuviel Licht, die Blende muss entsprechend stärker geschlossen oder die Blitzleistung reduziert werden. Anzeigen mit einem Minus-Vorzeichen bedeuten umgekehrt zuwenig Licht. In diesem Fall muss die Blende entsprechend geöffnet, oder die Blitzleistung erhöht werden.

Zweipunkt-Kontrastmessung

Die Zweipunktmessung erfolgt durch zwei aufeinanderfolgende Messungen auf die hellste und dunkelste Bildstelle, die gemäss der kreativen Bildvorstellung auf dem fertigen Bildresultat noch geringe Zeichnung aufweisen sollen.

Zuerst wird der Messvorgang – wie oben beschrieben – für die hellste Bildstelle vorgenommen und der angezeigte Wert mit der Taste MEAN gespeichert. Dann wird die zweite Messung auf die dunkelste noch zeichnende Stelle vorgenommen. Auch dieser Messwert wird mittels Taste MEAN gespeichert.

Im Display des FCM2 erscheint die erforderliche Blendenkorrektur gegenüber dem Mittelwert beider Messpunkte. In der rechten oberen Ecke des Anzeigefeldes ist zudem der Objektumfang zwischen beiden Messwerten in Blendenstufen ablesbar.

Vor weiteren Messungen muss die Anzeige, bzw. der Speicher durch die Taste RESET gelöscht werden.

2.4 Reziprozitätsfehler

Nach dem von Bunsen und Roscoe 1862 postulierten *Reziprozitätsgesetz* müsste bei einer fotochemischen Reaktion die entstehende Dichte allein und einzig vom Produkt der *Bestrahlung H*, nicht aber von der *Beleuchtungsstärke E* oder der *Bestrahlzeit t* allein abhängig sein:

$$\text{Reziprozitätsgesetz} : H = E \cdot t$$

Oder anders gesagt, müssten folgende Belichtungen auf dem Filmmaterial dieselben Dichten zeigen:

$$1000 \text{ lx } (E_1) \text{ mal } 0{,}001 \text{ s } (t_1) = 1 \text{ lxs } (H_1)$$
$$1 \text{ lx } (E_2) \text{ mal } 1 \text{ s } (t_2) = 1 \text{ lxs } (H_2)$$

Dieses Reziprozitätsgesetz stimmt in der Tat, wenn zur Belichtung Röntgenstrahlen verwendet werden oder wenn die Belichtung bei äusserst tiefen Temperaturen stattfindet (z.B. bei −180°C).

Im normalen fotografischen Bereich erzeugt die lange Belichtungszeit mit geringer Beleuchtungsstärke (H_2) eine *geringere Dichte* als die Variante mit kurzer Belichtungszeit und grosser Beleuchtungsstärke (H_1).

Dieses Versagen des Reziprozitätsgesetzes hat der Astronom *Schwarzschild* (wieder)entdeckt und für den Langzeitbereich beschrieben. Daher bezeichnet man den Reziprozitätsfehler im Langzeitbereich auch als «Schwarzschild-Effekt». Dasselbe Fehlverhalten kann man aber auch bei sehr kurzen Belichtungszeiten (Ultrakurzzeit-Effekt) beobachten.

Die Nominalempfindlichkeit stimmt nur für eine bestimmte Belichtungszeit, wird diese über- oder unterschritten, nimmt die Empfindlichkeit zunehmend ab.

Jede Film-Entwickler-Kombination zeigt einen etwas anderen Reziprozitätsfehler. Ganz allgemein weisen *hoch- und höchstempfindliche Filme grosse Langzeitfehler* und *niedrigempfindliche Emulsionen grosse Kurzzeitfehler* auf. Das kommt unserer Praxis ganz und gar nicht entgegen, verwenden wir doch bei wenig Licht (und daraus folgenden langen Belichtungszeiten) gerne hochempfindliche Filme.

Der Kurzzeiteffekt interessiert in der Praxis kaum, wirkt er sich doch meist erst bei Belichtungszeiten unterhalb von $\frac{1}{10000}$ Sekunde aus. Bemerkbar werden kann er daher nur beim Arbeiten mit kleinen «Computer»-Blitzgeräten im extremen Nahbereich. Bei Studioblitzanlagen mit ihren meist längeren Blitzleuchtzeiten wirkt sich der Effekt nicht erkennbar aus.

Ganz anders sieht es beim Langzeiteffekt aus, ist dieser doch in der Regel bei Belichtungszeiten über einige Sekunden zu berücksichtigen, was sich wiederum beim Arbeiten mit Elektronenblitz nicht auswirken kann.

2.4.1 Der Schwarzschild-Exponent p

Sowohl Langzeit- wie auch Kurzzeiteffekt bewirken eine Abnahme der praktischen Filmempfindlichkeit. Man muss daher eine längere Belichtung verwenden, als der Belichtungsmesser bzw. das Reziprozitätsgesetz angibt.

In der Abbildung auf der nächsten Seite ist lg E als Funktion von lg t mit relativen Werten für dieselbe erreichbare mittlere Filmdichte eines bestimmten Filmmaterials aufgeführt. Das Reziprozitätsgesetz E · t = konstant oder (gleichbedeutend) lg E + lg t = konstant wird durch die unter 45° verlaufende Gerade dargestellt und ist im mittleren Belichtungszeitenbereich erfüllt. Die geknickten Geraden zeigen die Abweichungen vom Reziprozitätsgesetz.

Der Astronom Schwarzschild stellte fest, dass man in einem begrenzten Bestrahlungsbereich

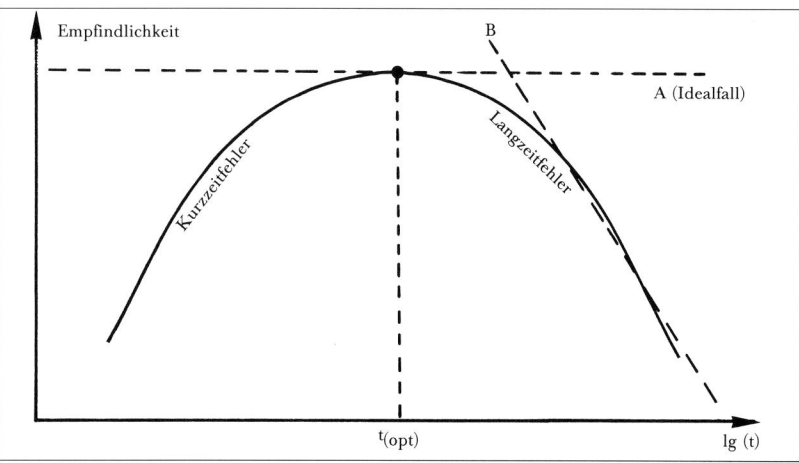

Reziprozitätsverhalten einer fotografischen Emulsion

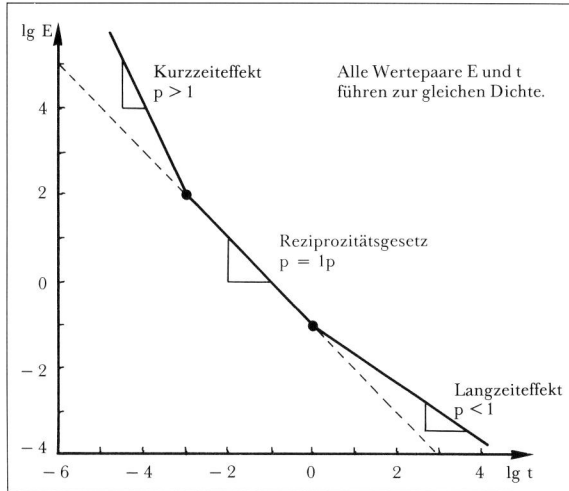

Prinzip des Reziprozitätsfehlers

$$E_1 \cdot (t_1)^p = E_2 \cdot (t_2)^p$$

In der Praxis bestimmt man p für ein bestimmtes Material, indem man für den interessierenden Zeitbereich zur gemessenen und errechneten Belichtungszeit $[t_{(mess)}]$ sensitometrisch die tatsächlich notwendigen Belichtungszeiten ermittelt $[t_{(x)}]$. Die Werte werden als Funktion aufgezeichnet und die Steigungen als $\Delta \lg E$ (= $\lg E_2 - \lg E_1$) und $\Delta \lg t$ (= $\lg t_1 - \lg t_2$) ermittelt. Als Beispiel mögen folgende Werte dienen:

$t_{(mess)}$	=	0,1 s	1 s	10 s	100 s
$t_{(x)}$	=	0,1 s	1,5 s	20 s	280 s
dann ist $\Delta \lg t$ =		1,176	1,125	1,146	
aus obiger Gleichung folgt bei $\Delta \lg E = -1$					
p	=		0,85	0,89	0,87

zwischen E und t reziprok interpolieren kann, wenn man einen für diesen Bereich gültigen Exponenten p zur Belichtungszeit t bestimmt hat, so dass

$$E_1 \cdot (t_1)^p = E_2 \cdot (t_2)^p = konst.$$

ist. Dieser Schwarzschild-Exponent p ist gleich 1 für den Bereich, in dem das Reziprozitätsgesetz Gültigkeit hat, grösser als 1 im Ultrakurzzeit-Bereich und kleiner als 1 im Langzeit-Bereich.
Natürlich wird die Funktion bei realen Filmen nicht geradlinig dargestellt, sondern vielmehr als Kurve mit veränderlichen Neigungen. Der Schwarzschild-Exponent ist daher auch für Teilbereiche keineswegs konstant. Er kann indessen für einen interessierenden Zeitbereich als Annäherung für die Praxis als lineare Approximation durchaus brauchbar sein.
Den Schwarzschildexponenten p erhält man für zwei Belichtungszeiten t_1 und t_2, indem man aus den mit diesen Zeiten aufgenommenen Schwärzungskurven die Beleuchtungsstärken E_1 und E_2 für zwei Punkte gleicher optischer Dichte feststellt und einsetzt:

$$p = \frac{\lg E_2 - \lg E_1}{\lg t_1 - \lg t_2} \quad oder \quad \frac{\Delta \lg E}{\Delta \lg t}$$

Steht dieser Schwarzschild-Exponent fest, so kann das Reziprozitätsgesetz allgemein dargestellt werden:

Als brauchbaren Mittelwert über diesen drei Zehnerpotenzen umfassenden Zeitbereich ergibt die Rechnung einen Schwarzschild-Exponenten von p = 0,87.
Bei Farbmaterialien reagieren die verschiedenen Teilschichten unterschiedlich auf den Reziprozitätsfehler. Neben einer Unterbelichtung entstehen zusätzlich Farbstiche. Unangenehm wirkt sich diese zusätzliche Erschwernis beim Arbeiten mit «Computer»-Blitzgeräten im Nahbereich aus, wo sehr kurze Leuchtzeiten bis $\frac{1}{50'000}$ Sekunde möglich sind. Die meisten Farbfilm-Emulsionen reagieren in diesem Zeitenbereich mit einem Blaustich.
Ebenso unangenehm sind die entstehenden Farbstiche beim Arbeiten mit Kunstlicht auf Kunstlicht-Emulsionen, wenn man Belichtungszeiten von mehr als 5 Sekunden benötigt. Genaue Vortests für eine bestimmte Farbfilm-Emulsion sind dabei von Fall zu Fall unumgänglich!
Diese Tatsache ist ein weiterer Grund, der für den professionellen Einsatz von Elektronenblitz im Fotostudio spricht. Die dabei auftretenden Leucht- und Belichtungszeiten liegen in einem Bereich, in dem die modernen Tageslicht-Farbfilmemulsionen keinen Reziprozitätsfehlern unterworfen sind.
Die für die Praxis brauchbaren Reziprozitäts-Angaben der wichtigsten Filmmaterialien sind im Anhang aufgeführt.

Aufnahme Denis Savini, Zürich

2.4.2 Der Intermittenz-Effekt

Bei Sachaufnahmen – insbesondere bei Gross-
formataufnahmen – kann es durchaus einmal
vorkommen, dass die gesamte Belichtung aus
mehreren addierten Blitzauslösungen zusammengesetzt werden muss, um die notwendige
Abblendung zu erreichen. Nun ist es aber nicht
dasselbe, ob eine Belichtung sich aus einer einzigen Blitzauslösung oder aus vielen einzelnen

zusammensetzt. Aus Gründen, die wiederum in den emulsionsbedingten Reziprozitätsfehlern zu suchen sind, ist die erreichbare Dichte grösser bei einer einzigen Belichtung mit grosser Lichtintensität als bei der Addition von 10 Belichtungen mit einer 10 mal kleineren Lichtintensität.

Der Effekt wirkt sich in der Praxis nicht aus, wenn zum Erreichen der Gesamtbelichtung die Blitzanlagen zwei- oder dreimal ausgelöst werden müssen. Auch eine vierfache Addition liegt bei den meisten modernen Farbfilm-Emulsionen noch innerhalb der Toleranz. Sind indessen noch mehr Auslösungen zur Gesamtbelichtung notwendig, muss der sogenannte *Intermittenz-Effekt* in Betracht gezogen werden. Er wirkt sich aus durch eine mehr oder weniger starke *Unterbelichtung* und bei Farbaufnahmen oft durch einen mehr oder weniger starken *Farbstich*, meist in Richtung Grün.

Bei Schwarzweiss- oder Farbnegativ-Aufnahmen wird die Suppe natürlich nicht so heiss gegessen wie gekocht. Man löst das Dilemma durch einige Variantbelichtungen: Neben einer Belichtung mit der errechneten oder gemessenen Anzahl Blitze macht man Varianten, bei denen die Anzahl Blitze um 50% und 100% erhöht werden.

Genau gleich geht man vor, wenn bei Aufnahmen auf Farbdiafilmen Multi-Blitzauslösungen notwendig sind. Bis zu einem gewissen Grad kann man dabei auftretende Unsicherheiten durchaus mittels Kontroll-Sofortbildern mildern. Doch reagiert die Polaroid-Emulsion nicht zwangsläufig gleich auf den Effekt wie die für die eigentliche Aufnahme benutzte Farbdia-Emulsion, so dass einige Variantbelichtungen meist notwendig sind.

Auch auf den Intermittenz-Effekt reagieren nicht alle Farbfilm-Schichten gleich intensiv. Es kann daher bei Multi-Blitzauslösungen neben einer Unterbelichtung auch ein mehr oder weniger starker Farbstich auftreten. Leider ist es kaum möglich, dafür grundsätzliche Angaben zu machen; die Reaktionen unterschiedlicher Farbfilm-Emulsionen sind zu verschieden. Es bleibt daher nichts anderes übrig, als bei derartigen Aufnahmen eine Testbelichtung zu machen, den Aufbau stehen zu lassen, bis das Testdia entwickelt ist und danach eine allenfalls gefilterte Korrektur zu belichten.

Kommt es sehr häufig vor, dass man in einem Studio Mehrfach-Blitzauslösungen vornehmen muss (weil vielleicht generell zu kleine Leistungen zur Verfügung stehen), mag es sich lohnen, die eingelagerte Farbdia-Emulsion auch diesbezüglich auszutesten. Nähere Angaben über die dabei notwendige Filtertechnik finden Sie im nächsten Kapitel.

Aufnahme Denis Savini, Zürich

3 Filtertechnik

Das gedruckte Resultat professioneller Fotografie ist immer nur so gut, wie die vom Fotografen angelieferte Vorlage; und das trotz weitentwickelter Scanner-Technologie in der Reproduktion.

Kontrollierter und beherrschter Objektumfang ist dabei nur eine Seite. Genau so wichtig ist die ebenso professionelle Steuerung der Tonwerte in der Schwarzweiss-Fotografie und der Farbgebung in der Farb-Fotografie sowie die Beherrschung aussagekräftiger Effekte, um dadurch dem Auftraggeber ein Dia abzuliefern, das keiner weiteren Erklärungen mehr bedarf und das neben seinem kreativen Inhalt ebenso durch seine technische Perfektion überzeugt.

In der professionellen Fotografie benötigt man für die meisten Aufnahmen eine Vielzahl von verschiedenen Filtern. Als Beispiele seien erwähnt:

- Kontrastfilter für die Schwarzweiss-Fotografie
- Farbkorrekturfilter
- Konversions– oder Lichtausgleichsfilter
- Neutraldichtefilter
- Polarisationsfilter
- Verlauf- und Effektfilter
- Beleuchtungsfilter

Das vorliegende Kapitel befasst sich mit dem korrekten Einsatz dieser Filter im Sinne einer qualitativen Bildverbesserung, der Korrektur spektraler Mängel von Aufnahmematerial und Lichtquellen, aber auch der bewussten Ton- und Farbwert-Veränderung.

Nicht zuletzt kann man Licht durch Filter färben und im Studio Situationen simulieren, die unabhängig machen von Tageszeit, Jahreszeit und Wetter. Und damit sind wir wieder beim Thema Beleuchtungstechnik angelangt.

Der Einsatz von Filtern ist oft unumgänglich. Aber alles andere als einfach. Unsicherheiten bestehen bereits bei der Belichtungsbestimmung, bei der Ermittlung einer allfälligen Belichtungskorrektur, bei der Umrechnung von Filterfaktoren in Blendenkorrekturwerte und umgekehrt. Dies sind jedoch nur technische Schwierigkeiten, die sich durch einfaches Wissen und ein wenig geübte Systematik rasch aus dem Weg schaffen lassen!

Das menschliche Auge reagiert nicht auf alle Farbwerte gleich empfindlich. Im wesentlichen empfindet es einzelne Wellenlängen zwischen 400 und 700 Nanometer (nm = milliardstel Meter) als einzelne Farben und die Summe all dieser Wellenlängen als weisses Licht. Seine höchste Empfindlichkeit weist das Auge jedoch für Wellenlängen von etwa 570 nm auf, das heisst für die Farbe Gelbgrün. Für unser Auge ist demnach Gelbgrün die hellste Farbe. Blau und Rot empfinden wir als dunkler.

3.1.1 Spektralempfindlichkeit

Ein idealer Schwarzweissfilm müsste daher Gelb in einem hellen Grauwert wiedergeben, Blau und Rot dagegen in einem dunkleren Ton.

Das lichtempfindliche Halogensilber, das für unsere Filmmaterialien Verwendung findet, ist aber nur auf kurzwellige Strahlung empfindlich. Mit Hilfe sogenannter *optischer Sensibilisatoren* gelingt es dem Filmhersteller, Schwarzweissfilme auf längerwellige Farben empfindlich zu machen.

Emulsionen, denen man keine optischen Sensibilisatoren beigegeben hat, nennt man *unsensibilisiert*, sie sind nur verwendbar für die Reproduktion schwarzweisser Vorlagen. Materialien, die auch auf grün sensibilisiert sind, nennt man *orthochromatisch*. Sie können dann verwendet werden, wenn das Original kein Rot aufweist oder wenn das Rot besonders dunkel wiedergegeben werden soll. *Panchromatische* Filme sind auf das gesamte sichtbare Spektrum sensibilisiert. Ihre Spektralkurven entsprechen am ehesten der Empfindlichkeit des Auges. Ein *infrarotempfindliches* Material ist auf Blau gleich empfindlich wie ein unsensibilisiertes, enthält aber Sensibilisatoren, die noch Rot und nahes Infrarot transformieren können.

Aber selbst die modernsten panchromatischen Filme weisen nicht dieselbe Spektralempfindlichkeit auf wie unser Auge. Nach dem Guss einer Emulsion wird deren Spektralempfindlichkeit im *Spektralfotometer* festgestellt. Dabei wird weisses Licht durch ein Gitter oder Prisma zerlegt und das entstehende Spektrum durch einen transparenten Graukeil auf die Prüfschicht projiziert. Je nach der Farbempfindlichkeit des Prüfmaterials werden nach der Entwicklung hellere oder dunklere Grauwerte des Graukeils in der gleichen Schwärzung wiedergegeben. Verbindet man alle Stellen mit der geringsten registrierbaren Schwärzung durch eine Linie, so entsteht die *Funktionskurve der Spektralempfindlichkeit*. Die Durchschnittswerte werden in den technischen Datenblättern publiziert.

Da sich die spektrale Zusammensetzung des Lichtes je nach Lichtquellenart ändert, muss angegeben werden, für welches Aufnahmelicht die Sensibilisierungskurve gültig ist. Das ist leicht verständlich, wenn man bedenkt, dass das Sonnenspektrum gleiche Anteile an Blau, Grün und Rot besitzt, während bei einem Glühlampenspektrum der Rotanteil wesentlich grösser ist.

Zur einfachen Demonstration der Farbempfindlichkeit eines Filmes in Relation zur Empfindlichkeit des Auges kann die *Spektraltafel* dienen. Das sind etwa 25 verschiedene farbige Papierstreifen auf einer Tafel montiert. Entsprechend den Wellenlängen der Spektralfarben wechseln die Farbstreifen von links nach rechts von Violett über Blau, Blaugrün, Grün, Gelbgrün, Orange zu Rot. Zwischen zwei Farbstreifen ist immer ein Stufengraukeil montiert, der gleichmässige Graustufen von Schwarz bis

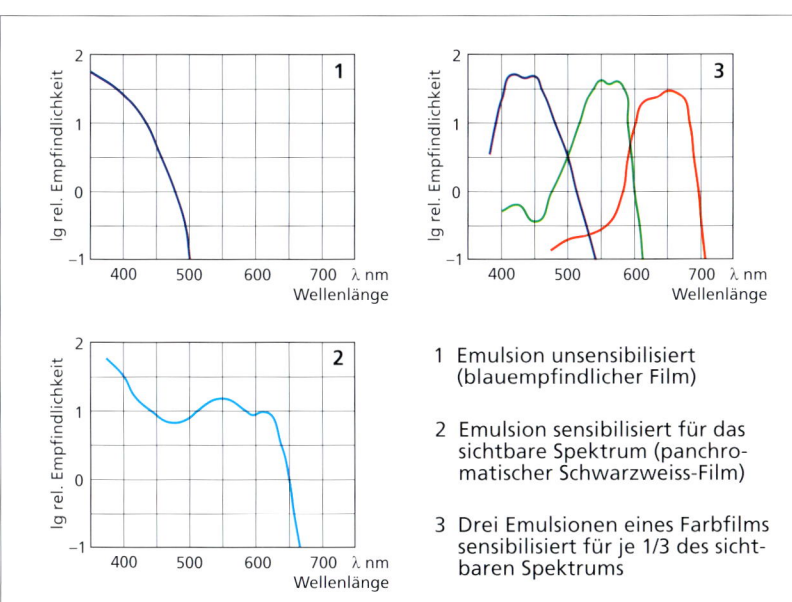

Spektralempfindlichkeit verschiedener Film–Materialien

1   Emulsion unsensibilisiert (blauempfindlicher Film)

2   Emulsion sensibilisiert für das sichtbare Spektrum (panchromatischer Schwarzweiss-Film)

3   Drei Emulsionen eines Farbfilms sensibilisiert für je 1/3 des sichtbaren Spektrums

Weiss aufweist. Durch einfachen visuellen Helligkeitsvergleich der einzelnen Farbstreifen mit dem Graukeil kann die *Augenkurve*, das heisst die Funktion der Empfindlichkeit des Auges, ermittelt und konstruiert werden. Wird nun diese Tafel fotografiert und das entstehende Negativ auf Vergrösserungspapier kopiert, so entstehen je nach Sensibilisierung des Filmmaterials aus den Farbstreifen unterschiedliche Grauwerte. Die Helligkeit der Grauwerte wird für jeden Farbstreifen mit dem daneben montierten Graukeil verglichen und an der entsprechenden Stelle markiert. Die Verbindung der Markierpunkte stellt die Funktionskurve der Spektralempfindlichkeit dar.

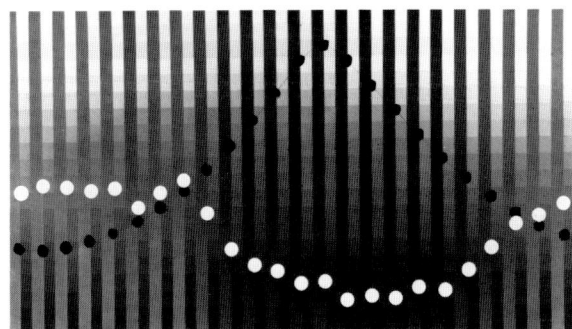

unsensibilisiert

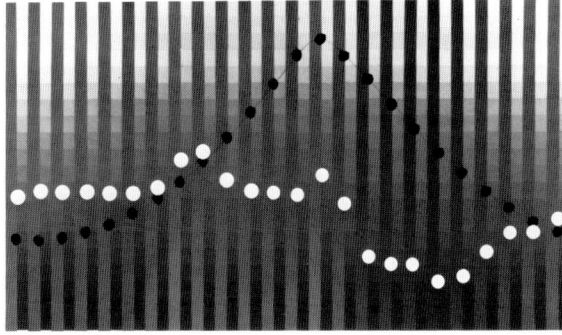

orthochromatisch

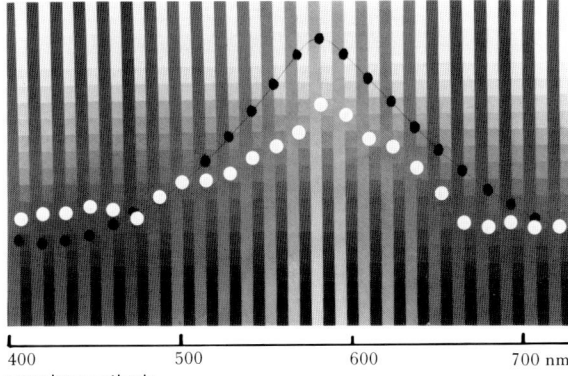

400   500   600   700 nm

panchromatisch

Schwarze Kurve: Augenkurve

Weisse Kurve: Spektralkurve des entsprechenden Materials

Vergleich der Spektralempfindlichkeit

Nun ist natürlich nicht jedes Filmmaterial des gleichen Grundtyps farblich gleich sensibilisiert. Wenn Sie wissen wollen, auf welche Wellenlängen Ihr Filmmaterial empfindlich ist, müssen Sie das technische Datenblatt des Filmes studieren. Dort finden Sie für Kunst- und Tageslicht je ein *Spektrogramm*, das mittels Kurven ausdrückt, wie die relative Empfindlichkeit auf welche Wellenlänge ist.

Im grossen und ganzen aber sind panchromatische Filme über das ganze sichtbare Spektrum etwa gleich empfindlich. Ihre Spektralempfindlichkeit verhält sich daher etwas anders als diejenige unseres Auges.

Für die meisten Zwecke mag die aus diesem Grunde entstehende Umsetzung der Farbwerte in Grauwerte in der Schwarzweiss–Fotografie durchaus genügen. Doch gibt es viele Fälle, in denen man die Umsetzung verändern möchte, sei es, um die Grauwertwiedergabe zu verbessern oder um ganz bestimmte Farben des Motivs bewusst zu verändern.

Filter, wie sie zu diesem Zweck verwendet werden, sind in den Farben Gelb, Gelb-Grün, Grün, Orange, Rot und eventuell Blau in teils unterschiedlichen Dichten auf dem Markt. Sie dienen faktisch der Korrektur der Spektralempfindlichkeit eines Filmes. Das ist einfach zu begreifen: Aus dem Spektrogramm eines Filmes können wir ersehen, dass die Blauempfindlichkeit gegenüber derjenigen des menschlichen Auges meist zu hoch ist. Das ist auch der Grund, weshalb auf Schwarzweiss-Bildern der Himmel in der Regel zu hell dargestellt wird und Wolken dadurch kaum zur Geltung kommen. Wenn wir nun dafür sorgen, dass bei der Belichtung weniger blaues Licht auf den Film kommt, ist dieser Fehler behoben. Blau würde dunkler und damit augenrichtiger wiedergegeben. Blaues Licht aber können wir reduzieren, indem wir ein Filter in der Komplementärfarbe, nämlich gelb, vorschalten. Das Gelbfilter reduziert das auffallende Licht je nach seiner Eigendichte um einen gewissen Blauanteil.

Ein Filter *absorbiert seine Komplementärfarbe* und *lässt seine Eigenfarbe passieren.* Für fertige Schwarzweiss-Fotos bedeutet dies: Ein Filter in einer entsprechenden Farbe *hellt seine Eigenfarbe auf* und *verdunkelt seine Komplementärfarbe.*

Weil in der Schwarzweiss-Fotografie Filter, die zwar der tonwertrichtigen Umsetzung dienen, meistens zum Akzentuieren einer Aussage und somit oft zur Kontrastvergrösserung eingesetzt werden, heissen diese Filter *Kontrast-Filter.*

3.1.2 Die wichtigsten Filter in der Schwarzweiss-Fotografie

Innerhalb der Schwarzweiss-Fotografie wird in der Praxis eine Handvoll unterschiedlicher Filter in etwa 5 verschiedenen Farben benötigt. Die im folgenden aufgezählten Filterfarben sind in verschiedenen Dichten erhältlich, was sich auf ihre Beeinflussung auswirkt. Starke Filter erzeugen eine entsprechend intensivere Aufhellung ihrer Eigenfarbe als schwache Filter.

Um die Durchlässigkeit und Absorption besser zu verdeutlichen, dienen die sogenannten *Absorptionskurven*. Durch eine Funktionskurve ist die prozentuale Durchlässigkeit (Ordinate) für verschiedene Farbanteile (Wellenlänge in nm, Abszisse) angegeben.

Da ein Filter einen Teil des auffallenden Lichtes absorbiert, muss selbstverständlich länger belichtet werden als ohne Filter. Je nachdem, wie gross der Durchlassbereich ist, haben verschie-

denfarbige Filter unterschiedliche *Verlängerungsfaktoren*. Grundsätzlich ist es unmöglich, verbindliche Faktoren anzugeben, ohne Bezug auf die Sensibilisierung des Filmmaterials und die Art des Aufnahmelichtes zu nehmen. Ein Blaufilter zum Beispiel verlangt bei blauhaltigen Tageslicht natürlich eine geringere Belichtungsverlängerung als bei dem wenig blauhaltigem Kunstlicht. Gleich verhält es sich auch beim Vergleich eines unsensibilisierten mit einem panchromatischen Film.

In den technischen Datenblättern der Filmhersteller sind die verschiedenen Verlängerungsfaktoren für Tageslicht und Kunstlicht für das betreffende Filmmaterial angegeben.

Wird die Belichtung mittels TTL-Messung ermittelt, stellt sich das Problem bei panchromatischen Filmen und bei Tages- oder Elektronenblitzlicht kaum, da der Belichtungsmesser die Verlängerung mit einkalkuliert. Dies gilt indessen nur bei modernen Belichtungsmesszellen auf der Basis von *Siliziumdioden*. Zwar sind auch diese nicht allwissend, können also die spektrale Empfindlichkeit des Filmmaterials nicht einkalkulieren, doch genügt die Ermittlung in der Regel dank dem Belichtungsspielraum der meisten Schwarzweiss-Materialien.

Folgende Filterfarben sind in der Praxis üblich:

Gelbfilter, Faktor 1,5 – 2

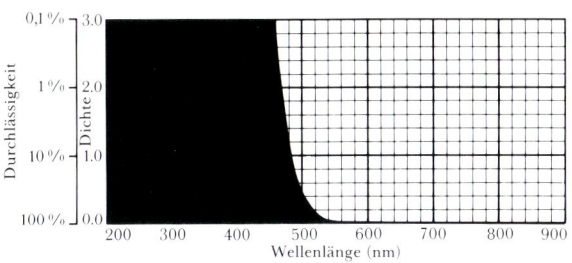

Absorbiert Ultraviolett und Blau. Grün, Gelb und Rot und werden heller, Blau dunkler wiedergegeben. Das Gelbfilter wird meist verwendet, um die eher erhöhte Blauempfindlichkeit fotografischer Filme zu kompensieren. In der Landschaftsfotografie eignet sich das Filter, um das Himmelsblau dunkler wiederzugeben und dadurch eine bessere Wolkenwiedergabe zu erreichen. Auch die Landschaftsvegetation wird verbessert, da heller dargestellt.

Orangefilter, Faktor 2 – 5
Absorbiert Ultraviolett, Blau und Blaugrün. Blau und Grün werden dunkler, Orange und

Aufnahme Dennis Savini, Zürich

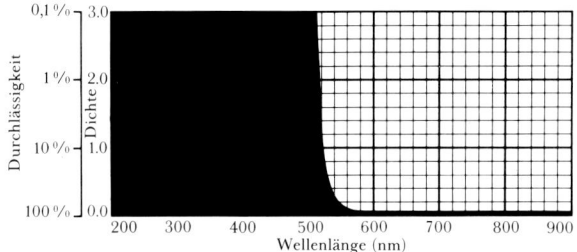

Rot heller wiedergegeben. Orangefilter eignen sich vor allem als Kontrastfilter bei Fernaufnahmen, sie heben die zunehmende Verblauung des entfernten Dunstes auf.

Rotfilter, Faktor 4–16

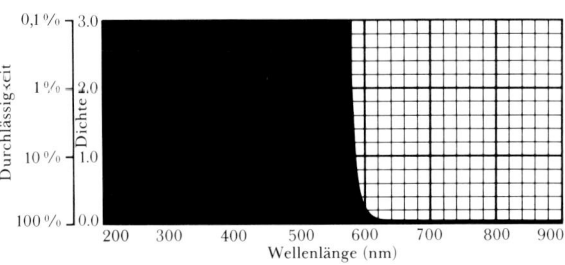

Absorbiert alle Farbanteile ausser Rot. Rotfilter lassen sich nur bei panchromatischen Filmen verwenden (das sind praktisch alle Gebrauchsfilme), da ja nur diese auf Rot überhaupt empfindlich sind. Die Bildwirkung ist gegenüber einem Orangefilter noch wesentlich gesteigert, das Durchdringen von starkem Dunst, ja sogar leichtem Nebel wird möglich. Mit dunklen Rotfiltern lassen sich am hellichten Tag, sofern die Sonne scheint, Mondscheinaufnahmen machen! Der Himmel wird nahezu schwarz mit prächtigen Wolkenbildungen. Besonders eignen sich dazu hochempfindliche Filme, die eine gesteigerte Rotempfindlichkeit aufweisen.

Grün- und Gelbgrünfilter, Faktor 2–8

Absorbieren Blau und Rot. Diese Filter werden speziell bei Landschaftsaufnahmen mit differenzierten Grüntönen eingesetzt. Panchromatische Filme weisen nämlich eine gewisse Schwäche im Grünbereich auf, dadurch werden grüne Töne einer Landschaft ohne Filterung häufig zu dunkel und schlecht getrennt wiedergegeben. Das Gelbgrünfilter ist ein guter Kompromiss zur besseren Tonwerttrennung in der Landschaftsfotografie. Es wirkt sich nicht nur positiv auf die Grüntöne aus, es gibt auch gleichzeitig das Himmelsblau dunkler und somit tonwertrichtiger wieder.

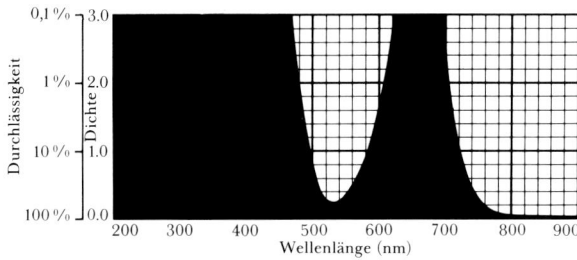

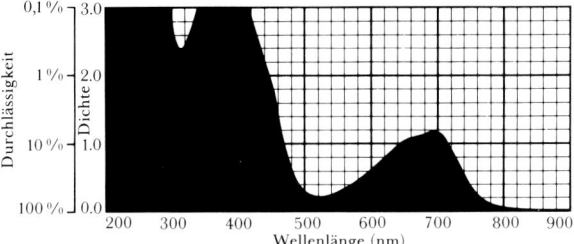

Blaufilter, Faktor 2–10

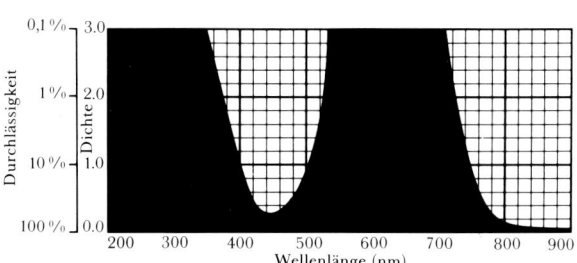

Absorbiert Grün und Rot. Da alle uns bekannten Emulsionen eine eher zu grosse Blauempfindlichkeit aufweisen, fristet das Blaufilter in der Praxis ein Mauerblümchendasein. Wenn wir aber bedenken, dass das Spektrum von Kunstlichtlampen sehr wenig Blauanteil enthält, können wir die Nützlichkeit von Blaufiltern gut einsehen. Mit einem Blaufilter kann der grosse Rotanteil der Kunstlichtquelle wohltuend gedämmt werden.

Bei Kunstlichtaufnahmen werden Rottöne häufig zu hell wiedergegeben; vor allem bei Portraitaufnahmen stören die zu blassen Lippen (sofern das Modell nicht speziell geschminkt ist). Blaufilter beheben diese Unschönheit. Gleichzeitig werden aber blaue Augen heller und Hautunreinheiten betont wiedergegeben. Bei Landschaftsaufnahmen kann das Blaufilter, sofern nicht vorhanden, Dunst vortäuschen und so unter Umständen eine Luftperspektive verstärken.

Die besprochenen Filter für die Schwarzweiss–Fotografie weisen beträchtliche Dichten auf. Sie dürfen aus diesem Grunde *keinesfalls in der Farbfotografie Verwendung finden!*

IR-durchlässiges Filter

Das IR-durchlässige Filter (Schwarzfilter, Woodsches Filter) ist eine Steigerung des Rotfilters. Es ist in der Durchsicht nahezu oder gänzlich schwarz und lässt nur infrarote Strahlung passieren. Daher ist dieses Spezialfilter nur mit *Infrarotfilmen* verwendbar. Es absorbiert beim Einsatz derartiger Filme den gesamten sichtbaren Lichtbereich, so dass man nur noch mit der unsichtbaren Infrarotstrahlung über 700 nm fotografiert. Das lieferbare Sortiment solcher Infrarotfilter finden Sie im Anhang.

3.2 Spezialfilter (für die Schwarzweiss- und Farbfotografie)

Neutraldichte-Filter

Neutraldichte-Filter oder Graufilter drosseln das einfallende Licht gleichmässig über alle Wellenlängen. Für Kleinbildkameras sind in der Regel zwei verschiedene Graufilter ND4 und ND8 lieferbar. Das ersterwähnte Filter reduziert das einfallende Licht auf $\frac{1}{4}$ (=2 Blendenstufen), das zweite auf $\frac{1}{8}$ (=3 Blendenstufen).

Für den professionellen Einsatz sind die Neutraldichtefilter mit ihrer *sensitometrischen Dichte* bezeichnet. Ein Filter der Dichte 0,3 absorbiert eine Blendenstufe, ein Filter 0,6 zwei Blendenstufen usw. Die Abstufungen sind in 0,1-Dichtestufen erhältlich. Dabei absorbiert ein Filter der Dichte 0,1 $\frac{1}{3}$ Blendenstufe.

Der Einsatz von Neutraldichtefilter ist vielfältig. Man verwendet ND-Filter bei Aufnahmen, um trotz hohen Lichtstärken mit langen Belichtungszeiten arbeiten zu können, um beispielsweise eine Bewegung fliessender zu gestalten oder zur Begrenzung der Schärfentiefe (trotz viel Licht, grosse Blendenöffnung).

UV-Sperrfilter

Das UV-Sperrfilter ist völlig durchsichtig und sperrt den (schädlichen) UV-Anteil des Lichtes. Da zwar praktisch alle in Objektiven verwendeten optischen Gläser für UV ebenfalls weitgehend undurchlässig sind, braucht man ein UV-Sperrfilter wirklich nur zu verwenden, wenn ein extrem hoher UV-Anteil vorhanden ist, wie zum Beispiel im Hochgebirge oder an der See. Das Sortiment an UV-Sperrfiltern mit ihren Spezifikationen finden Sie im Anhang.

Polarisationsfilter

Wenn wir von Licht sprechen, meinen wir üblicherweise *natürliches Licht*. Man versteht darunter eine elektromagnetische Wellenerscheinung, deren Wellenausschläge senkrecht und büschelförmig auf der Ausbreitungsachse stehen. Durch gewisse Beeinflussungen, wie zum Beispiel *Reflexion* des Lichtes an nichtmetallischen Oberflächen oder *Streuung* (beispielsweise an den Luftmolekülen der Atmosphäre), kann sich das büschelförmige Licht in ein solches verändern, das nur noch *in einer Ebene schwingt*. Man spricht dann von *polarisiertem Licht*.

Dasselbe geschieht, wenn natürliches Licht durch ein sogenanntes *Polarisationsfilter* (Polfilter) hindurch geht.

Ein Polarisationsfilter besteht aus (in Glas gefasstem) mechanisch gerecktem Kunststoff mit genau orientierten stabförmigen Molekülen, die durch Farbstoff angefärbt sind. Natürliches Licht wandeln solche Filter in polarisiertes Licht um, oder bereits durch Reflexion oder Streuung polarisiertes löschen sie aus.

Mit einem Polarisationsfilter sind beispielsweise Reflexe auf einer Oberfläche auszuschalten, sofern die Reflexe aus polarisiertem Licht bestehen. So kann man beispielsweise bei richtigem Aufnahmewinkel (bei Glas etwa 56° von der Senkrechten aus gemessen) und richtiger Polfilterstellung störende Reflexe ausschalten. Polfilter sind so in der Fassung montiert, dass sie vor dem Objektiv gedreht werden können. Man sucht sich die günstigste Stellung, indem man

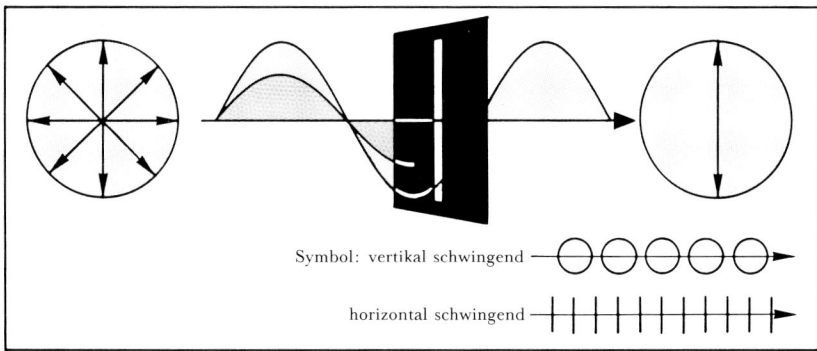

Symbol: vertikal schwingend

horizontal schwingend

Linear polarisiertes Licht

durch den Sucher blickt und gleichzeitig das Polfilter dreht.

Reflexe auf unbehandelten metallischen Oberflächen lassen sich durch ein Polarisationsfilter nicht ausschalten.

Störende Reflexe können aber auch bei Landschaftsaufnahmen auftreten, indem das blaue Himmelslicht sich beispielsweise im Vegetationsgrün spiegelt und dadurch die Farbbrillanz stört. Polfilter können auch hier manchmal Abhilfe schaffen.

Die Verlängerungsfaktoren für Polfilter liegen bei 2–4. Allerdings können sie – je nach Aufnahmesujet und Stellung des Filters – unterschiedliche Verlängerungsfaktoren aufweisen.

Eine optimale Bestimmung ist nur durch die TTL-Messung möglich.

Zu beachten ist, dass die Belichtungsmess-Systeme moderner Kleinbild–Spiegelreflexkameras durch Teilreflexionen polarisiertes Licht wieder depolarisieren können, bevor dieses auf die Messzelle geworfen wird. Dadurch würde eine Fehlmessung resultieren. Um diesem Phänomen zu begegnen, verwendet man bei der Spiegelreflex-Kamera statt normaler *Linear-Polarisationsfilter* solche mit vorgeschalteter Viertelwellenplatte, sogenannte *Zirkular-Polarisationsfilter*. An der Arbeitsweise für den Fotografen ändert sich dabei jedoch nichts.

3.3 Korrekturfilter für die Farbfotografie

Korrekturfilter innerhalb der Farbfotografie dienen dem *Ausschalten von Farbstichen*. Die verschiedensten Einflüsse können die Farbwiedergabe nachteilig beeinflussen. Wird ein neutrales Grau sowohl an den hellen Stellen (Lichtern) als auch an den dunklen Stellen (Schatten) in eine leichte Farbe gefärbt, spricht man von einem *Farbstich*. Farbstiche können durch die Verwendung eines komplementärfarbigen Filters bei der Aufnahme beseitigt werden.

Weist hingegen ein Farbdia in den Lichtern und Schatten komplementärfarbige Stiche auf, zum Beispiel einen Magenta-Stich in den Lichtern und gleichzeitig einen Grün-Stich in den Schatten, spricht man von «kippen». *Kipperscheinungen* können nicht durch Filterung behoben werden. Kipperscheinungen können auftreten bei überlagerten oder falsch gelagerten Filmen, bei nicht typgemässer Verarbeitung, bei Aufnahmen mit älteren Leuchtstofföhren mit völlig diskontinuierlichem Spektrum, bei Mischlichtaufnahmen, bei Aufnahmen mit sehr langen Belichtungszeiten, aber auch (heute nur noch ganz selten) bei fehlerhafter Emulsionsherstellung.

Korrigierbare Farbstiche entstehen bei Verwendung eines Aufnahmelichtes, dessen Verteilungstemperatur nicht der Filmsensibilisierung entspricht, bei der Reflexion grösserer farbiger Flächen in der Nähe des Aufnahmemotivs, durch Schwankungen der Netzspannung bei Kunstlichtaufnahmen, durch die Auswirkungen des Reziprozitätsfehlers bei langen oder sehr kurzen Belichtungszeiten, um nur einige der Möglichkeiten zu nennen.

Solche Abweichungen können durch Filter, die speziell für die Farbkorrektur innerhalb der Farbfotografie konzipiert wurden, ausgeglichen werden. Filter zur Anpassung des Aufnahmelichtes an die Sensibilisierung des Filmmaterials heissen *Konversionsfilter*, oder *Light Balancing Filter* oder *Lichtausgleichfilter*, solche, mit denen andere leichte Farbstiche ausgeglichen werden *Farbkorrekturfilter* oder *Color Compensating Filter*.

3.3.1 Konversionsfilter

Farbfilme sind für eine bestimmte Verteilungstemperatur sensibilisiert, Tageslichtfilme für bläuliches, mittleres Tageslicht von 5500 bis 5600 KELVIN, Kunstlichtfilme für rötliches Fotolampenlicht von 3100 bis 3200 KELVIN. Wird bei einem Aufnahmelicht fotografiert, das nicht genau dieser Verteilungstemperatur entspricht, resultiert ein entsprechender Farbstich.

Konversionsfilter sind bläuliche und rötliche Filter, die ausschliesslich dazu dienen, eine nichtübereinstimmende Verteilungstemperatur des Aufnahmelichtes an die Sensibilisierung des Filmmaterials angleichen, werden von verschiedenen Herstellern zumeist unter der Filterbezeichnung von Kodak angeboten.

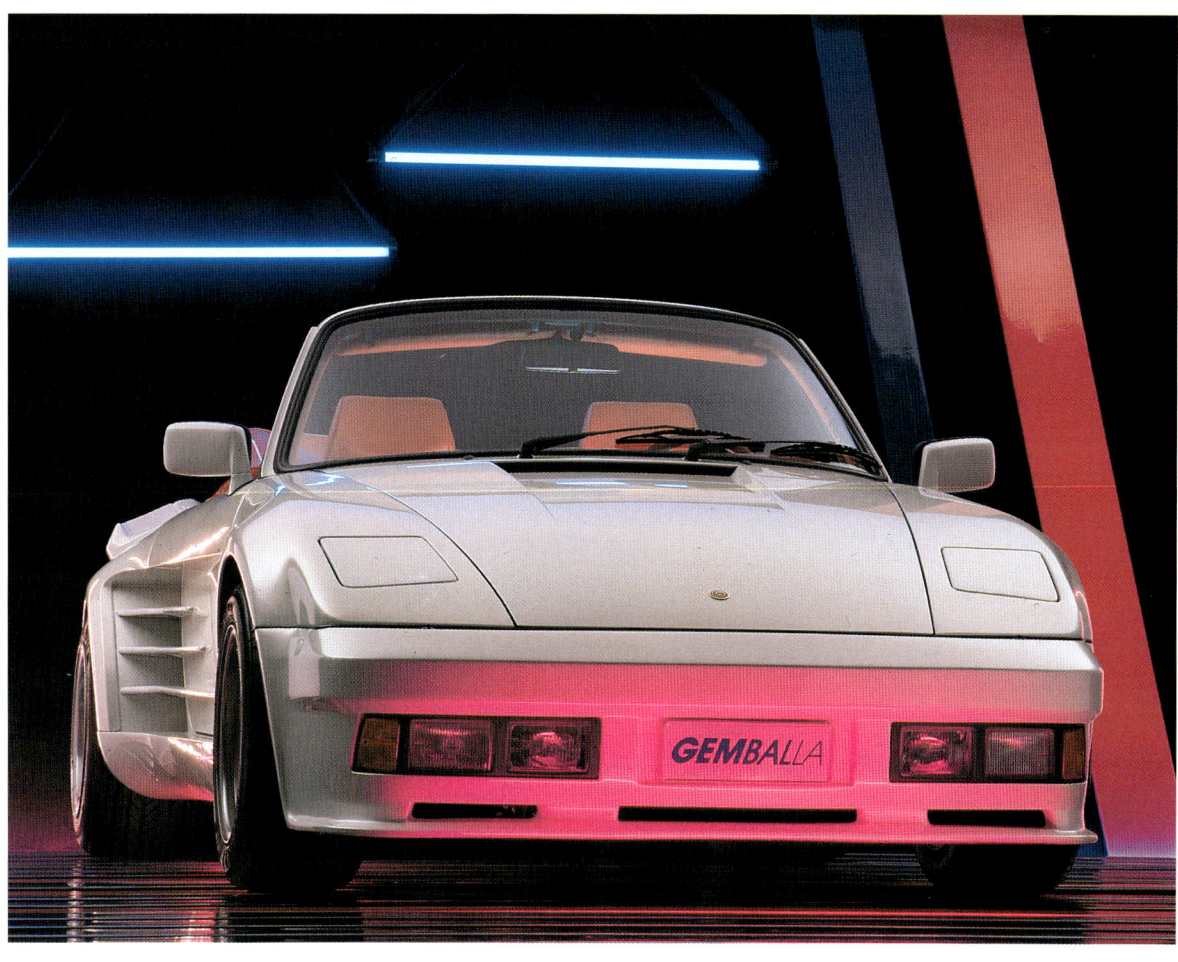

Aufnahme Atelier Gaukler, Filderstadt

KELVIN und MIRED

Die übliche Bezeichnung der Lichtfarbe einer Lichtquelle erfolgt durch den Temperaturvergleich mit einem sogenannten *Hohlraumstrahler*. Aus der Überlegung, dass irgend ein glühender Körper bei relativ niedriger Temperatur rötliches oder gelbliches, bei höherer Temperatur bläuliches Licht ausstrahlt, ist der Begriff der *Verteilungstemperatur* entstanden.

Heizt man einen Körper auf, so fängt er allmählich an zu glühen. Da man jeder Temperaturerhöhung eine bestimmte farbliche Ausstrahlung zuordnen kann, ist es naheliegend, die sichtbare Strahlung einfach mit der gleichen Temperaturangabe zu bezeichnen, die ein Körper bei eben dieser Temperatur aufweist.

Als Temperaturskala verwendet man die absolute Temperatur nach KELVIN, die beim absoluten Nullpunkt (= −273°C) anfängt. Nähere Informationen dazu kennen Sie bereits aus dem Abschnitt 1.4.2 des ersten Kapitels.

Zur Anpassung der Verteilungstemperatur an die Sensibilisierung der Filme werden *Konversionsfilter* verwendet, die es in unterschiedlichen Dichten nur in den Färbungen rötlich und bläulich gibt. Da ein Unterschied zwischen Sensibilisierung und Verteilungstemperatur von z.B.100K im unteren Bereich einer viel grösseren Farbveränderung entspricht als im bläulichen Bereich, eignen sich die KELVIN-Werte nicht zum Filterrechnen. Um die Rechnerei zu vereinfachen, hat man den Mikroreziprok-Wert MIRED

Lichtquelle	Verteilungstemperatur
Klarblaues Himmelslicht	10 000−15 000 K
Bedeckter Himmel	6 000−8 000 K
Direktes Sonnenlicht (Gebirge)	6 500 K
Elektronenblitz	5 500−6 000 K
Mittleres Sonnenlicht (Sonne mit Wolken)	5 600 K
HMI (Metallogen-Strahler)	5 500 K
Blaue Blitzlampen	5 400 K
Blaue Fotolampen	5 100 K
Weisse Blitzlampen	3 800 K
Fotolampen Typ S	3 400 K
Halogenleuchten	3 200−3 400 K
Fotolampen Typ B	3 200 K
Haushaltglühlampen	2 600 K
Kerzenlicht	ca. 1 300 K

Verteilungstemperatur einiger Lichtquellen

(micro reciprocal degree) geschaffen. Die in der Fotografie übliche Bezeichnung MIRED ist identisch mit der neueren SI–Einheit *Reziproke Megakelvin* MK^{-1}.

$$\text{MIRED}\left[\text{MK}^{-1}\right] = \frac{1\,000\,000}{\text{KELVIN}}$$

Auch die Rückrechnung ist gleich einfach:

$$\text{KELVIN} = \frac{1\,000\,000}{\text{MIRED}\left[\text{MK}^{-1}\right]}$$

Ein kleines Beispiel soll die Rechnerei verdeutlichen. Um ein bläuliches Tageslicht mit einem für Kunstlicht sensibilisierten Farbfilm zu verwenden, ist ein rötliches Konversionsfilter notwendig:

Kunstlicht 3200 K = 312 MIRED (MK^{-1})
Tageslicht 5600 K = 178 MIRED (MK^{-1})
Die Differenz beträgt: + 134 MIRED (MK^{-1})
Die Korrekturkraft des rötlichen Filters muss 134 MIRED (MK^{-1}) betragen. Bei bläulichen Filtern sind die Vorzeichen der MIRED-Verschiebungswerte übrigens negativ, bei rötlichen positiv.

Das von Kodak erstellte Nomogramm im Anhang erspart das Filterrechnen. Verbinden Sie einfach die Verteilungstemperatur der Lichtquelle (linke Kolonne) mit der Sensibilisierung des Filmmaterials (rechte Kolonne). Auf der mittleren Skala können Sie Farbe und Korrekturkraft des erforderlichen Filters ablesen. Und weil die Kodak-Filterbezeichnungen so schön unlogisch sind, lassen sich in der gleichen Skala die entsprechenden Kodak-Bezeichnungen ermitteln.

Bei der Kombination mehrerer Filter lassen sich die MIRED-Werte unter Berücksichtigung der Vorzeichen addieren. Bei solchen Rechnungen ist aber zu bedenken, dass sich die fotografische Wirksamkeit bei starken Filterungen nie genau voraussagen lässt. Eine Probeaufnahme mit der errechneten Filterkombination ist daher besonders empfehlenswert. Starke Filterkombinationen von zwei und mehr Filtern sollten nur in Ausnahme-Fällen verwendet werden.

Die angegebene Belichtungsverlängerung in Blendenwerten (anstelle eines Verlängerungsfaktors) sind ebenfalls nur Annäherungswerte,

die für genaue Arbeiten durch Probeaufnahmen geprüft werden sollten, dies besonders wenn mehrere Filter zusammen verwendet werden.

Filterbezeichnung
Mit wenigen Ausnahmen wird bei der Benennung der Konversionsfilter die Terminologie von Kodak verwendet. Kodak bezeichnet die starken Filter als *Konversionsfilter*, die leichten dagegen als *Lichtausgleichfilter*.

Farbe	Nummer	Korrektur	Blenden-Korrektur
blau	80 A	– 131 MIRED	2 $\frac{1}{3}$
	80 B	– 112 MIRED	2
	80 C	– 81 MIRED	1
	80 D	– 56 MIRED	$\frac{1}{3}$
bläulich	82	– 10 MIRED	$\frac{1}{3}$
	82 A	– 21 MIRED	$\frac{1}{3}$
	82 B	– 32 MIRED	$\frac{2}{3}$
	82 C	– 45 MIRED	$\frac{2}{3}$
orange	85	+ 112 MIRED	$\frac{1}{3}$
	85 B	+ 131 MIRED	$\frac{1}{3}$
	85 C	+ 81 MIRED	$\frac{1}{3}$
gelblich	81	+ 9 MIRED	$\frac{1}{3}$
	81 A	+ 18 MIRED	$\frac{1}{3}$
	81 B	+ 27 MIRED	$\frac{1}{3}$
	81 C	+ 35 MIRED	$\frac{1}{3}$
	81 D	+ 42 MIRED	$\frac{1}{3}$
	81 EF	+ 52 MIRED	$\frac{2}{3}$

3.3.2 Farbkorrekturfilter

Farbkorrekturfilter werden vorwiegend in der Farb(dia)fotografie zum Ausgleich von Farbstichen eingesetzt. Sie kompensieren Farbstiche unterschiedlichster Herkunft wie nicht-neutraler Farbgang einer Emulsion, Farbgang eines Objektivs, Reziprozitätsfehler, Umgebungsfarbdominanten, Gründichtekorrektur bei Fluoreszenzröhrenlicht und gleichzeitiger Verwendung eines Konversionsfilters usw.
Farbkorrekturfilter sind in den drei additiven Grundfarben BLAU, GRÜN und ROT sowie in den subtraktiven Farben yellow (Gelb), magenta(Purpur) und cyan (Blaugrün) erhältlich. Im professionellen Jargon werden sie ausschliesslich als CC-Filter bezeichnet. Das bedeutet nichts anderes als *Colour Correction Filter* oder (nach der Terminologie von Kodak) *Color Compensating Filter*.
Die Filterstärke ist in *densitometrischen Dichteeinheiten* angegeben. Dichte ist der Logarithmus der *Opazität*, und Opazität ist nichts anderes als

die «Undurchlässigkeit». So bedeutet eine Dichte von 0,3, dass das Material vom auffallenden Licht noch genau die Hälfte (entsprechend einer Blendenstufe) durchlässt.

Nach Kodak-Art wird bei CC-Filter-Angaben die Dichte durch zwei Zahlen angegeben und die Farbe durch den Buchstaben nach den beiden Zahlen. CC05Y bedeutet ein Yellow–Filter der Dichte 0,05. CC40R ist ein Rotfilter der Dichte 0,40 usw.

Emulsionstest

Wir haben es bereits betont, der beste Film ist derjenige, den man am besten kennt. Nun reagiert aber (leider) jede Farbfilm-Emulsion in Kombination mit den Entwicklungseigenschaften eines Verarbeitungslabors etwas anders. Um sich darauf einzustellen, lohnt sich der Einkauf eines Farbfilm-Typs gleicher Emulsionsnummer in grösseren Mengen. Einige dieser Filme muss man nach der Einlagerung für ausführliche eigene Tests opfern, um die Eigenheiten dieser Emulsion kennenzulernen. Dazu fotografiert man unter den auch bei den späteren Aufnahmen üblichen Licht- und Beleuchtungsverhältnissen sowie Belichtungszeiten eine *McBeth-Testtafel* mit gemessener Belichtungszeit und macht einige Belichtungsvarianten in Drittels-Blendenstufen.

Diesen Testfilm lässt man nun im Professional-Labor, mit dem man zusammenarbeitet, entwickeln und wertet die Resultate dann auf dem *Leuchttisch* sorgfältig aus. Mit etwas Glück hat man eine Emusion eingelagert, die bei diesem Test völlig neutral reagiert. In vielen Fällen wird aber eine mehr oder weniger kleine Farbabweichung feststellbar sein. Abweichungen eruiert man am besten im Graukeilteil der Testtafel. Durch Auflegen von Farbkorrekturfiltern (CC-Filter) in der Komplementärfarbe des Farbstichs kann die ausgleichende Wirkung eines Filters beurteilt werden. Mit dieser Methode bestimmt man auch ein allfällig bei dieser Emulsion notwendiges Korrekturfilter. Dabei ist aber zu beachten, dass eine auf dem Leuchtpult visuell bestimmte Korrekturfilterung einen zu ho-

Aufnahme Roland Diacon, Ostermundigen

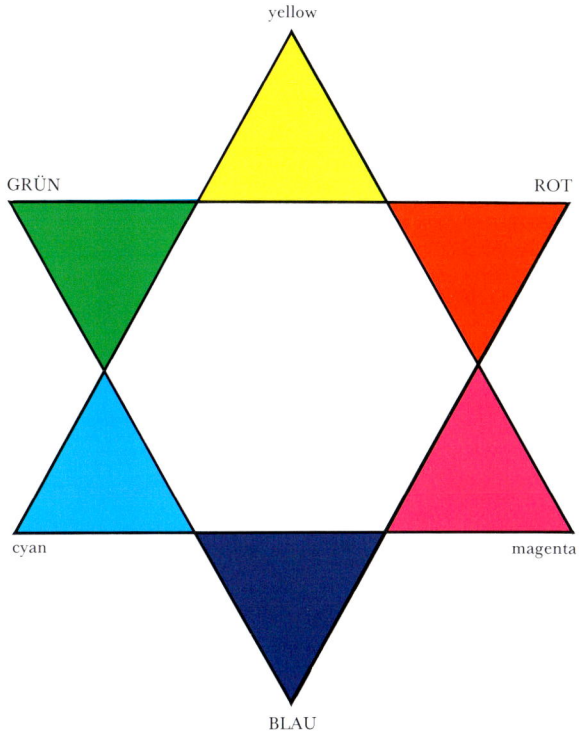

Farbstern – Komplementärfarben liegen einander gegenüber

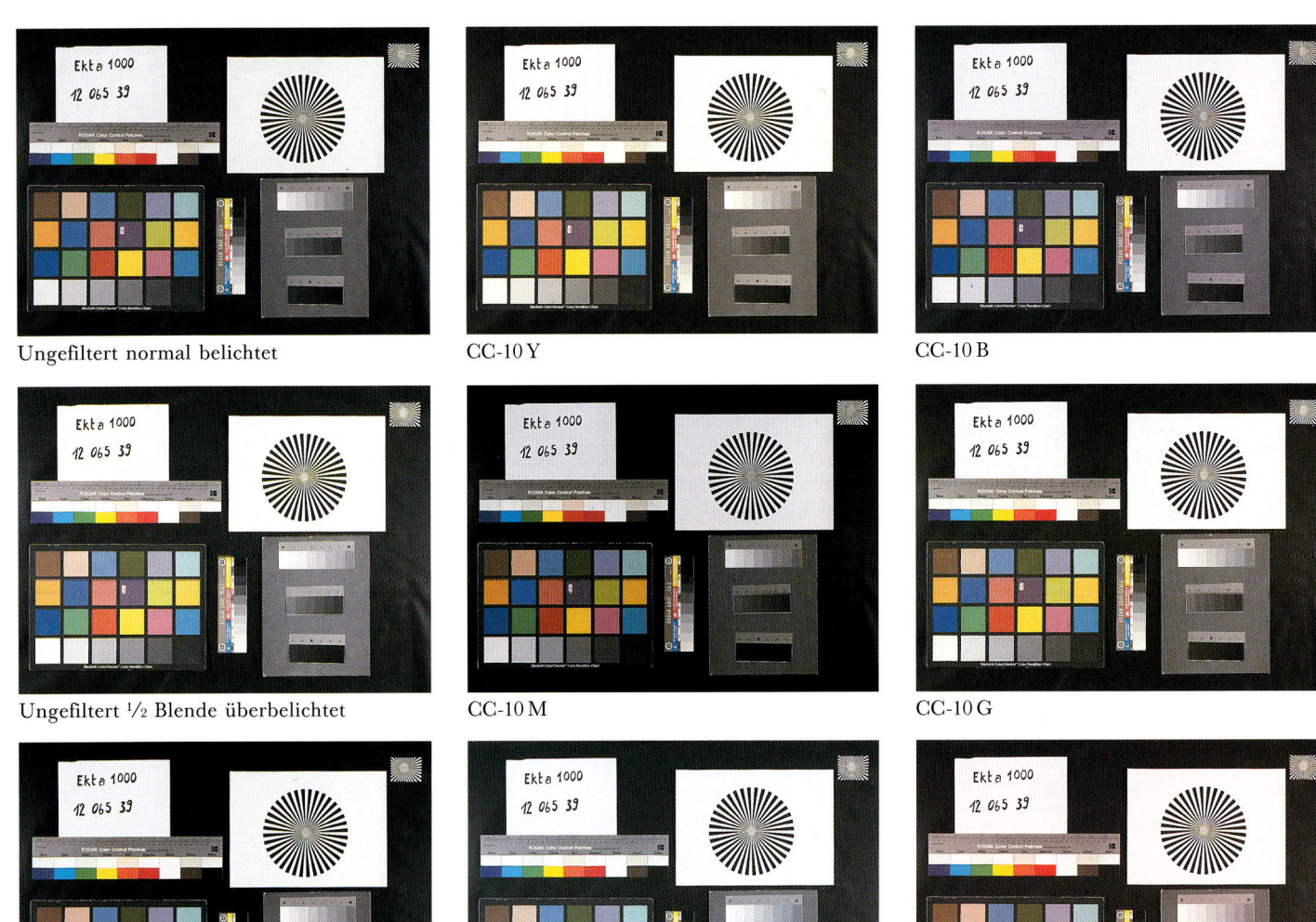

Ungefiltert normal belichtet CC-10 Y CC-10 B

Ungefiltert ½ Blende überbelichtet CC-10 M CC-10 G

Ungefiltert ½ Blende unterbelichtet CC-10 C CC-10 R

Emulsionstest

3.3

hen Wert angibt. Da der Kontrastindex eines Farbdiamaterials im Bereich von 1,5 liegt, muss die visuell bestimmte Filterdichte durch 1,5 geteilt werden, um die effektiv notwendige CC-Filterdichte zu ermitteln. Mit der so bestimmten Filterung macht man erneut einen gleichartigen Belichtungstest und untersucht, ob die ermittelte Korrekturfilterung tatsächlich richtig ist.

Das Verfahren lässt sich etwas abkürzen, indem man bereits beim ersten Testfilm neben ungefilterten Aufnahmen mit der gemessenen Blende und Varianten (± ⅓ Blendenstufe) noch je eine Aufnahme macht mit den CC-Filtern der Dichte 0,10 aller Farben.

Liegt die notwendige Filterung indessen nur im Bereich von CC0,5 (Dichte 0,05), so muss man sich fragen, ob man eine derart geringe Korrek-

tur überhaupt ausführen will. Die Verarbeitungstoleranzen der meisten Labors liegen nämlich auch etwa in diesem Bereich. So gesehen hätte eine derart geringe Filterung nur theoretischen Wert. Stellt man beim Test indessen eine notwendige Korrekturfilterung der Grösse CC10 (Dichte 0,10) fest, so würde ich bei dieser Emulsion den ermittelten Wert grundsätzlich einfiltern, vorausgesetzt, man besitzt ein hochqualitatives Filtersystem.

Filterbestimmungen kann man indessen nur vornehmen, wenn ein perfekter Leuchttisch für Farbkontrollen zur Verfügung steht. Für einen farbtauglichen Leuchttisch mit der Farbtemperatur 5000K muss man etwa DM/Fr. 500.– auf den Tisch blättern. Der Leuchttisch muss zudem mit einem Betriebsstundenzähler versehen sein, damit man nach einer Leuchtdauer von

Filterbestimmung auf dem farbtauglichen Leuchttisch

rund 1000 Stunden den Röhrensatz auswechseln kann. Denn nur dann sind die gemachten Filterbestimmungen korrekt. Zudem muss man darauf achten, den Leuchttisch mindestens 10 Minuten vor der Filterbestimmung einzuschalten, denn die darin verwendeten Röhren verändern in den ersten Minuten nach erneutem Einschalten ihr Farbspektrum ganz respektabel.

Am besten schafft man sich denselben Leuchttisch-Typus an, wie ihn auch das Farblabor, mit dem man zusammenarbeitet, verwendet.

Filterkombinationen

Wenn man mehrere Filter vor dem Kameraobjektiv verwendet, kann die Schärfe der Aufnahme infolge Lichtstreuung und Teilreflexion an den verschiedenen Filteroberflächen nachteilig beeinflusst werden. Es ist daher zweckmässig, immer nur eine *möglichst kleine Anzahl* von Filtern zu verwenden.

Bei der Filterbestimmung auf dem Leuchttisch kommen indessen manchmal ganz seltsame Kombinationen zustande. Dabei sind oft wesentliche Vereinfachungen möglich, wie die folgende Tabelle dies zeigt.

Statt der Kombination	verwendet man die einfachere Filterkombination
CC20M + CC10R + CC10B	CC30M
CC20M + CC10R + CC10C	CC20M
CC20M + CC10R + CC10G	CC10M + CC10R
CC20Y + CC10G + CC10B + CC10M	CC10Y
CC20M + CC10R + CC10G + CC10Y	CC20R
CC20R + CC10M + CC20G + CC10C	CC10Y

Das CC–Filtersortiment steht sowohl in den subtraktiven Grundfarben YELLOW, MAGENTA und CYAN, als auch in den additiven Grundfarben BLAU, GRÜN und ROT zur Verfügung. Solange wir nur mit den subtraktiven Farben arbeiten, ist das Prozedere sicherlich klar. Aus zwei Filtern der subtraktiven Grundfarben gleicher Dichte entsteht die Wirkung eines Filters additiver Grundfarbe mit ebenfalls dieser Dichte:

CC20Y + CC20M = CC20R
CC20Y + CC20C = CC20G
CC20M + CC20C = CC20B

Was aber geschieht bei der (subtraktiven) Mischung von Filtern mit additiven Grundfarben? Und was, wenn ein MAGENTA-Filter mit einem ROT-Filter kombiniert wird?

Um CC–Filter–Kombinationen zu vereinfachen, muss man etwas von subtraktiver und additiver Farbmischung verstehen. Wie bereits erwähnt, bilden Kombinationen subtraktiver Filter keine Probleme. So ergeben zum Beispiel:

CC05Y + CC10Y = CC15Y
CC10Y + CC10M = CC10R (und nicht etwa CC20R!)

usw.

Problematischer wird es bei Kombinationen mit Filtern additiver Grundfarbe. So lässt sich zum Beispiel die Kombination

CC10R + CC10G

vereinfachen zum Filter CC10Y. Denn CC10R setzt sich zusammen aus CC10Y + CC10M. Und CC10G ist nichts anderes als CC10Y + CC10C. Addieren wir diese subtraktiven Filter, so entsteht:

CC20Y + CC10M + CC10C

Drei subtraktive Farbfilter gleicher Dichte ergeben aber einen neutralen Grauwert. Wir können daher von obiger Kombination den Neutralwert

CC10Y + CC10M + CC10C

abziehen und erhalten als Resultat:

CC10R + CC10G = CC10Y.

Manchmal sind handliche Tabellenwerke viel praktischer als komplizierte Berechnungen. Aus diesem Grunde finden Sie im Anhang eine Tabelle, die für die Praxis gedacht ist und die sich daher auf die meistverwendeten Filterdichten von CC05 bis CC20 beschränkt.

Das Arbeiten mit dieser Tabelle ist einfach: Fahren Sie mit dem Finger beim Einsatz von 2 Filtern ganz einfach – wie bei einer Distanztabelle – von links nach rechts. Das Feld im Schnittpunkt beider Koordinaten gibt Ihnen Auskunft über eine allfällig mögliche Filter-Kombinationsvereinfachung oder über den für beide Filter zusammen gültigen Verlängerungsfaktor.

Machen wir ein Beispiel CC20R + CC20G:

Suchen Sie links aussen 20 ROT und fahren Sie bis zur Vertikalen 20 GRÜN. Als Resultat steht da 20Y. Für 20Y, was ja nicht mehr weiter zu vereinfachen ist, finden Sie entweder vertikal oder horizontal den Verlängerungsfaktor von 1,18.

Um die Übersichtlichkeit zu verbessern, sind bei den Filterangaben die subtraktiven Farben mit kleinen Buchstaben (y,m,c) bezeichnet, die additiven dagegen versal (B,G,R).

3.3.3 Verlängerungsfaktoren

Wie Sie aus den Filter-Tabellen erkennen können, geben die Filterhersteller in der Regel statt eines Verlängerungsfaktors nur die «Belichtungszunahme in Blendenwerten» an. Und dies natürlich erst noch in einer Abstufung von Drittels-Werten. Das ist wohl praxisnah und meist genügend, sofern nur jeweils ein Filter Anwendung findet. Bei Kombinationen von mehreren Filtern wird die Angabe durch die Addition der Belichtungszunahme in gerundeten Blendenwerten natürlich zu ungenau. Nehmen wir dazu als Beispiel die Filterkombination CC20G + CC20C. Die Tabelle sagt, für jedes Filter sei zur Helligkeitskompensation $\frac{1}{3}$ Blende notwendig. Macht zusammen $\frac{2}{3}$ Blendenstufen. In Tat und Wahrheit haben beide Filter zusammen einen Verlängerungsfaktor von 1,9; in Blendenwerten ausgedrückt entspricht dieser Faktor etwa $\frac{14}{15}$ Blendenstufen! Diese kleinen Ungenauigkeiten sind wohl nicht so schlimm, hat man doch in der Praxis die Möglichkeit, bei professionellem Diamaterial durch Veränderung der Erstentwicklungszeit Helligkeitsanpassungen mit einer Genauigkeit von $\frac{1}{6}$ Blendenstufe vorzunehmen. Doch ist es sinnvoll zu wissen, wie man Verlängerungsfaktoren in Blendenwertkorrekturen umrechnet und umgekehrt.

Die für die Lichtabsorption der Filter notwendige Belichtungsverlängerung wird entweder durch einen Verlängerungsfaktor (mit dem die Belichtungszeit zu multiplizieren ist) angegeben oder durch eine Angabe, wieviele Blendenstufen die Blende zu öffnen ist.

Verlängerungsfaktor 2 → 1 Blende
Verlängerungsfaktor 4 → 2 Blenden
Verlängerungsfaktor 8 → 3 Blenden

Oder allgemeiner ausgedrückt: 2 hoch Blendenstufen gleich Verlängerungsfaktor:

$2^1 = 2 \quad 2^2 = 4 \quad 2^3 = 8 \quad 2^4 = 16$

Kein Problem also, von den Blendenstufen zu den Verlängerungsfaktoren (VF) zu gelangen.

Umgekehrt dagegen ist gar eine Exponentialgleichung notwendig:

$VF = 2^{\text{Blendenkorrektur}}$ oder $2^X = VF \quad X = ?$

Zum Glück tritt in dieser Exponentialgleichung die Unbekannte nur im Exponenten auf, so dass man durch Logarithmieren zu einer algebraischen Gleichung kommt:

$X = \ln(VF):\ln(2)$

Dabei ist es grundsätzlich gleichgültig, ob man den Zehnerlogarithmus oder den natürlichen Logarithmus verwendet.

$$\text{Verlängerungsfaktor} = 2^{\text{Blendenkorrektur}}$$

$$\text{Blendenkorrektur} = \frac{\ln(\text{Verlängerungsfaktor})}{\ln(2)}$$

3.3.4 Filtersätze

Für Farbkorrekturen sind CC-Filter notwendig, die normalerweise als Gelatinefilter von Kodak bezogen werden. Daneben benötigt der Fotograf aber noch Konversionsfilter, um nicht passende Verteilungstemperaturen von Lichtquellen an die Farbsensibilisierung der Farbfilme anzupassen. Auch diese Filtertypen sind von Kodak als Gelatinefilter lieferbar, ebenso die Filter für die Schwarzweiss–Fotografie. Die meisten

Gelatinefilter im Hinterlinsen-Verschluss

Gelatinefilter eines Kleinbild-Systems

Filtertypen sind in den Grössen 75x75, 100x100 und 125x125 mm lieferbar. Die Filtertabellen im Anhang orientieren über die Lieferbarkeit von Gelatinefiltern. Die verletzlichen Gelatinefilter werden bei Grossformatkameras normalerweise in einem Halter des Hinterlinsen-Verschlusses angebracht, bei Mittel- und Kleinbildkameras in speziellen Gelatinefilter-Haltern im Kompendium vor dem Objektiv.

Weil aber noch eine Reihe weiterer Filter in der Praxis notwendig ist, muss man sich fragen, ob man nicht besser ein universelles Filtersystem anschafft, das generell verwendet werden kann und das aus einem stabileren Material besteht. Von Sinar bietet sich dazu das *Color Control Filtersystem* an. Das Sortiment besteht aus über 90 Kunststoffiltern in den Systemgrössen 125, 100 und 75 mm mit verschiedenen Adapterringen und Filterhaltern. Die Filter sind in der Masse gefärbt, weisen über die gesamte Fläche genau dieselbe Dichte und Färbung auf, sind optisch planparallel, leicht, unzerbrechlich und weitgehend kratzfest. Color Control Filter passen auf sämtliche Kamerasysteme aller Aufnahmeformate.

Das Filtersystem 125
Zur vereinfachten Handhabung sind die 125 mm Filter in einen Rahmen mit Haltegriffen gefasst und in einer Kunststoffbox untergebracht. Zur Filteraufnahme dienen Filterhalter für einen bzw. zwei Filter. Mehrere Filterhalter lassen sich durch eine Schnappmechanik einfach aufeinanderstecken und sind gegeneinander drehbar. Die Filter 125 sind insbesondere für den Einsatz an Fachkameras gedacht.

Das Filtersystem 100
Die Filter dieser Grösse lassen sich wie Gelatinefilter direkt in den Filterhalter der Grossformatkamera-Verschlüsse einsetzen. Zum Filtersystem 100 gehört aber auch ein Filterhalter, der bis zu drei Filter gleichzeitig aufnehmen kann. Ferner lässt sich ein Gegenlichttubus auf den Filterhalter aufstecken. Adapterringe erlauben den Ansatz an die Objektive nahezu aller Kleinbild– und Mittelformatkameras und vieler Fachkameraobjektive.

Color Control Filtersystem 100

Sinar Color Control Filtersystem 125

Color Control Filtersystem 75

Das Filtersystem 75

Die Filter der Grösse 75 mm weisen dieselben Eigenschaften auf wie diejenigen der Serie 100 oder 125. Alle Filtertypen ausser Verlauffilter sind erhältlich. Sie lassen sich in bestehende Filterhalter 75 mm einsetzen.

durchsichtig bis zur angegebenen Graudichte sowie als farbige Verlauffilter.

Sie sind in den Systemgrössen 100 und 125 erhältlich. Die Filter sind nicht quadratisch, sondern rechteckig, und ermöglichen im entsprechend geeigneten Filterhalter Verschiebungen

Aufnahme Atelier Gaukler, Filderstadt

Das System umfasst folgende Filterarten:

Colour Correction Filter

Die *Farbkorrekturfilter* (CC-Filter) sind in den subtraktiven Grundfarben Yellow, Magenta und Cyan, sowie in den additiven Farben Blau, Grün und Rot in den Dichten von 0,025 (CC025) bis 0,50 (CC50) lieferbar. Die Filter sind in densitometrischen Einheiten geeicht und entsprechen dadurch uneingeschränkt dem Kodak-Standard.

CC-Filter werden in der Farbfotografie für Farbkorrekturen verwendet. Sie kompensieren Farbstiche unterschiedlichster Herkunft (Farbgang einer Emulsion, Farbgang eines Objektivs, Reziprozitätsfehler, Umgebungsfarbdominanten, Gründichtekorrektur für Fluoreszenzröhrenlicht bei gleichzeitiger Verwendung eines Konversionsfilters usw.).

Graduate-Filter

Die *Verlauffilter* gibt es als neutrale Graufilter mit einem kontinuierlichen Verlauf von völlig

zur Abschattung oder Farbveränderung an nahezu beliebiger Objektstelle, zumal die Filterhalter um 360° drehbar sind. Der Graduierungskontrast von durchsichtig bis zum Dichtemaximum ist so gewählt, dass je nach benutzter Arbeitsblende, Objektivbrennweite und Distanz vor dem Objektiv beliebig weichere oder härtere Verläufe realisierbar sind.

Colour Temperature Correction Filter

Das *Konversions–Filtersortiment* der Color Control Filter entspricht ebenfalls dem Kodak-Standard. Die Filter der Serie 80 (blau) und 85 (orange) sind stärkere Konversionsfilter mit grösserer Konversionskraft. Man benötigt sie, um farbstichfreie Farbaufnahmen zu machen, wenn die Verteilungstemperatur der Lichtquelle nicht mit der Sensibilisierung des Farbfilms übereinstimmt. Die Filter der Serie 81 (gelblich) und 82 (bläulich) sind *Lichtausgleichsfilter* mit geringer Korrekturkraft. Sie dienen demselben Zweck wie die Filter der Serie 80 und 85 bei geringen Differenzen zwischen Verteilungstemperatur und Sensibilisierung. Konversionsfilter lassen sich aber auch zur Anpassung der Farbtemperatur von Fluoreszenzröhren an die Farbsensibilisierung der Filme verwenden, nur müssen dann – je nach Röhrentyp – noch zusätzliche CC-Filter der Farbe Grün oder Magenta eingesetzt werden.

Black and White Contrast-Filter
Mit Ausnahme der Filter 1A (Skylight) und 2B (UV-Sperrfilter), die auch für Farbaufnahmen

benutzbar sind, werden Kontrastfilter ausschliesslich für die Schwarzweiss-Fotografie verwendet. Dabei gilt die Filterregel, nach der ein Filter (auf dem Positiv gesehen) seine Eigenfarben heller und die Komplementärfarben dunkler wiedergibt. Die Filterspezifikationen und die Bezeichnungen entsprechen dem Kodak-Standard.

Neutral Density Filter
Neutrale Graufilter sind – wie der Name sagt – über die gesamte Fläche gleichmässig neutral gefärbt. Sie dienen in der Fotografie generellen Absorptionszwecken und ermöglichen zum Beispiel das Fotografieren bei stärker geöffneter Blende trotz grosser Helligkeit in der Szene. Die Color Control Neutral Density Filter sind völlig neutral, das heisst, sie absorbieren alle Farben gegenüber dem gesamten Spektralbereich absolut gleichmässig. Sie sind in densitometrischen Dichteeinheiten geeicht. So weist das Filter 1ND eine Dichte von 0,1 auf und absorbiert somit Licht entsprechend 1/3 Blendenstufe. Das Filter 3ND absorbiert 1 Blendenstufe Licht, das Filter 6ND 2 Blendenstufen usw.

Special Effect Filter
Das Sortiment der Spezialeffekt-Filter enthält neben einem Linearpolarisations-Filter (Winkeleinstellung mit dem Filterhalter), Weichzeichner, Diffusions- und Nebel-Filter sowie zwei verschiedene Sterneffekt-Filter.

3.3.5 Farbstichermittlung

Die beste Methode haben wir bereits erwähnt: Besteht die Möglichkeit, eine Testaufnahme zu machen und das Farbdiamaterial entwickeln zu lassen, so kann man den Testfilm auf dem (farbtüchtigen!) Leuchttisch genau untersuchen und durch Auflegen von Korrekturfiltern in der zum Farbstich komplementären Farbe die notwendige Filterung ermitteln. Dabei ist zu beachten, dass ein Farbdiamaterial mit einer Gradation von Gamma über 1,5 arbeitet, das heisst, die Kontraste gegenüber dem visuellen Eindruck aufsteilt. Man kompensiert dies, indem man die visuell ermittelte Korrekturfilterdichte durch 1,5 teilt, um so die effektiv notwendige CC-Filterung zu erhalten.
Farbkorrekturen mittels CC-Filter macht man übrigens nur beim Arbeiten mit Farbdiamaterial. Farbkorrekturen bei Negativmaterialien

Aufnahme Frei Produktion, Weil a. Rhein

nimmt man besser nachträglich durch die Kopierfilterung im Labor vor. Hingegen sind bei grossen Differenzen zwischen Verteilungstemperatur des Aufnahmelichtes und Sensibilisierung des Filmmaterials Korrekturen durch Konversionsfilter besser auch bei der Aufnahme zu verwirklichen.

Farbstiche sind – zumindest theoretisch – auch densitometrisch mit Hilfe eines Densitometers ermittelbar. Diese Methode ist wohl richtig bei wissenschaftlich präziser Auswertung eines Farbmaterials, auf das unter einem speziellen Belichtungsgerät Graukeile aufbelichtet worden sind. Für die tägliche Praxis scheidet diese Methode aber weitgehend aus. Die visuelle Über-

wachung hat sich beim Praktiker bedeutend besser bewährt.

Farbstiche, die infolge einer Nichtübereinstimmung der Verteilungstemperatur des Aufnahmelichtes mit der Sensibilisierung des Filmes entstanden sind, werden idealerweise mittels Konversionsfilter behoben. Auch dies lässt sich natürlich über einen ungefilterten Testfilm und der genauen visuellen Auswertung auf dem Leuchttisch verwirklichen. Hier ist es jedoch bedeutend besser, wenn bereits beim Testfilm die möglichst richtige Konversionsfilterung vorgenommen worden ist, kleine allenfalls noch notwendige Korrekturen sind dann mit CC-Filtern immer noch möglich.

3.4 Messung der Verteilungstemperatur

Ein Messgerät, das in allen Situationen zu optimalen Resultaten verhilft, ist ein sogenanntes Farbtemperatur-Messgerät, mit dem man einerseits die Verteilungstemperatur einer temperaturstrahlenden Lichtquelle oder die Farbtemperatur eines Elektronenblitzes ermitteln kann, das aber auch angenäherte Angaben macht über die notwendige Filterung bei Leuchtstoffröhren-Licht. Ein solches Gerät muss neben einer Messung des BLAU/ROT-Anteils auch eine Messung des GRÜN-Anteils zulassen. Einfache Geräte zur Messung der Verteilungstemperatur von Temperaturstrahlern (nur Ermittlung des BLAU/ROT-Gleichgewichts) genügen nicht. Als hervorragendes und preisgünstiges Messgerät – nicht nur für die Filterermittlung – dient das *Flash Color Chronoscope* von broncolor.

3.4.1 broncolor FCC

Äusserlich einem FCM2 Blitzbelichtungsmesser ähnlich, entpuppt sich das Flash Color Chronoscope als ein ganz wichtiges Hilfsmittel in der modernen Fachfotografie. Noch vor nicht allzulanger Zeit war es nur mit aufwendigen Apparaturen im Versuchsbetrieb möglich, die präzise Leuchtdauer eines Blitzlichtimpulses zu messen. Mit dem FCC steht ein multifunktionales, handliches und preisgünstiges Messgerät zur Verfügung, mit dem neben Blitzzeiten auch Farbtemperaturen bei Blitz– und Dauerlicht so-

wie Beleuchtungsstärkemessungen in Lux möglich geworden sind.

Problem Blitzdauer
Früher war es kaum möglich, die effektive Blitzdauer einer Blitzanlage genau zu bestim-

broncolor FCC

men. Zwar machen die Hersteller konventioneller Studioblitzanlagen in ihren technischen Datenblättern einigermassen vernünftig tönende Angaben über die Blitzdauer sowohl für t 0.5 wie auch für t 0.1 bei unterschiedlicher Leuchtenbestückung, doch war der Profi dann, wenn es galt, die Blitzdauer bei raschen Bewegungsabläufen kurz zu halten, immer sehr unsicher (zumindest, wenn man keinen Pulso A-Generator besitzt, bei dem die Blitzdauer vorgewählt werden kann). Diese Unsicherheit ist mit dem FCC behoben, denn dieser misst präzis und in der Handhabung einfach Lichtimpulse aller Blitzanlagen-Typen im Bereich von $\frac{1}{15}$ bis $\frac{1}{8000}$ Sekunde.

Die Handhabung ist einfach: Gerät einschalten und durch Knopfdruck auf die Taste t 0.1 die entsprechende Betriebsart wählen. Der Messvorgang wird ausgelöst durch Tastendruck. Dabei wird die Blitzanlage über den eingebauten IRS-Sender (es sind zwei verschiedene Kanäle wählbar) kabellos gezündet. Steht keine Blitzanlage mit IRS-Empfänger zur Verfügung, kann die Auslösung über Synchrokabel erfolgen, oder aber man löst die Blitzanlage von Hand aus. Dabei wird über die eingebaute Starter–Fotozelle der Messvorgang eingeleitet. Im Anzeigefeld erscheint unmittelbar darauf die Blitzdauer für t 0.1 in Sekundenbruchteilen von $\frac{1}{15}$ bis $\frac{1}{8000}$ s. Blitzen mehrere Geräte gleichzeitig, wird die resultierende Blitzdauer gemittelt über alle Generatoren angezeigt.

Problem Verteilungs– und Farbtemperatur

Der Grund, weshalb in professionellen Fotostudios ausschliesslich Elektronenblitz verwendet wird, liegt auch in der meist gleichbleibenden Farbtemperatur von ca. 5500 K des Blitzlichtes. So weit, so gut. Meistens wird bei dieser recht banalen Aussage nicht daran gedacht, dass durch Verkürzen der Blitzleuchtdauer, durch Beschnitt der Blitzleuchtkurve sowie durch Verändern der Blitzleistung durch einen Spannungsvariator, sich auch die farbliche Verteilung verändert. Grundsätzlich tendiert die Farbcharakteristik bei einem Beschnitt der Leuchtkurve gegen blau bzw. gegen rot, wenn die Blitzleistung durch den Spannungsvariator reduziert wird. Ganz zu schweigen von vielen weiteren Faktoren, wie Farbdominanten des Motivs, Umgebungsreflexionen, Verfärbung von Diffusoren und Reflektoren usw.

Um möglichst zuverlässig zu konstanten, neutralen und farbstichfreien Resultaten oder zu vorausbestimmten Farbdominanten für Stimmung und Atmosphäre zu gelangen, empfiehlt es sich, bei jeder Aufnahme oder Aufnahmeserie die Farbtemperatur der Beleuchtung messtechnisch zu bestimmen.

Der FCC kann ohne Wechseln eines Vorsatzes oder ähnlichem sowohl für Blitzlicht wie auch für Dauerlicht eingesetzt werden. Und so einfach wie eine Belichtungsmessung: Betriebsart wählen (entweder *FLASH* bei Blitzlicht oder *AMBI* bei Dauerlicht), auslösen, und sogleich wird die Verteilungs- bzw. Farbtemperatur in KELVIN angezeigt. Die Messung erfolgt über einen 3-Farben-Integrator, das heisst, es wird gleichzeitig eine Messung für Blau, Grün und Rot vorgenommen, intern das Blau/Rot-Gleichgewicht eruiert und mit der Grün-Messung integriert. Durch Druck auf die Taste *Film 1* oder *Film 2* wird direkt die notwendige Filterung für die dort gespeicherten Filmsensibilisierungen angegeben, und zwar unter der Bezeichnung *LB* als notwendige Korrektur in MIRED der rötlichen oder bläulichen Konversionsfilter und zusätzlich unter der Bezeichnung *CC* die Angabe einer allenfalls zusätzlich notwendigen CC-Filterung in Richtung magenta oder grün. Die CC-Werte sind densitometrische Kodak-Einheiten.

Für die Ermittlung des notwendigen Konversionsfilters ist auf der Geräterückseite eine Tabelle angebracht, die die MIRED-Korrekturwerte direkt den entsprechenden Kodak-Filtern zuweist.

Die Anzeige *Er* bedeutet, dass unter den gegebenen Umständen keine korrekte Messung möglich ist oder eine nicht messbare Lichtquelle mit Linienspektrum, zum Beispiel bestimmte Leuchtstoffröhren, vorliegt.

Die Farbtemperaturmessung bei Blitz kann wahlweise während einer Torzeit von $\frac{1}{30}$ oder $\frac{1}{250}$ Sekunde erfolgen. Der Messbereich reicht von 1800 bis 40000 Kelvin.

Farbtemperatur-Fernsteuerung

In der Tat, Sie haben richtig gelesen! Erstmals in der Geschichte der Fotografie ist es möglich geworden, die Farbtemperatur einer Lichtquelle bei gleichbleibender Gesamtintensität (in gewissen Grenzen notabene) frei zu wählen und das erst noch ferngesteuert vom Mess-Standpunkt aus!

Dieser Leckerbissen steht allerdings nur den Fotografen, die eine Pulso A-Blitzanlage besitzen, in Kombination mit dem FCC zur Verfügung. Pulso A-Generatoren können mit Hilfe einer Mikroprozessorsteuerung der zweiten Generation unterschiedliche Farbtemperaturen produzieren. Dabei wird die Blitzdauer entsprechend verändert und zur Erhaltung der gesamten Lichtintensität die Kondensatorspannung gleichzeitig angepasst.

Auch das geht ganz einfach ferngesteuert mit dem FCC: Nach der Messung der Farbtemperatur die Taste *CORR* länger als 1 Sekunde drücken und mit der Taste + oder – die Farbtemperatur der Lichtquelle erhöhen oder reduzieren.

Und zudem noch ein Lux–Meter
Der Möglichkeiten noch nicht genug, existiert auf dem FCC noch eine Taste *LUX.* Wird dieser Arbeitsbereich aktiviert, arbeitet das Gerät als ganz normales Lux-Meter mit einem Anzeigebereich von 50 bis 100 000 Lux.

Zwar wird in der praktischen Fotografie diese Einheit nicht verwendet, doch leistet der FCC auch in dieser Beziehung gute Dienste, wenn zum Beispiel die gleichmässige Ausleuchtung bei Reproduktionen kontrolliert werden soll oder wenn ein Helligkeitsvergleich zwischen Innen- und Aussenbeleuchtung erwünscht ist. In diesem Arbeitsbereich ist das Messresultat auch bei Messung von Fluoreszenzröhren annähernd (und praktisch genügend) richtig.

3.4.2 Spezialfall Leuchtstoffröhren

Die wichtigsten Erkenntnisse zum Fotografieren bei Leuchtstoffröhrenlicht haben Sie bereits im Abschnitt 1.5.4 erfahren. Das Mischspektrum von Leuchtstoffröhren (Mischung zwischen diskontinuierlichen Spektralbanden und einem unterlegten, mehr oder weniger ausgeprägtem, kontinuierlichem Spektrum) macht das Arbei-

ten mit dieser Lichtquelle alles andere als sicher. Die beste Möglichkeit bieten wiederum Testaufnahmen. Dabei wird je ein Tageslicht- und ein Kunstlichtfilm ohne Filterung belichtet. Bedenken Sie dabei, lange Belichtungszeiten über $^1/_{15}$ Sekunde zu wählen und die Röhren vor der Aufnahme mindestens 10 Minuten brennen zu lassen!

Die entwickelten Filme werden dann auf dem Leuchttisch untersucht, und die notwendige Korrekturfilterung wird in mittleren Tonwerten durch Auflegen von CC-Filtern oder durch eine Kombination von Konversionsfiltern mit CC-Filtern in der üblichen Art bestimmt. Wenn man ganz genau arbeiten will (und kann), macht man mit der visuell bestimmten Filterung (denken Sie daran, visuell bestimmte Filterdichten geteilt durch 1,5!) einen weiteren Test, der dann wiederum auf dem Leuchttisch ausgewertet wird.

In der Praxis hat man aber wohl selten Zeit, auch nur einen Testfilm zu belichten. In solchen Fällen greift man zum Farbtemperatur-Messer und bestimmt die notwendige Filterung messtechnisch. Das Farbmessgerät gibt bei Leuchtstoffröhrenlicht einerseits eine Konversionsfilterung an (für den Ausgleich BLAU/ROT) und anderseits eine CC-Filterung in Richtung Magenta oder Grün (zur Korrektur der Grünbande).

Oft sind zum Beispiel bei Aufnahmen in Fabrikhallen Mischlichtsituationen vorhanden, bei denen einfallendes Tageslicht mit Leuchtstoffröhrenlicht gemischt ist. In solchen Fällen ergibt die Messung mit dem FCC eine Kompromissfilterung, die in der Regel zu ganz brauchbaren Resultaten führt.

Nimmt man es genau, kann mit einem Dreizellengerät die notwendige Korrekturfilterung bei einer Fluoreszenzröhre nicht nur nicht ermittelt werden, es ist schlichtweg unmöglich, eine Filterkombination zu finden, die bei Leuchtstoffröhrenlicht zu farbstichfreien Aufnahmen führt. Moderne Leuchtstoffröhren haben aber immerhin ein Mischspektrum, das – wenn auch absolut nicht optimal – für farbfotografische Zwecke einigermassen brauchbar ist. Denken wir dabei an Aufnahmen in der Industrie, wo man wohl oder übel manchmal bei Leuchtstoffröhrenlicht fotografieren muss. Der FCC gibt unter diesen Voraussetzungen wenigstens eine Filterangabe, die, vor allem bei Aufnahmen mit hochempfindlichen Farbnegativfilmen, in der Praxis brauchbare Resultate liefert.

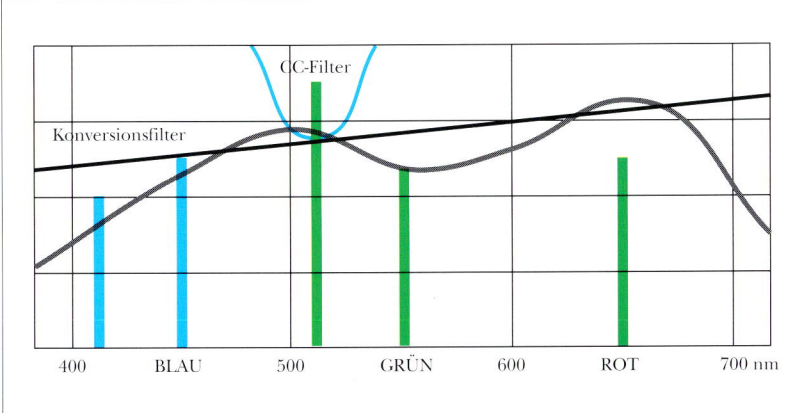

Filterkorrektur bei Leuchtstoffröhrenlicht

Steht kein Farbmessgerät zur Verfügung und hat man auch nicht die Zeit für Testaufnahmen, so kann man sich zur Not an die Tabelle im Anhang halten, die für die wichtigsten Leuchtstoff-röhren-Typen eine CC-Korrekturfilterung angibt.

3.4.3 Korrekturfilterung bei Elektronenblitz

Die spektrale Abstrahlcharakteristik eines Elektronenblitzgerätes haben wir bereits behandelt. Daraus geht hervor, dass das Licht des Elektronenblitzes mittlerem Tageslicht mit einer Farbtemperatur von 5500 K entspricht. Es ist dies insbesondere für die Farbfotografie die ideale Lichtquelle schlechthin, die normalerweise bei der Verwendung von Tageslicht-Filmmaterial keiner Korrekturfilterung bedarf.

Nun ist die spektrale Abstrahlung aber in gewissen Grenzen von der Blitzleuchtdauer abhängig. Wird beispielsweise zum Erreichen ultrakurzer Blitzleuchtzeiten die Blitzabstrahlung durch thyristorgesteuertes Abschalten (z.B. bei der Gerätelinie Pulso A oder bei sogenannten «Computer»-Blitzgeräten) beschnitten, so besteht die abgestrahlte Lichtenergie überwiegend aus kurzwelligen Strahlen, was zu einem Blaustich führt. Die notwendige Konversions- und Korrekturfilterung lässt sich aber mit Hilfe des oben besprochenen FCC einfach und zuverlässig ermitteln.

Intermittenz-Effekt

In der Stillife-Fotografie ist es manchmal notwendig, infolge starker Abblendung die Blitzanlage mehrmals auszulösen und die Lichtleistung dabei zu addieren. Wir wissen ja, zwei Blitzauslösungen bringen eine Blendenstufe mehr Licht, vier Auslösungen zwei Blendenstufen und acht Auslösungen drei Blendenstufen. Bedingt durch den Intermittenz-Effekt, dem die Farbfilm-Emulsion unterworfen ist, kann bei Mehrfach-Blitzauslösungen gegenüber dem gemessenen oder errechneten Wert eine faktische Unterbelichtung entstehen. Weil die effektbedingte Empfindlichkeitsabnahme aber nicht für alle farbempfindlichen Schichten der Emulsion gleich sein muss, kann daneben auch eine farbliche Abweichung entstehen. Der Effekt ist von Filmemulsion zu Filmemulsion unterschiedlich, so dass man keine verbindlichen Prognosen stellen kann. Moderne Farbdia–Filme reagieren diesbezüglich meist gutmütig, so dass man ohne Probleme durch eine Vierfachauslösung zwei Blendenstufen Licht gewinnen kann. Sind aber einmal mehr als vier Auslösungen notwendig, würde ich Belichtungsvarianten machen und den Aufbau stehen lassen, bis die Resultate entwickelt sind. Eine Korrekturbelichtung mit der speziell dazu notwendigen Filterung ist dann immer noch möglich.

Fluoreszenz durch UV-Abstrahlung

Das Spektrum der Xenon-Blitzröhre weist eine beträchtliche UV-Spitze auf, deren Auswirkungen unter anderem davon abhängig sind, aus welcher Glasart diese Röhre hergestellt ist. Das abgestrahlte UV muss natürlich in irgend einer Art eliminiert werden, was heute in der Regel durch eine Filterbeschichtung der Blitzröhre erfolgt.

Würde bei einer Blitzleuchte die UV-Abstrahlung nicht verhindert, so entstünden praktisch bei jeder Aufnahme unkontrollierbare Farbverschiebungen. Jedesmal, wenn man nämlich einen Stoff fotografiert, der *Fluoreszenzstoffe* enthält (optische Aufheller), würden diese bei UV-Bestrahlung in meist bläulicher Richtung aufleuchten.

Bei modernen Blitzanlagen, die für professionelle Einsätze konzipiert sind, sollte die UV-Abstrahlung kein Thema mehr sein. Bei älteren Anlagen indessen, bei Billigstgeräten oder auch bei kleinen Amateurblitzgeräten kann sehr wohl noch zuviel UV abgestrahlt werden. Sollten Sie diesbezüglich einen Verdacht schöpfen, kommen Sie nicht um einen Versuch herum. Beschaffen Sie sich einen fluoreszierenden Farbstoff, oder verwenden Sie ein frischgewaschenes weisses Hemd als Aufnahme-Testobjekt. Stellen Sie dann auf dem fotografierten Farbstoff eine aufleuchtende Fluoreszenz fest oder schimmert das eigentlich weisse Hemd deutlich in Richtung Blau, so strahlt Ihr Leuchtgerät zuviel UV ab.

Zur Ausschaltung dieses unangenehmen und praktisch unbrauchbaren Effekts gibt es im Grunde nur eines, nämlich die wohl kostspielige Neuinvestition (zumindest der Blitzröhre). Vielleicht können Sie bei kleineren Leuchten vor der Blitzröhre oder der Lichtaustrittöffnung ein UV-Sperrfilter montieren, oder es lässt sich über die bestehende Blitzröhre eine UV-absorbierende Pyrex-Glocke stülpen. Als zuschneidbare UV-Sperrfilter für Amateurblitzgeräte eignen sich Azetat-Filter, wie man sie sonst für Farbvergrösserungsarbeiten (CP-Filter) im Labor einsetzt. Das richtige Filter von Kodak heisst CP2B; es gibt es bis zur Grösse 300 × 300 mm.

3.5　Filter vor der Lichtquelle

Filter aller Arten lassen sich nicht nur vor- oder hinter dem Aufnahmeobjektiv einsetzen. In der entsprechenden Grösse kann man sie auch vor der Lichtquelle verwenden. Bekannt sind Halogenstrahler, die im Gerät selbst ein blaues Schutzglas eingebaut haben, das wie ein Konversionsfilter wirkt und die Verteilungstemperatur der Halogenlampe auf mittleres Tageslicht von 5500 K erhöht. Bei den hohen Wärmeabstrahlungen handelt es sich dabei um auf Glas gedampfte *Interferenzfilter*.

Für Blitzanlagen kann man auch billigere *Azetatfilter* verwenden, sofern man das Einstellicht reduziert oder ausschaltet. broncolor liefert zum Beispiel zu den Normalreflektoren ansetzbare Abschirmklappen, in die man Azetatfilter einsetzen kann. Es eignen sich dazu entweder die im Set von broncolor erhältlichen Grau- und Korrekturfilter (mit einigen Konversions- und CC-Filtern) bzw. die Farbfilter oder – bei kleinen Leuchten – auch CP-Filter, wie man sie sonst in der Filterschublade von Vergrösserungsgeräten einsetzt.

3.5.1　Farbkorrekturen bei Mischlichtsituationen

Farbliche Korrekturen durch Filterung vor der Lichtquelle nimmt man nur in Ausnahmefällen vor; eine generelle Korrektur durch Filter im optischen System der Kamera ist ja bedeutend weniger aufwendig. Bei gewissen Mischlichtsituationen kommt man jedoch nicht um die aufwendigere Methode herum.

Ist zum Beispiel ein sehr starkes Umgebungslicht aus warmen Kunstlichtstrahlern vorhanden und setzt man die Blitzanlage lediglich zu Aufhellzwecken ein, so kann es zweckmässig sein, durch Konversionsfilter vor den Blitzleuchten deren Licht an die Verteilungstemperatur des hellen Umgebungslichtes anzupassen, so dass beispielsweise die Farbtemperatur der Blitzstrahlung an die Verteilungstemperatur des Umgebungslichtes von vielleicht 3200 K angepasst ist. Die Aufnahme erfolgt dann zwar mit Tageslichtfilm, aber mit dem entsprechenden Konversionsfilter vor dem Kameraobjektiv.

Der umgekehrte Fall wird häufiger eintreten. Es herrscht ein helles Schatten-Tageslicht mit einer Verteilungstemperatur von zum Beispiel 6500 K.

Zur Aufhellung und Konturierung setzen Sie Blitzlicht ein, das mit seinen 5500 K im Vergleich zum Hauptlicht zu warm ist. Lösbar ist das Problem durch entsprechende Konversionsfilterung vor der Blitzleuchte, so dass Blitzlicht und Umgebungslicht die identische Farbverteilung von 6500 K aufweisen. Zur Anpassung an die Tageslichtsensibilisierung des Filmes wird zusätzlich das entsprechend korrigierende Konversionsfilter, das 6500 K auf 5500 K konvertiert, kameraseitig verwendet.

3.5.2　Farbiges Licht

Mit starken Filterfolien vor den Blitzleuchten sind dem Einsatz von farbigem Licht kaum mehr Grenzen gesetzt. Wer die unbegrenzten Möglichkeiten einmal entdeckt hat, will nicht mehr darauf verzichten. Es gibt kaum ein Einsatzgebiet, in dem man nicht durch den bewussten Einsatz von farbigem Licht akzentuiert und impressiv arbeiten kann. Denken wir nur an Modeaufnahmen, aber genauso an Stillifes oder gar an Industrie-Aufnahmen!

Das einigermassen wärmebeständige Farbfilterset von broncolor deckt das gesamte Farbspektrum ab. Die farbliche Wirkung beim Einsatz einzelner, mit Farbfiltern bestückten Leuchten ist natürlich stark vom ungefilterten Allgemeinlicht abhängig. Eine Probeaufnahme auf Sofortbildmaterial verschafft aber jeweils rasch Klarheit über die Intensität.

Mit farbigem Licht kann man Hintergründe anstrahlen. Beileibe nicht nur weisse. So lässt sich ein hellblauer Hintergrund durch Anstrahlung mit Gelb in einen grünen umwandeln oder mittels Purpurfilter in einen roten. Oder mit blauem Licht wird der hellblaue Hintergrund tiefblau. Der Variationen sind keine Grenzen gesetzt!

Die Kombination eines *Wabenfilters* mit einem Farbfilter lässt farbige Verläufe entstehen, was insbesondere in der Stillife-Fotografie die Bildspannung verbessert.

Durch Kalt/Warm-Effekte der Beleuchtung sind im Studio, unabhängig von Tages- und Jahreszeit oder Witterung, praktisch alle möglichen (und unmöglichen) Situationen simulierbar. Die etwas wärmer gefärbte Anstrahlung oder Aufhellung der Haut lässt den weissen Körper

Farbneutrale Frontaufhellung mit Boxlite

Aufnahmen Sven Bobzien, Zürich

Frontaufhellung mit Boxlite und vorgesetztem Orangefilter

eines Models sommerlich gebräunt erscheinen, wie dies unser Bildvergleich des mit Filmrollen bekleideten Mädchens zeigt.

3.5.3 Polarisiertes Licht

Die Aufgabe, ein dick gespachteltes Ölgemälde zu reproduzieren, stellt manche Fotografen vor kaum zu bewältigende Probleme. Verwendet man nämlich ein übliches Reprolicht – links und rechts eine Leuchte im Winkel von 45° –, können immer einzelne, scharf gespachtelte Farbpartikel aufglänzen. Ein Polarisationsfilter vor dem Objektiv nützt natürlich selten etwas, denn zwei solche Partikel liegen kaum zufällig genau im Polarisationswinkel. Früher löste man solche Aufgaben meist, indem man mit dem Gemälde in den Hof ging und es im offenen Schatten fotografierte. Dabei traten aber wieder Probleme mit der nicht übereinstimmenden Verteilungstemperatur auf. Dabei sieht die Lösung ganz einfach aus:

Normale Reprobeleuchtung, vor jede Leuchte aber kommt eine *Polarisationsfolie*. Man muss lediglich darauf achten, dass die Molekularrichtung beider Folien gleich ist, also beide waag-

recht oder senkrecht polarisieren. Das können Sie einfach feststellen, indem Sie beide Folien zuerst übereinander halten. Sind die Moleküle gleich gerichtet, so sieht man durch die Filter hindurch. Sind sie um 90° gekreuzt, so ist der Lichtdurchlass gesperrt.

Durch richtiges Drehen eines vor dem Aufnahmeobjektiv montierten Polarisationsfilters lassen sich kompromisslos sämtliche Reflexe ausschalten, wie Ihnen das Arbeitsbeispiel zeigt.

Wünscht man einige Reflexe, dreht man das Filter vor dem Objektiv einfach wieder ein wenig zurück, bis auf der Mattscheibe Reflexe in der gewünschten Stärke sichtbar werden.

Weil das Aufnahmelicht ja bereits polarisiert ist, bleibt dies auch das Reflexlicht, unabhängig vom Einfallswinkel. Man verwendet für die Aufnahme schliesslich nur noch den Anteil des Lichtes, der diffus reflektiert und daher wieder depolarisiert ist. Das Verfahren lässt sich natürlich auch beim Fotografieren von metallenen, glänzenden Gegenständen anwenden (deren Reflexe man bekanntlich sonst nicht durch Polarisationsfilter ausschalten kann), nur ist dort der Anteil der diffusen Reflexion verschwindend klein, so dass in der Regel der Metallgegenstand zu dunkel wiedergegeben wird.

Ölgemälde normal reproduziert

Ölgemälde im polarisierten Licht reproduziert

Polarisationsfolien, mit der Schere zuschneidbar, sind von verschiedenen Anbietern erhältlich. Zu beachten ist, dass die Polarisationsfolien nicht besonders hitzefest sind und daher schmelzen, wenn man das Einstellicht brennen lässt. Zur richtigen Einstellung des Drehwinkels kann man aber unbedenklich reduziertes Einstellicht während 10 bis 20 Sekunden einschalten, ohne dabei die (teuren) Folien zu gefährden.

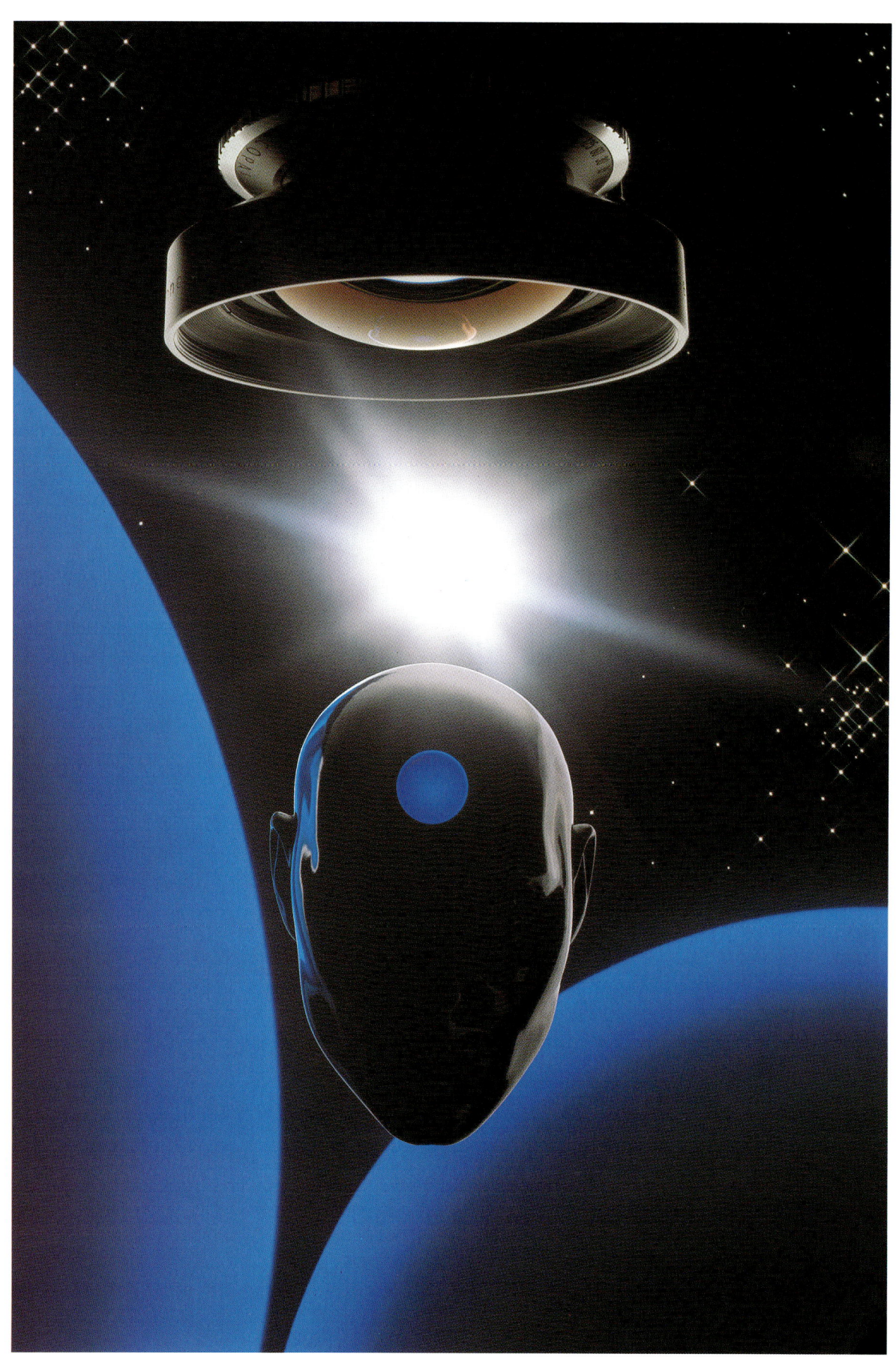

Aufnahme Drew De Grado, Elmwood Park, NJ, USA

4 Beleuchtungsarten und ihre Wirkung

Die Lichtquelle besteht aus dem eigentlichen Lichtstrahler, im Falle einer Elektronenblitz-Anlage der Blitzröhre, und aus dem Reflektorteil. Mit dem Reflektor wird das von der Blitzröhre nach hinten abgestrahlte Licht aufgefangen und nach vorne geworfen.

Je nach Grösse und Ausführung dieser Reflektoren wird das Licht mehr oder weniger gestreut oder gebündelt, es ist dadurch stärker oder schwächer und beeinflusst die Intensität und die Art der Beleuchtung.

Wir unterscheiden zwischen den beiden Extremen Punktlicht und Flächenlicht.

Eine Punktlichtquelle ist dabei nur theoretisch denkbar. In Wirklichkeit hat auch eine noch so kleine Lichtquelle eine gewisse Ausdehnung. Immerhin kommt das Licht eines Spotlight oder eines Projektors annähernd an den Effekt eines Punktlichtes heran, insbesonder wenn die Distanz zwischen Motiv und Lichtquelle sehr gross ist.

Ein mit dieser Lichtquelle angestrahltes Motiv erscheint in hohem Kontrast, es entsteht ein «hartes» Bild mit geringen Details in den Schatten und mit starken, kleinen Spitzlichtern.

Eine Flächenleuchte besteht aus dem Leuchtelement, der Blitzröhre, dem Reflektor und dem Diffusor. Ein mit dieser Lichtquelle angestrahltes Motiv wird mit geringem Kontrast wiedergegeben.

Innerhalb dieser extremen Lichtquellen liegen alle möglichen Zwischenwerte, die weiter noch durch die Entfernung Lichtquelle - Motiv, sowie durch Streufolien beeinflusst werden können.

«Licht machen» ist aber nicht nur die Wahl der geeigneten Lichtquelle und Beleuchtungsart, mindestens ebenso wichtig ist die geeignete Anordnung der Lichtquelle im Verhältnis zum Aufnahmegegenstand und zur Kameraachse. Es gibt eine Reihe von mehr oder weniger geläufigen Begriffen, die eine Beleuchtungsanordnung beschreiben, wie zum Beispiel Hauptlicht, Aufhellicht, Effektlicht und Hintergrundlicht. Begriffe, über die wir uns innerhalb dieses Kapitels noch ausführlich unterhalten müssen.

Das von der Motivbeleuchtung eingesetzte Licht wird aber auch noch von der Umgebung reflektiert und trägt so indirekt zur Beleuchtung und damit zur Bildgestaltung bei. Dieser Umstand lässt sich entweder ausnützen, indem anstelle einer zusätzlichen Leuchte eine Aufhellwand mit weisser, silberner oder farbiger Oberfläche verwendet wird, oder aber gänzlich ausschalten durch eine subtile Abdeckung aller Reflexflächen mittels schwarzen »Abdeckpappen». Und schliesslich spielt auch die Spiegelung der Lichtquelle im Motiv eine wesentliche Rolle innerhalb der Beleuchtungstechnik. Viele Motive, insbesondere solche bei Sachaufnahmen für die Werbung, weisen glänzende Partien auf. Denken wir an Objekte wie Werkzeuge, Geschirr, Chromteile, Besteck, Schmuck, Gläser usw. Aber selbst bei Portraitaufnahmen kann der Effekt Bedeutung erlangen, denken Sie an Brillen, Schmuck oder an den Spitzlichtreflex im Auge. Und auch auf der Haut äussern sich Spitzlichtreflexe, besonders bei feuchter Haut, indem die feinen Feuchtigkeitspartikel als Perlenschnur aneinandergereiht zu betrachten sind. Diese Mikrokügelchen spiegeln den Reflektor der Lichtquelle in seiner Form und Beschaffenheit. Trotz der Kleinheit dieser Feuchtigkeitspartikel reihen sie sich aneinander und verursachen harte Spitzlichter, die besonders bei metallischen Reflektoren auf den Hauttönen unangenehme Glanzlichter entstehen lassen. Dieser Schwierigkeit kann man nur ausweichen durch Abpudern der Haut und durch Verwendung weisser statt metallischer Reflektoren oder durch – vor die Leuchten gespannte – Diffusionsfolien.

Mit den hier als Schlagwörter angedeuteten Themen wollen wir uns in diesem Kapitel detailliert und praxisnah befassen.

4.1 Direkte Beleuchtung

Die Wirkung einer direkt auf das Objekt gerichteten Beleuchtung ist abhängig von der Leuchtenart, deren Ausdehnung und Strahldistanz. Bei jeder direkt auf das Objekt gerichteten Beleuchtung wird eine optimale Farbsättigung erreicht, doch entstehen mehr oder weniger ausgeprägte Schlagschatten, deren bildgestalterischer Einsatz bei der Lichtführung Kenntnisse und Fingerspitzengefühl verlangt. Und so kommt es natürlich nicht von ungefähr, wenn zum Beispiel in der Stillife-Fotografie der direkte Einsatz eines harten Lichtes eher gemieden und nach Alternativen bei der Schattenbildung gesucht wird.

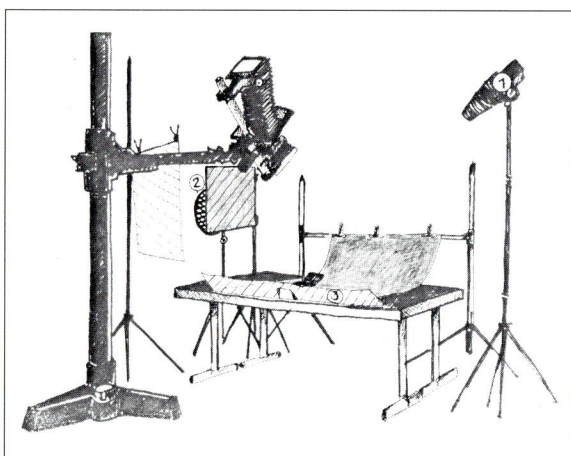

Aufnahmesituation: 1 Pulso-Leuchte mit Konus, 2 Leuchte mit Wabenraster, 3 Spiegelfolie

Beispiel einer Lichtführung mit direkter Beleuchtung
Aufnahme Jost J.Marchesi, Dällikon

Die Farbaufnahme des Schminksets versucht, diese Überlegung zu verdeutlichen. Wie die Skizze der Aufnahmesituation zeigt, ist als Hauptlichtquelle eine Leuchte mit engem Konus relativ weit vom Objekt entfernt plaziert. Die Leuchte erzeugt auf der als Untergrund verwendeten Kunstharzplatte einen vergleichsweise harten Schattenwurf, der die Form des Schminksets wiederholt.

Denselben Effekt hätte man durch einen sogenannten *Acryl-Schatten* erreichen können, das heisst, durch die Aufnahme auf einer schwar-

zen, hochglänzenden Acrylplatte und weicher Beleuchtung durch eine Grossflächenleuchte. Der so simulierte Schattenwurf wäre dann aber nur die Spiegelung der unbeleuchteten Unterseite des Objekts. Bei der vorliegenden Aufnahme wurde die direkte Beleuchtung vorgezogen, um gleichzeitig auf dem irisierenden Schminkfarbstoff kleinste Spitzlichter zu erzielen, Spitzlichter, die ja nichts anderes als Spiegelungen der Hauptlichtquelle darstellen. Derselbe brillante Farbeffekt wäre durch eine indirekte Beleuchtung oder durch eine Flächenleuchte nicht möglich.

Um die Wirkungsweise einer direkt aufs Objekt geworfenen Beleuchtung und dem dadurch entstehenden Schlagschatten bewusst zu verstehen, wollen wir uns vorerst einmal mit dem Extremfall der (theoretischen) Punktlichtquelle befassen.

4.1.1. Punktlicht

Je geringer die Ausdehnung der Lichtquelle ist, umso kontrastreicher ist die Bildwirkung. Es entstehen Bilder mit geringer Schattenzeichnung, ausgeprägten Schlagschatten und kleinen Spitzlichtern.

Punktlichtähnliche Effekte können am ehesten mit dem Stufenlinsen- oder Linsen-Spot (Pulso-Spot ohne und mit Projektionsvorsatz), mit der Lichtkanone Profil 11/26 (ein hochentwickelter Spot, wie er in ähnlicher Ausführung, aber ohne

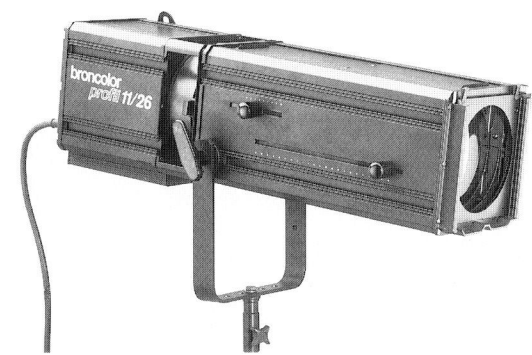

Verfolgerspot Profil 11/26

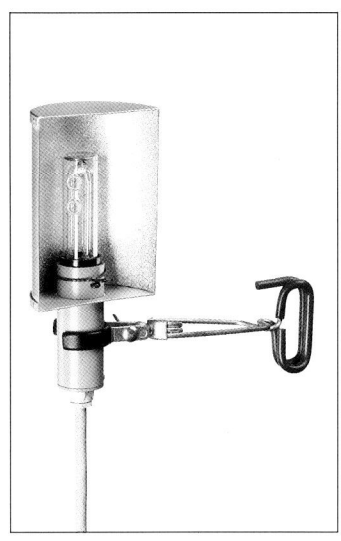

Effektleuchte

Pulsospot

Leuchtenkopf mit Konus

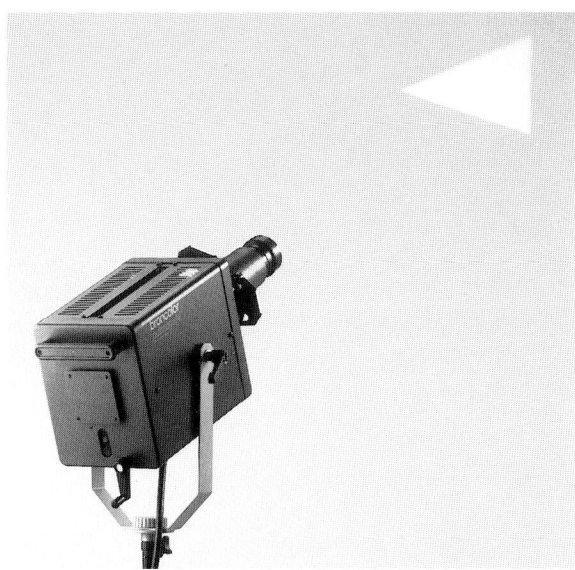

Pulso Spot 4 mit Projektionsvorsatz

Blitzröhren auf Bühnen als Verfolgerspot eingesetzt wird) sowie allenfalls mit einer Effektleuchte (einer Leuchte ganz ohne Reflektor), oder einer Leuchte mit angesetztem Konus oder Wabenraster erzielt werden.

Um sich die Erzeugung und Wirkung von Schattenwürfen zu vergegenwärtigen, sollten Sie einmal in Ruhe mit einer annähernd «punktförmigen» Lichtquelle und einem einfachen Gegenstand experimentieren. Schnell werden Sie herausfinden, dass die Bildung eines Schattenwurfes bei einer punktförmigen Lichtquelle den Gesetzen der Zentralperspektive folgt. Bei kleinem Beleuchtungsabstand resultiert ein stark vergrössertes Schattenbild, durch zunehmende Vergrösserung des Abstandes Lichtquelle-Gegenstand hingegen verkleinert sich der Schattenwurf. Den Extremfall stellt eine unendlich grosse Beleuchtungsdistanz dar, wie das zum Beispiel bei der an und für sich «punktförmigen» Lichtquelle Sonne der Fall ist. Mit zunehmendem Abstand der Lichtquelle erscheinen die divergenten Lichtstrahlen immer paralleler, der Schattenwurf daher kleiner und originalgetreuer.

Weil bekanntlich die Beleuchtungsstärke mit dem Quadrat der Entfernung abnimmt, verändert sich bei Änderung der Beleuchtungsdistanz auch der Charakter der beleuchteten Gegen-

4.1

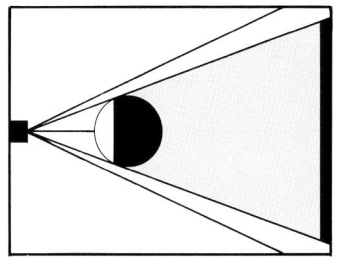

Kurzer
Beleuchtungsabstand

Lichtquelle nah

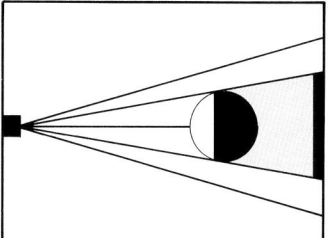

Grösserer
Beleuchtungsabstand

Lichtquelle fern

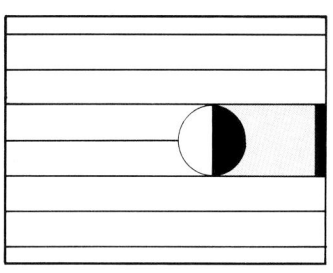

Unendlich grosser
Beleuchtungsabstand

durch die Veränderung der Projektionsebene
möglich. Liegt diese schräg zur Gegenstandsebene, vergrössert sich das Abbild des Schattens.
Er verkürzt sich dagegen, wenn der Gegenstand
schräg zur Lichtachse liegt.

standsseite. Bei kurzem Beleuchtungsabstand ist
der Lichtabfall beträchtlich, das heisst, beleuchtete und unbeleuchtete Gegenstandsteile erscheinen je nach Objektform relativ hart abgegrenzt. Anders bei grossem Abstand der
Lichtquelle; hier ist der Lichtabfall derart gering, dass die beleuchtete und unbeleuchtete
Seite eines Objekts kontinuierlich ineinander
überfliessen. Eine weitere Beeinflussung, vorwiegend der Form eines Schlagschattens, ist

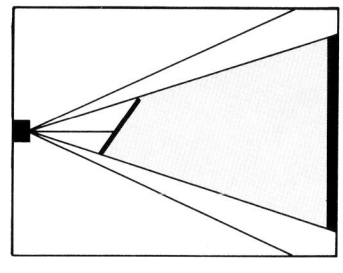

Verkürzte
Schattenwiedergabe

Unterschiedliche Formendarstellung durch andere Wahl des Schlagschattens

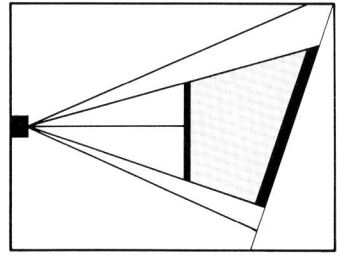

Verlängerte
Schattenwiedergabe

Zusammenfassend können wir sagen:
Der kleinstmögliche und formatgetreueste
Schatten entsteht dann, wenn parallele Lichtstrahlen mit weit entfernter Lichtquelle verwendet werden (Sonnenschatten). Bei kurzen Be-

Aufnahme Jost J.Marchesi, Dällikon

leuchtungsdistanzen ist die Schattentendenz gross. Liegt ein Gegenstand schräg zur Lichtachse, wird der Schatten verkürzt wiedergegeben, verlängert hingegen, wenn die Projektionsebene schräg zum Gegenstand liegt.

Auch bei Studioaufnahmen assoziieren kleine Schattenwürfe das Gefühl von «Mittag», verlängerte Schatten dagegen das Gefühl von «frühmorgens» oder «abends», aber auch von «Extrem».

4.1.2 Leuchten mit Reflektoren

Dieselben Überlegungen gelten auch dann, wenn die Lichtquelle nicht punktförmig ist. Eine Pulso-Leuchte mit normalem Reflektor weist bereits eine gewisse Leuchtgrösse auf, was bewirkt, dass sich um einen *Kernschatten* herum eine verlaufende Zone eines aufgehellten Schat-

Kern- und Halbschatten beim Einsatz von zwei Punktlichtquellen

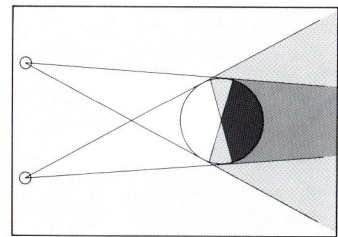

tens, der sogenannte *Halbschatten*, bildet. Die Wirkungsweise kann man gut verstehen, wenn man sich einen Gegenstand vorstellt, der durch zwei harte Lichtquellen beleuchtet wird. Jede der Lichtquellen erzeugt Schatten, die sich überlagern; es bilden sich neben dem Kernschatten zwei hellere Halbschatten.

Bei grossen Strahldistanzen sind Kern- und Halbschatten praktisch identisch, der Charakter der Leuchte wird zunehmend punktförmig. Bei kleinen Strahldistanzen indessen (und/oder bei grossen Reflektoren) wird der Kernschatten zunehmend kleiner, dafür entsteht ein vergrösserter und nach aussen verlaufender Halbschatten.

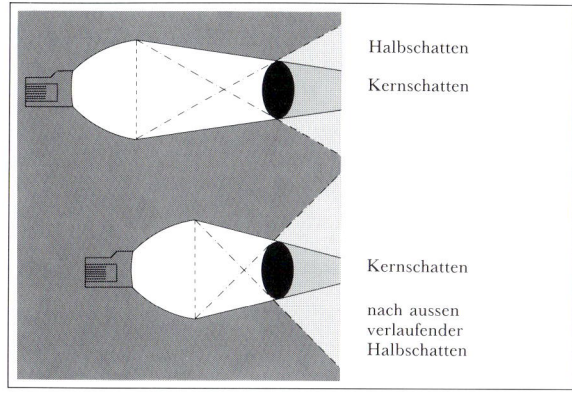

Halbschatten

Kernschatten

Kernschatten

nach aussen verlaufender Halbschatten

Einflussgrössen der Lichtwirkung bei Reflektor-Leuchten

Je nach Bauart und Abstrahlwinkel der Reflektoren spricht man im Programm von broncolor von *Normalreflektoren*, *Engstrahlreflektoren* oder *Weitwinkelreflektoren*. Allen Systemen ist gemeinsam, dass die verschiedensten Reflektoren an dieselben Leuchtenköpfe aufgesetzt werden können.

Je nach Objektgrösse, notwendiger Lichtausbeute und möglichem Strahlabstand lassen sich dadurch sehr unterschiedliche direkte Beleuchtungen realisieren. Anderseits ist die Lichtwirkung zum Beispiel sehr ähnlich beim Einsatz eines Normalreflektors mit grösserer Strahldistanz im Vergleich zu einem Engstrahlreflektor mit entsprechend kürzerer Strahldistanz.

Der Standort der Hauptlichtquelle bei der direkten Beleuchtung lässt sich natürlich variieren. Ist die Lichtquelle oberhalb der Kamera plaziert, entsteht ein ausgeglichenes, symmetrisches Licht. Licht von links oder rechts erzeugt einen seitlichen Schattenwurf. Dramatisch wird es, wenn bei Personenaufnahmen die Lichtquelle unterhalb der Kamera plaziert wird.

Direkt auf das Objekt gerichtetes Licht ist immer dann unumgänglich, wenn das Aufnahmeobjekt sehr viel Licht verschluckt, wenn eine sehr hohe Farbsättigung verlangt wird und wenn die Struktur eines Gewebes sichtbar gemacht werden muss. Im letzterwähnten Fall ist eine seitliche direkte Beleuchtung vorzusehen, damit sich in der Tiefe des Gewebes ein deutlicher Schatten abzeichnet, denn eine Struktur wird

4.1

Aufnahme Fotostudio Lieb, Langnau a.A.

durch das Gegenspiel von Licht und Schatten erst sichtbar.

Beim Einsatz direkter Beleuchtung unter den oben erwähnten Voraussetzungen arbeitet man in der Praxis häufig mit Normalreflektoren. Immer aber muss die gute Farbsättigung, die klare Detailwiedergabe mit der Mühe der Bewältigung direkter Schatten erkauft werden. Am ehesten zum Erfolg führt noch die direkt eingesetzte Beleuchtung, sofern die Schattenbildung kompositorisch mit in die Bildgestaltung einbezogen wird.

Aufnahme Jost J. Marchesi, Dällikon

Bei den zur Zeit vielgesehenen Modeaufnahmen mit recht grellen Farben wird die direkte Hauptbeleuchtung in unmittelbarer Nähe des Aufnahmeobjektivs eingesetzt, oder aber es werden mehrere Leuchten in unmittelbarer Nähe der Kamera gegen das Objekt gerichtet. Diese Variante – mit bis zu vier Leuchten direkt um die Kamera angeordnet – imitiert die Lichtführung eines Ringblitzes (bei dem die Blitzröhre ringförmig direkt ums Objektiv angeordnet ist) und lässt trotz direkter Strahlung ein nahezu schattenloses Bild entstehen. Die Beleuchtung ist derart flach, dass auch das gesamte Aufnahmeobjekt «flachgepresst» erscheint, dies aber mit unwahrscheinlich hoher Farbsättigung.

Ein typisches Beispiel für diese Arbeitstechnik mit direkter Beleuchtung ist das Bild «Mädchen mit Hanteln». Die Aufnahme des Body-Building-Mädchens mit Hanteln entstand mit einer direkten Hauptlichtquelle über dem Kameraobjektiv sowie zwei seitlichen Leuchten, die so gesetzt waren, dass sich in den Augen nur das Spitzlicht der ersten Leuchte wiederspiegelt. Als Hintergrund diente eine banale, gehämmerte Glanzfolie, wie man sie sonst im Studio zum Basteln von Glanzaufhellern verwendet.

4.1.3. Wabenvorsätze

Zu den Reflektoren P 70 und P 65, aber auch zu den später beschriebenen Flächenleuchten Hazylight und Striplite, gibt es sogenannte *Waben-*

vorsätze bzw. *Wabenraster.* Es sind dies schwarze Profilgitter, die eine Streuung des Lichtes nach aussen verhindern. Der Charakter einer Lichtquelle verändert sich dabei kontrastmässig fast nicht. Wabenvorsätze verleihen dem Licht dagegen – abhängig von der Wabenzellen-Grösse – einen mehr oder weniger starken seitlichen Helligkeitsabfall. Dadurch sind spotähnliche, eng begrenzte Beleuchtungen ohne die Härte eines Scheinwerfers möglich. Operiert man nur mit den Randpartien des Leuchtfeldes, lassen sich starke Hintergrundverläufe erzielen, die ohne weiteres innerhalb des Bildfeldes von weiss bis nahezu schwarz verlaufen können.

Einen deutlichen Einsatz zu dieser Technik zeigt das nebenstehende Bild mit den Schuhen. Als Hauptlicht dient ein Pulso-Spot mit Projektionsvorsatz, der auf dem Untergrund einen scharfen Spotkreis mit verzogenem Schatten des stehenden Schuhs erzeugt. Gleichzeitig beleuchtet er die linke hintere Seite des am Angelhaken hängenden Schuhs. Der kreisförmige Hintergrundverlauf oben links wird durch eine Pulso-Leuchte erzeugt, die mit engem Wabenvorsatz versehen ist. Zur Aufhellung des hängenden Schuhs von vorne dient eine Leuchte mit Konus.

Aufnahme broncolor Creative Workshop

4.2 Beleuchtung mit indirektem und diffusem Licht

Das wohl meistgebrauchte Licht in der Fotografie ist indirektes, weiches Licht. Man kann grundsätzlich zwei verschiedene Arten dieses Lichtes unterscheiden: Licht, das durch *Reflexion*, und Licht, das durch *Diffusion* gestreut wird. Die erste Variante ist tatsächlich indirekt, indem das Licht beispielsweise über ein Reflexmaterial auf das Objekt geworfen wird. Je nach Beschaffenheit des Reflexmaterials und dem Abstand zum Objekt entsteht das Licht einer leicht oder stark verschleierten Sonne. Die zweite Variante ist Licht, das durch Diffusion auf das Objekt fällt, indem die Leuchte durch ein Diffusionsmaterial strahlt.

Die Wirkungsweise kann man gut verstehen, wenn man sich einen Gegenstand vorstellt, der durch zwei harte Lichtquellen bestrahlt wird: jede der Lichtquellen erzeugt Schatten, die sich überlagern, es bilden sich neben dem harten Kernschatten zwei hellere Halbschatten. Das durch Reflexion oder Diffusion gestreute Licht kann man sich als unendlich viele punktförmige Lichtquellen vorstellen, deren Kernschatten

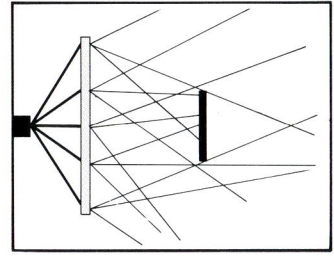

Wirkung einer
diffusen Lichtquelle

broncolor-Schirme

gende, High-Key-ähnliche Aufnahmen möglich, wie dies oft für duftige Portraits, Aktaufnahmen oder für Aufnahmen im Beauty-Bereich notwendig ist.

Situationsskizze zur Beauty-Aufnahme

Eine ganz besondere Art von «Schirm» stellt broncolor Satellite dar. Es handelt sich dabei um eine Art metallisch glänzende, paraboloide Schüssel wie bei einer Satelliten-Antenne.

sich alle überlagern und sich dadurch gegenseitig aufhellen. Die so flächenförmig gemachte Lichtquelle sendet einen Anteil ihres Lichtes gewissermassen hinter den Gegenstand und hellt die gebildeten Schatten auf, wie es unsere Abbildung verdeutlicht.

4.2.1 Schirme

Im Sortiment von broncolor sind Reflexschirme mit weisser oder silberner Oberfläche enthalten, die durch spezielle Halterungen leicht an den Leuchtenköpfen befestigt werden können. Weiter gibt es einen mit Diffusionsmaterial bespannten Schirm sowie Diffusorfilter zu den Reflektoren P 70, P 65 und Weichstrahler.

In beiden Fällen sind die Schattenwirkungen und die Farbsättigung abhängig von der Distanz der Lichtquelle zum Objekt. Ist diese klein, so entsteht ein sehr weiches Licht mit normaler Farbsättigung. Ist die Distanz hingegen grösser, wird das Licht härter und die Farbsättigung intensiver, da die Lichtquelle bei zunehmender Strahldistanz vergleichsweise immer kleiner wird (und eine punktförmige Lichtquelle bildet ja bekanntlich das härtestmögliche Licht).

Natürlich spielt auch die Grösse der Reflexions- oder Diffusionsfläche eine wichtige Rolle. Mit mehreren diffusen Lichtquellen sind hervorra-

broncolor Satellite

114

Aufnahme Jost J.Marchesi, Dällikon

Die Distanz der normalen Leuchtenköpfe Pulso F2 oder F4 zum Reflexmaterial des Satellite ist stufenlos verstellbar. Dadurch kann der Leuchtwinkel in gewissen Grenzen variiert und dem zu fotografierenden Sujet weitgehend angepasst werden.

Befindet sich die Leuchte im Brennpunkt des Paraboloids, ist die Strahlung praktisch parallel und gleicht somit einer Sonnenstrahlung. Insbesondere in dieser Stellung eignet sich der Reflektor zum Erzeugen von Sonnenlichtatmosphäre auch im kleinen Studio (was mit anderen Leuchten wegen der dabei notwendigen grossen Strahldistanz nur in sehr grossen Studios machbar wäre).

Die Ausleuchtung ist homogen und durch einen weichen Randabfall gekennzeichnet.

Liegt die Lichtquelle ausserhalb des Brennpunktes, entsteht eine mehr oder weniger divergente Strahlung mit grösserem Leuchtwinkel. Satellite kann auch zusammen mit der Tageslichtdauerquelle broncolor HMI 575 betrieben werden. Die effektive Lichtausbeute ist weitaus grösser als beim Einsatz von textilen Schirmen.

4.2.2 Flächenleuchten

Ein diffuses Licht mit gegenüber Reflexschirmen unvergleichlich besserer Farbsättigung erzeugen Flächenleuchten, bestehend aus *Leuchtelement*, *Blitzröhre*, *Reflektor* und *Diffusor*. Das entstehende wunderbare Licht gleicht demjenigen eines bewölkten Himmels. Erreicht wird dieses Traumlicht durch ein Leuchtelement mit einer hochreflektierenden Innenbeschichtung und einer vorgespannten, extrem lichtdurchlässigen Streufolie.

Die klassische Leuchte dieser Art ist das *Hazylight 2* und das *Hazylight soft* von broncolor und – mit grösserer Leuchtfläche – *Mini-Cumulite* und *Cumulite 2* sowie *Megalite*. Die Konstruktion dieser starren Flächenleuchten, bei denen sich bei einigen Ausführungen vor der Blitzröhre ein rückstrahlender Reflektor befindet, ermöglicht ein völlig gleichmässiges Ausleuchten des Diffusors.

Für die flächige Ausleuchtung von grossen und grössten Objekten eignet sich das Megalite-System. Dabei handelt es sich um eine Flächenleuchte im flexiblen Baukastensystem aus Alu-

broncolor Cumulite 2 im praktischen Einsatz

miniumelementen in den Breiten 1,5 und 2,5 m in insgesamt 14 Massen bis zur Grösse 2,5 mal 9,95 m.

Und weil im modernen Fotostudio die Grösse der Lichtquelle der Grösse des Aufnahmeobjekts angepasst werden sollte, die Form der entstehenden Spitzlichtreflexe unterschiedlich und objektangepasst sein muss, sind noch weitere Flächenlichtquellen entstanden: *Boxlite* unterschiedlicher Grösse und *Striplite* sowie *Lightbar*. Bei Striplite wie bei Hazylight 2 kann anstelle des Diffusors (oder davor) ein *Wabenraster* angebracht werden, um auch bei diesen Flächenleuchten gleichmässige Helligkeitsverläufe zu erzeugen.

Bei Boxlite handelt es sich um eine Art Leuchtenbausteine, lieferbar in den beiden Leuchtflächengrössen 20x30 und 30x40 cm. Die geniale Anordnung der Blitzröhren und der Einstellampen garantiert eine absolut gleichmässige Ausleuchtung der vorderen Leuchtfläche bis zu den Rändern. Die 14 cm tiefe Box aus stabilem Kunststoff ist vorne an der Leuchtfläche durch eine opake Plexiglas-Platte abgeschlossen.

Besonders vorteilhaft ist dabei die durchgehende Leuchtfläche gelöst. Die Gehäusekante ist von vorne nur als ganz feine Linie erkennbar, was erstens jeglichen störenden Schattenwurf

des Boxlite selber verunmöglicht und zweitens das Stapeln mehrerer Boxlite zu einer beliebig grossen Leuchtfläche erlaubt. Die vier schwarzen Seitenflächen weisen keine vorstehenden Kanten auf, was ein sehr bequemes Zusammenfügen ermöglicht.

Die durchgehende, gleichmässige Leuchtfläche verleitet natürlich dazu, das Boxlite als mitzufotografierende Leuchtfläche einzusetzen. Das Titelbild zu Kapitel 2 (Seite 56) ist zum Beispiel so entstanden.

Die Leuchtfläche eignet sich aber auch zum *Duplizieren von Diapositiven*. Dies insbesondere wenn von Grossformatdias kleinformatige Duplikate zu erstellen sind.

Zwar nicht wie Boxlite stapelbar, trotzdem aber von der Lichtart her vergleichbar sind Striplite 60 und 120. Es handelt sich dabei um zwei lange Flächenleuchten mit einer Leuchtfläche von 12x58 bzw. 12x112 cm, die mit 3200 J bzw. 6400 J belastbar sind. Dieses langgezogene Striplicht ist sehr universell einsetzbar und immer dann angebracht, wenn eine weiche Lichtquelle mit langer, gleichmässiger Leuchtfläche gewünscht ist. Das Striplite hat sich in der Modefotografie einen gewichtigen Platz erobert; bei seitlicher, vertikaler Anordnung wird vor allem die Stoffstruktur besonders schön und materialgerecht hervorgehoben. Die langgezogene Flächen-

Seitliche Beleuchtung mit Striplite
Aufnahme Lutz Tölle ACA Werbestudio GmbH, Hemer

leuchte überflutet das Modell von oben bis unten gleichmässig weich und erzeugt durch ihre Schmalheit trotzdem eine genügende Schattenwirkung, um die Materialwirkung zur Geltung zu bringen.

Natürlich ist der Einsatz von Striplite aber nicht nur auf die Modefotografie beschränkt. Bei Sachaufnahmen zum Beispiel entstehen langgezogene, gleichmässige Reflexe, die je nach Art eines spiegelnden Gegenstandes viel natürlicher und formgerechter wirken als die begrenzten Kleckse quadratischer oder runder Leuchten. Wie Boxlite ist auch Striplite eine weiche Flächenleuchte, deren Form und Grösse spezifisch häufig vorkommenden Objektgrössen angepasst sind.

Ganz ähnlich aussehend sind die neuartigen Effektleuchten Lightbar 60 und 120, Leuchten mit den Massen 12x58 sowie 12x112 cm. Im Gegensatz zu den Striplites weisen die Leuchten Lightbar nicht einen flachen, sondern einen *tunnelförmigen* Plexidiffusor auf. Damit wird der

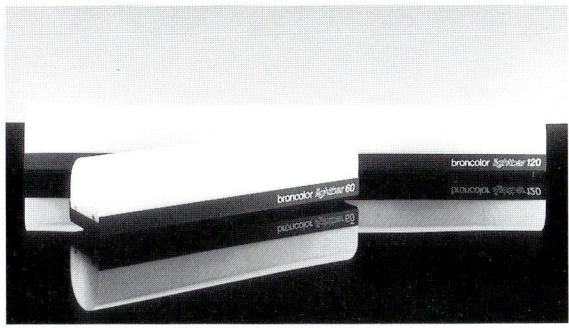

broncolor Lightbar

Lichtabstrahlwinkel auf 210° erhöht, so dass sich Lightbar überall dort besonders bewährt, wo auf kurze Distanz ein Innenraum auszuleuchten ist. Denken wir dabei an Innenräume von Autos und Möbeln, an das Setzen von Reflexen an gewölbten Karrosserieteilen, an das Erzeugen von Hintergrundverläufen usw.

Als Zubehör erhältliche Abschirmklappen mit Doppelgelenk – passend zu Lightbar und Striplite – erleichtern dabei die Lichtsteuerung.

4.2.3 Textile Flächenleuchten

Schliesslich gibt es noch das ganze Sortiment von *Pulsoflex-Reflektoren* für die Pulso-, Minipuls- und Compuls-Leuchtenköpfe bzw. das *Impaflex-Sortiment* für die Kompaktgeräte Impact. Es handelt sich um eine Art preisgünstige «faltbare Hazylights», die am Bajonett der Leuchten angesetzt werden. Pulsoflex- und Impaflex-Reflektoren bestehen aus einem Montagering, vier Metallstäben, einem Reflektorüberzug und einem Textildiffusor. Der Zusammenbau der in vielen Grössen erhältlichen textilen Flächenleuchten in Bruchteilen einer Minute kann am Aufnahmeort geschehen. So hat man auch «on

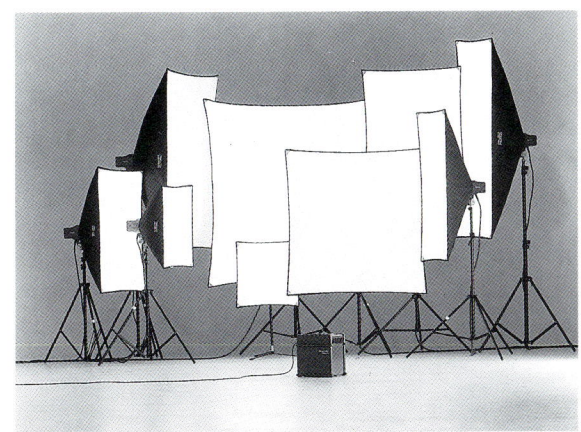

Das Pulsoflex-Sortiment

location» die Möglichkeit, mit grossen Flächenleuchten zu arbeiten, die bekanntlich trotz weicherem Licht eine grössere Farbbrillanz erzeugen, als dies bei herkömmlichen Schirmen der Fall ist. Der Textildiffusor wird an der verstrebten Flächenleuchte ganz einfach mittels Klettband befestigt.

Weil bei den textilen Flächenleuchten die Blitzröhre nach vorne nicht abgedeckt ist, entsteht ein etwas härteres Licht als bei starren Flächenleuchten mit geringfügigem Helligkeitsabfall gegen die Diffusor-Ecken zu. Dieser *Hot-Spot-Effekt* wird zum Beispiel innerhalb der Modefotografie sehr geschätzt und die textilen Leuchten aus diesem Grunde oft den starren Flächen vorgezogen.

Gleich wie bei den starren Flächenleuchten ist auch bei den textilen Flächenleuchten der Anteil des unkontrollierbaren Streulichtes derart gering, dass auch hier satte und leuchtende Farben entstehen.

Wenn eine solche zusammenlegbare Flächenleuchte besonders gross sein soll, eignet sich *Megaflex* in den Grössen 200 x 120 cm und 300 x 120 cm. Die Megaflex Flächenleuchte ist ein Soft-Reflektor mit zwei übereinanderliegenden Diffusoren, welche mit zwei Pulso- oder Primo Leuchtenköpfe bestückt wird. Auch der Einsatz von zwei broncolor HMI 575 Leuchten ist möglich. Die Ausleuchtung und damit der Hot-Spot-Effekt ist veränderbar, indem die beiden (mit Klettband befestigten) Diffusoren wahlweise gemeinsam oder einzeln verwendet werden.

4.2.4 Diffusions-Folien

Ein ganz ähnliches, wenn meist auch etwas härteres Licht ist behelfsmässig durch den Einsatz von *Streufolien* vor normalen Leuchten möglich. Die Lichtwirkung ist durch die Streustärke der Folie und durch den Abstand der Leuchten zur Folie in recht weiten Grenzen variierbar. Es gibt im Handel dazu spezielles Kunststoff-Folienmaterial auf Rollen, z.B. von *Bulkton Translum-Folie*. Behelfsmässig kann aber auch weiss-opakes Zeichenpapier (sogenanntes «Kalkpapier») Einsatz finden.

Die folgende Aufnahme ist durch eine weiche *Lichtzange* entstanden. Dabei fand auf der rechten Seite ein Hazylight 2, auf der linken indessen eine grosse Translum-Folie mit dahinterstehender Normalleuchte Anwendung. Die

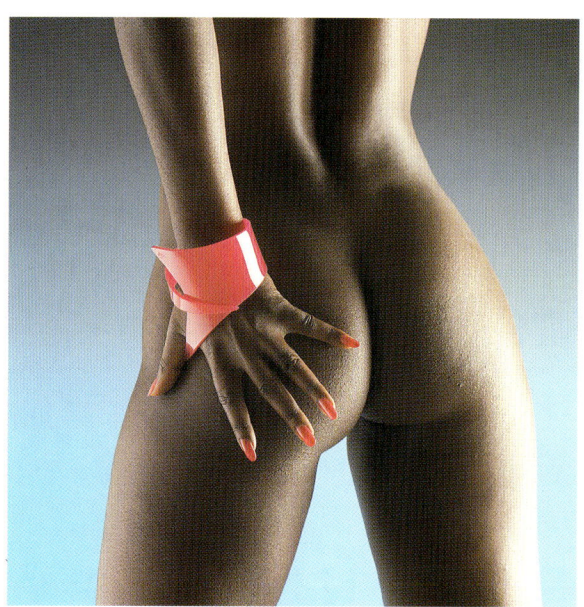

Aufnahme Jost J. Marchesi, Dällikon

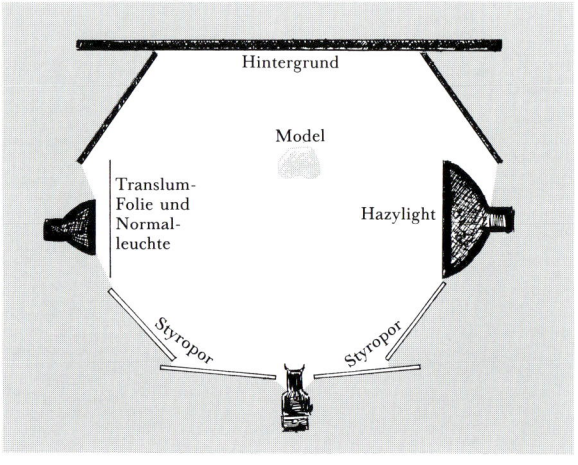

Situationsskizze

broncolor Megaflex

frontale subtile Aufhellung wurde mit weissen Styropor-Platten vorgenommen, wie es die Situationsskizze zeigt.

Der kreativen Bastlerei – wenn es um die Erzielung eines geeigneten Lichtes geht – sind dem Fotografen keine Grenzen gesetzt! Nicht umsonst spricht der Profi von «Licht machen», wenn er von der Beleuchtungstechnik redet.

Opakes Acryl-Glas im Studioeinsatz

Dem selben Zweck wie dünne Streufolien dienen weiss-opake Acrylglas-Platten (Plexiglas), die es in unterschiedlichen Dicken gibt. Plexiglas ist mit der Säge und Feile bearbeitbar; dünne Platten lassen sich gar mit dem Messer schneiden. Man schneidet bei Bedarf ein in Form und Grösse benötigtes Stück dieses Materials aus und klebt mit schwarzem Klebeband dort, wo notwendig, ein Stück dicke schwarze Pappe im rechten Winkel an. Eine dahinter gestellte Leuchte bringt das Plexiglas diffus zum Leuchten. Die schwarze Pappe verhindert das Austreten von unerwünschtem Streulicht. Mit dieser Methode lassen sich im Studio rasch gewünschte Reflexbildner oder leuchtende Aufheller in jeder gewünschten Art herstellen.

Genauso einfach kann man eine grosse Opal-Acrylplatte mittels Studioklammern an Stativsystem-Teilen befestigen und mit einer oder mehreren normalen Leuchten durchstrahlen. Jede beliebige Form der strahlenden Fläche kann leicht durch Abkleben mit schwarzer Pappe erstellt werden.

Natürlich tönt diese Do-it-yourself-Anleitung in den Ohren etablierter Studioblitzanlagen-Hersteller und in denjenigen der Sicherheitsfanatiker wie schierer Frevel, sind solche Leuchtanlagen doch alles andere als stabil. Und ob das schädliche Streulicht immer abgeschirmt wird? Oder ob die verwendete Acrylqualität auch wirklich frei von Fluoreszenz- oder Farbstoffen ist? Und was, wenn die ganze Geschichte durch das Einstellicht zu heiss wird und in Brand gerät? Sicherlich sind all diese Einwände gerechtfertigt. Doch gehört das Improvisieren im Fotostudio zum kreativen Alltag; und wenn eine für den Auftrag geeignete Leuchte nicht vorhanden ist, so muss sie der Profi eben basteln, da bleibt gar nichts anderes übrig, denn schliesslich ist man in erster Linie «Lichtmacher», koste es was es wolle. Verwendet der «Lichtmacher» bei der Improvisation einer Flächenleuchte das falsche oder ungeeignete Material, dann ist er selber schuld und muss sein Lehrgeld bezahlen. Was schliesslich zählt, ist das Bildresultat und weniger die zur Realisation eingesetzten Anlagen.

4.3 Objektmodulation und Reflexsteuerung

Würde sich die Beleuchtungstechnik darauf beschränken, für eine zu machende Aufnahme lediglich genügend Helligkeit zu liefern, würden ganz einfache Beleuchtungsgeräte – wie etwa Amateurfilmleuchten – genügen. Innerhalb der Kunst der Beleuchtungstechnik geht es indessen nur sehr beschränkt um das Problem genügender Helligkeit. Vielmehr ist Beleuchtung das kreative Spiel mit Licht und Schatten, geht es doch um die objektgerechte (oder bewusst verfremdende) Helligkeitsmodulation und um das Setzen bildunterstützender und aussagekräftiger Reflexe und Spitzlichter. Wie oft sieht man Aufnahmen, die mit richtiger Fotografie nur das bilderzeugende Medium gemeinsam haben, deren Objekte aber im besten Sinne des Wortes zu Tode beleuchtet wurden!

Genauso banal werden mit der Zeit Bilder, die zwar bei einem «schönen» Licht entstanden sind, das aber vom Fotografen immer und immer wieder für jedes noch so unterschiedliche Objekt nahezu gleich eingesetzt wird. Ein ebenso klassisches wie unschönes Beispiel zu dieser Arbeitstechnik demonstrieren die Bilder vieler sogenannter Portrait-Fotografen, die mit festmontierten Beleuchtungsanlagen jeden Pas-

4.3

santen innert wenigen Minuten ablichten, ohne auf die Persönlichkeit, das Aussehen und die Verwendungswünsche des Abgebildeten zu achten. So geht es natürlich nicht. Es kann kein Standardlicht für ein bestimmtes Objekt geben! Dies ist höchstens in dem Sinne möglich, dass ein Stillife-Fotograf bei monotonen und nicht besonders gut zahlenden Katalog-Serien die Objekte gruppiert und mehrere Sujets nacheinander bei gleichem oder doch sehr ähnlichem Licht fotografiert. In allen anderen Fällen ist das Licht gemäss dem Objekt und der kreativen Bildvorstellung zu «machen».

Wichtig ist dabei insbesondere die Wahl einer Hauptbeleuchtung, die das aufzunehmende Objekt helligkeitsmässig in geeigneter Art moduliert. Die wichtigsten Grundlagen dazu haben wir bereits am Anfang dieses Kapitels besprochen. Je nach Grösse der Leuchtfläche einer Lichtquelle, deren Abstand zum Objekt und deren Leuchtwinkel entsteht auf dem Sujet ein mehr oder weniger ausgeprägter Helligkeitsverlauf, der den Übergang von Licht und Schatten weich oder hart abgegrenzt erscheinen lässt. Ein schattenlos ausgeleuchtetes Sujet kann gelegentlich wohl reizvoll und für einen bestimmten Zweck genau richtig sein, in der Regel lebt eine Darstellung jedoch durch das unterschiedliche Spiel zwischen Lichtern und Schatten.

Mit wenigen Ausnahmen wird dies erreicht durch den sparsamen Einsatz von Leuchten. Künstliches Licht im Studio ist immer eine Imitation von Sonnenlicht, von Tageslicht. Mit Hilfe unserer Blitzanlagen und viel beleuchtungstechnischer Erfahrung ist es möglich, jede Tageslichtsituation darzustellen. Aber in nahezu allen Fällen ist eine natürliche Beleuchtung anzustreben.

4.3.1 Der klassische Beleuchtungsaufbau

Wir Menschen beziehen in der Natur alles Licht direkt oder indirekt von der Sonne. Es gibt für uns aber nur *eine einzige Sonne*, und darauf müssen wir beim Aufbau einer künstlichen Beleuchtung achten. Wie es in freier Natur nur eine einzige Lichtquelle gibt, so muss auch im Fotostudio mit *einer einzigen Hauptlichtquelle* gearbeitet werden. Jede weitere verwendete Leuchte kann und darf nur den Charakter einer Hilfslichtquelle haben, sei es, um Schatten aufzuhellen, sei es, um Hintergründe anzustrahlen oder Effektlichter zu setzen. Niemals aber dürfen mehrere Hauptlichtquellen aus verschiedenen Richtungen eingesetzt werden. Eine Ausnahme bilden höchstens Beauty-Aufnahmen mit mehreren, praktisch gleichwertigen, überaus weichen Lichtquellen.

Höchst unangenehm wirken Bilder, auf denen Gegenstände mit kreuzweise verlaufenden Schlagschatten die Verwendung mehrerer Hauptlichtquellen aus unterschiedlichen Richtungen verraten und meist auf einen Fotografen mit wenig Erfahrung hinweisen.

Eine klassische Beleuchtung besteht daher aus folgenden Elementen:

- Hauptlicht
- Aufhellung/Reflexsteuerung
- Effektlicht
- Hintergrund-/Untergrund-Beleuchtung

In der Regel wird die Beleuchtung etwa in dieser Reihenfolge aufgebaut. Dabei sollte das Hauptlicht so gesetzt werden, dass die Bildwirkung bereits ohne zusätzliche Leuchten gut ist. Als Grundsatz gilt: Jedes Licht ist so zu «machen», dass die Bildwirkung ohne weitere Hilfe bereits optimal ist. Erst wenn dies kompromisslos erreicht ist, darf das nächste Licht – das dann immer ein Hilfslicht ist – gesetzt werden.

Es liegt auf der Hand, bei dieser systematischen Arbeitsweise kriegt man das «Werkzeug» Licht in den Griff und lernt mit ihm souverän umzugehen. Ist man bei der visuellen Beurteilung der Beleuchtungswirkung in bezug zur Wirkung auf

Aufnahme C.J. Winter, Stuttgart

Aufnahme C.J. Winter, Stuttgart

dem Filmmaterial noch etwas unsicher, so ist der Vorgang des «Licht machens» vorzugsweise mittels Sofortbildmaterial zu dokumentieren. Insbesondere hat es sich gezeigt, dass ein Kontrollpola nach dem Setzen des Hauptlichtes oft weiterhilft, wenn man zu einem späteren Zeitpunkt der Beleuchtungsarbeit einmal nicht sicher ist, ob die weiteren Leuchten, die man gesetzt hat, auch tatsächlich eine Bild- und Aussageverbesserung gebracht haben.

Je nach Aufnahmeobjekt kann und muss der Arbeitsvorgang leicht variieren. Der klassische Beleuchtungsaufbau sieht oft etwa so aus, wie nachfolgend anhand der Aufnahme mit dem bogenschiessenden Mädchen erläutert:

Das Modell wird mit genügend grossem Abstand vor dem farblich oder tonwertmässig passenden Hintergrund plaziert. Um den Hintergrund im richtigen Wert erscheinen zu lassen, wird in diesem Fall als erstes Licht das *Hintergrundlicht* gesetzt. Es besteht in unserem Beispiel aus einer Normalleuchte, die weit genug rechts oben stehend auf dem Hintergrund einen nach links unten verlaufenden Helligkeitsverlauf erzeugt. Bei der Ausleuchtung des Hintergrundes ist darauf zu achten, dass möglichst kein Licht auf das

Aufnahme Jost J.Marchesi, Dällikon

Modell fällt. Sind die Reflektoren nicht genügend eng strahlend, muss man mittels schwarzen *Lichtschluckern* allfällig auf das Modell fallendes Licht zurückhalten.

Unter Lichtschluckern versteht man schwarzmatte, grosse Kartons oder Platten, die als Lichtbarrieren wirken können. Ich verwende im Fotostudio dazu normalerweise Styroporplatten, die einseitig mit matter schwarzer Dispersionsfarbe bestrichen sind. So kann die auf einer Seite weiss und auf der anderen schwarz gehaltene Platte, an ein Lampenstativ geklammert, wahlweise als Lichtschlucker oder als garantiert weissmacherfreier Aufheller verwendet werden. Sobald das Hintergrundlicht sitzt, beschäftigt man sich mit dem *Hauptlicht,* der wichtigsten Lichtquelle. In unserem Beispiel besteht die Hauptlichtquelle, seitlich rechts der Kamera stehend, aus einer grossen rechteckigen, textilen Flächenleuchte, die auch gleichzeitig die Reflexe auf der nassgemachten Haut und dem Anzug erzeugt.

Die Stellung des Hauptlichtes setzt bereits Aussageprioritäten. Bei einer Portraitaufnahme kommt das Hauptlicht in der Regel von schräg vorn oben. Das in den Augen entstehende Spitzlicht sitzt so seitlich der Pupille und verändert dadurch den natürlichen Ausdruck der Augen nicht. Ein zu frontales Licht ergäbe ein in der Pupille sitzendes Spitzlicht, das den Blick der Darzustellenden irritiert aussehen liesse. Doch kann auch dies – wenn gewollt angewandt – die beabsichtigte Bildaussage verstärken. Ebenso ein tiefes Bühnenlicht, das dem Modell etwas Dämonisches verleihen würde.

Eine optimale Lichtführung des Hauptlichtes bei einem Portrait beleuchtet die eine Gesichtshälfte des Modells, während die andere noch im dunkleren Schattenbereich liegt.

Das Hauptlicht gilt dann als richtig gesetzt, wenn ohne weitere Lichtquellen oder Aufhellungen keine Bildverbesserung mehr erzielt werden kann. Eine mit dieser Beleuchtung gemachte Aufnahme müsste bereits einen sehr guten Eindruck hinterlassen.

Als nächstes folgt die *Aufhellung* allfälliger Schattenpartien. In unserem Beispiel ist die linke Körperseite nur durch eine nicht zu nah stehende weisse Styroporplatte aufgehellt. Natürlich könnte die Aufhellung auch durch eine weitere, viel schwächere Leuchte erfolgen. Oft günstiger ist aber die erwähnte Aufhellung mit weisser Styroporplatte (oder notfalls einem weissen Karton). Man fährt dazu mit der Aufhell-

Aufnahme Daniel Gendre, Küsnacht

wand so nahe an die dunklere Gesichts- oder Körperhälfte des Modells, dass das davon reflektierte Licht der Hauptlichtquelle die Schatten gerade wunschgemäss aufhellt. Die Aufhellung ist dadurch in jedem Fall bedeutend schwächer und konkurrenziert nicht mit dem Hauptlicht. Sobald auch hier keine weitere Verbesserung mehr zu erzielen ist, kann noch ein *Effektlicht* gesetzt werden. Beim Portrait ist dies in den meisten Fällen ein *Kopflicht*, das durch weiteres, gerichtetes Licht noch mehr Leben in die Haare bringt. In unserem Beispiel ist das Effektlicht links oben plaziert, damit sich auf den Schultern und Armen der Bogenschützin ein spielerischer Sonnenschatten zeigt und die schwarzen Haare etwas konturiert werden.

Die Vierklappenblende am Stufenlinsenscheinwerfer, ein Konus oder ein sauber gestellter Lichtschlucker verhindern normalerweise, dass Effektlicht auf das Gesicht des Modells fällt. Geschieht dies nämlich, entsteht häufig in der Höhe des Backenknochens ein dreieckiges Lichtfleckchen, das ich persönlich despektierlich als «Hundebiss» bezeichne. Es soll allerdings anerkannte Portraitfotografen geben, bei denen derartige «Hundebisse» beliebt sind. Nun, keine Regel ohne Ausnahme.

Das geschilderte Aufbauprozedere stellt das Schema des klassischen Beleuchtungsaufbaus dar. Diese Anleitung führt den Anfänger sicher zum Ziel. Sie soll und darf aber die Experimentierlust nicht beeinträchtigen. Von der klassischen Beleuchtung sind Varianten denkbar, die immer aber den gewünschten Ausdruck zielbewusst unterstützen sollen und nie den Eindruck des Zufälligen demonstrieren dürfen.

Auch bei anderen Aufnahmeobjekten führt der klassische Beleuchtungsaufbau in den entsprechenden, objektgerechten Abwandlungen zum Ziel. Immer gilt – mit wenigen bewussten Ausnahmen – ein einziges Hauptlicht (denn es gibt auch nur eine Sonne für den Erdenbewohner), dezente Aufhellung und zum Schluss das Setzen akzentuierender Effektlichter. Das folgende Licht darf immer erst gesetzt werden, wenn das vorhergehende optimiert ist!

4.3.2 Reflexsteuerung

Auf sämtlichen Gegenständen, die nicht tiefmatt und damit äusserst diffus reflektierend sind, bedeutet «Licht machen» nicht zuletzt das souveräne Plazieren eines mehr oder weniger ausgeprägten Reflexes. Kleine Spitzlichtreflexe kann man zum Beispiel mit Spiegelfolien, mit Spiegeln, auch mit Hohlspiegeln setzen. Darüber werden wir in diesem Kapitel noch sprechen. Unter Reflexsteuerung verstehe ich das bewusst modulierende Plazieren objektgerechter Helligkeitspartien.

Ist der Aufnahmegegenstand hochglänzend, so spiegelt sich im Objekt das gesamte Aufnahmestudio. Zwar gibt es im Zubehörhandel halbmatte und matte Sprays, mit denen hochglänzende Objekte gespritzt werden können, damit man sie leichter fotografieren kann. Doch von solcher Unprofessionalität wollen wir möglichs Abstand nehmen. Professionell fotografierbar werden hochglänzende Gegenstände dann, wenn wir bewusst Umgebungseinspiegelungen vornehmen. Das kann zum Beispiel durch das Plazieren geeigneter Papiere sein, die ihrerseits gekonnt angestrahlt werden und die sich im Gegenstand spiegeln. Befinden sich solche Pappen weit genug entfernt und wird die Schärfe auf den Gegenstand gestellt, so befinden sie sich ausserhalb der erreichbaren Schärfentiefe und werden nichtstrukturiert abgebildet.

Aufnahme ACA Werbestudio GmbH, Hemer

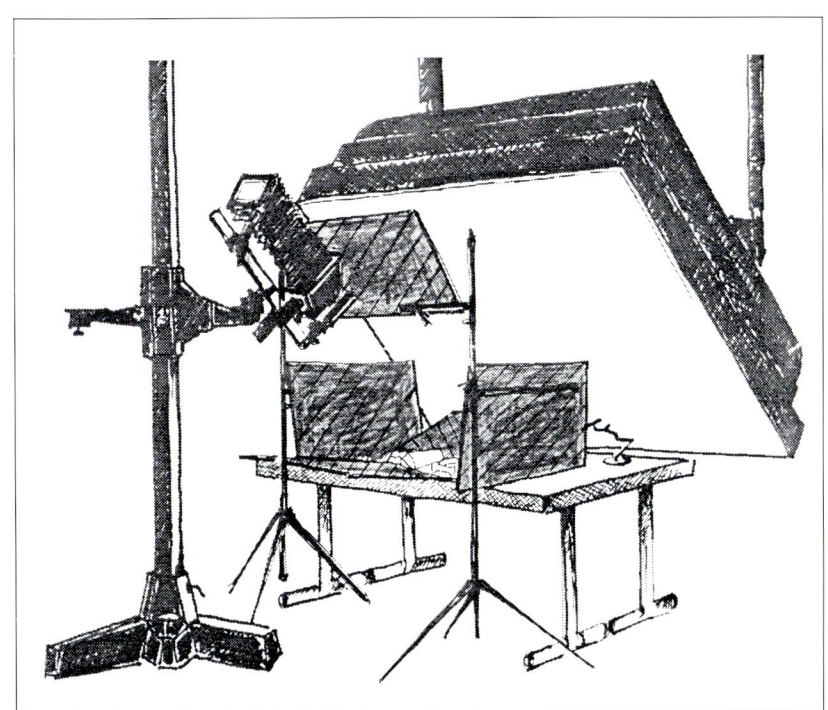

Pflegelinie. Aufnahme Jost J.Marchesi, Dällikon

Situationsskizze Pflegelinie

Wünscht man in einem Gegenstand helle Lichtreflexe, so realisiert man diese tunlichst direkt mit der Hauptlichtquelle. Und da die Reflexe dann in der Regel gross sein müssen, werden grosse Flächenleuchten benötigt, wie z.B. Hazylight 2, Cumulite oder Megaflex. Bei ausserordentlich grossen Objekten, wie Autos, setzen die Spezialisten gar noch grössere Lichtwannen, wie zum Beispiel Megalite, ein.

Typische Beispiele für das grossflächige Setzen von Reflexen sind die Arbeitsproben «Pflegelinie», «Schriftsatz», «Beauty» und «Tischgedeck».

Pflegelinie

Für ein Zeitschrifteninserat wünscht die Werbeagentur die Darstellung einer neuen Pflegelinie mit Töpfchen und Tuben, die sich auf einzelnen, mittelgrauen Acryl-Elementen befinden. Erwünscht sind ungemein weich verlaufende Töne auf den Gefässen, kombiniert mit relativ schweren Objektschatten. Als Farbeffekt darf an

Schriftsatz. Aufnahme Jost J.Marchesi, Dällikon

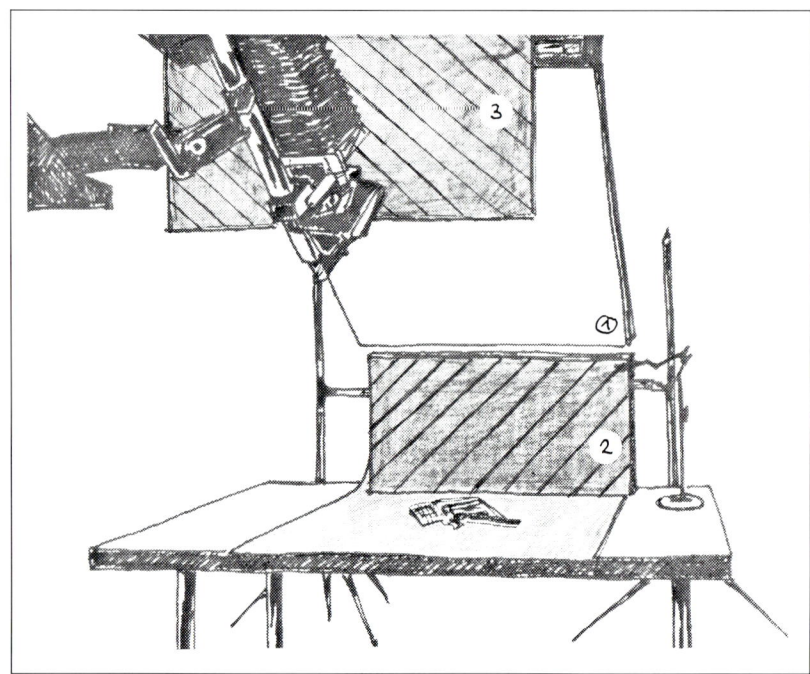

Situationsskizze Schriftsatz

geeigneter Stelle eine zartfarbene Blume ein-komponiert werden. Die verlangte Beleuch-tung, welche die Objekte weich umschmiegt und die Rundungen durch lange Reflexe zur Geltung bringt, ist nur möglich mit überaus grossflächiger, sehr weicher Beleuchtung. Als einzige Lichtquelle wird dann auch eine gross-flächige Megaflex eingesetzt, die von hinten oben in schräger Stellung die Objekte mit Licht umschmeichelt. Die Winkelstellung der Leuchte ist so gewählt, dass sich die Lichtquelle noch vollständig im Döschen-Deckel wieder-spiegelt. Die Schatten entstehen durch Eigenre-flexion der unbeleuchteten Objekt-Teile im hochglänzenden Acryl.

Die gesamte Objektumgebung ist mit schwar-zem Papier abgedeckt. Schwarze Lichtschlucker links, rechts und im Vordergrund erhöhen die Kontrastwirkung in den unbeleuchteten Ob-jektstellen.

Schriftsatz

Für die Titelseite einer Kundenzeitschrift eines Lieferanten für die grafische Industrie muss ein Blei-Handsatz mit Schiff, Pinzette und Winkel-haken dargestellt werden. Der Auftraggeber stellt sich vor, dass das Arrangement auf einem dunklen Untergrund steht, der nach vorne hel-ler wird. Die Abbildung soll sämtliche Feinhei-ten und Strukturen zeigen, die Reflexe im Me-tall sollen langgezogen erscheinen. Und schliesslich muss das Arrangement ausgeglichen und ästhetisch wirken.

Zum Erzielen des geforderten Eindrucks mit grossflächigen Reflexen auf den horizontal lie-genden metallenen Gegenständen wird als ein-zige Lichtquelle ein Cumulite (1) eingesetzt, das in relativ flachem Winkel von hinten sein Licht über das Arrangement ausbreitet.

Das direkte Licht zur Kamera wird durch einen am Cumulite befestigten Lichtschlucker (3) ab-geschirmt. Ein weiterer Lichtschlucker (2) steht senkrecht hinter dem Objekt, gerade ausserhalb des Bildes, und sorgt für den geforderten Hel-ligkeitsverlauf auf dem Untergrund. Als Unter-grund ist eine schwarze, matte Kunstharzplatte eingesetzt, die nach vorne durch den gross-flächigen Reflex der Lichtquelle entsprechend heller erscheint.

Beauty

Als Werbeaufnahme für eine wasserfeste Schmink-Linie wünscht der Auftraggeber eine Beauty-Aufnahme mit flacher Beleuchtung ei-

4.3

Beauty. Aufnahme Jost J.Marchesi, Dällikon

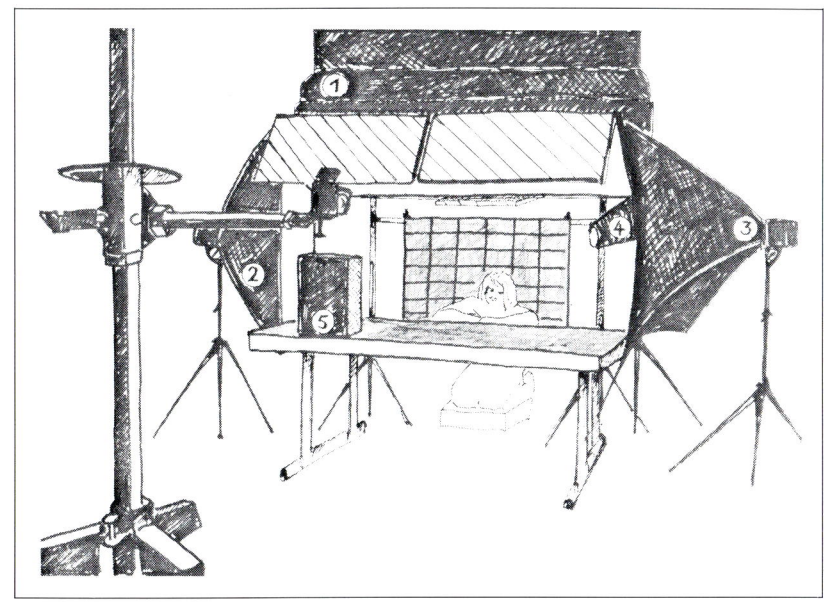

Situationsskizze Beauty

nes Mädchen-Gesichtes. Das Mädchen soll in einer Umgebung posieren, die «Nässe» oder «Nasszone» versinnbildlicht. In der Layoutvorstellung lehnt sich das Mädchen mit teilverschränkten Armen auf einer «nassen» Fläche auf und spiegelt sich leicht darin. Der Hintergrund darf z.B. ein Badezimmer andeuten. Der Vordergrund muss Nässe im gleissenden Licht zeigen; das Mädchengesicht indessen soll gleichzeitig relativ flach und schattenarm beleuchtet sein, um die Schminke ohne Schattenbeeinflussung darzustellen.

Um der Layout-Forderung gerecht zu werden, dient als Vordergrund ein Tisch, der mit schwarzer Glanz-Folie wellig bespannt ist, und als Hintergrund eine Wand mit schwarzen Kunststoff-Kacheln. Als einziges Requisit ist Hals- und Armschmuck gewählt worden, ansonsten ist das Modell unbekleidet.

Tischgedeck. Aufnahme Bron Elektronik

Um die geforderte weiche Gesichtsausleuchtung zu realisieren, dient als Hauptlicht eine Kombination von weichem Oberlicht und einer etwas härteren, beidseitigen Lichtzange, realisiert durch ein Cumulite (1) und zwei Pulsoflex 110 x 110 cm (2+3). Das Cumulite ist unmittelbar über dem Modell durch eine schwarze Styroporplatte partiell abgedeckt. Zur Haaraufhellung dient von hinten rechts eine Pulso-Leuchte mit Konus (4), die während der Aufnahme durch die Assistentin genau auf das Haar gerichtet wird. Der Fenster-Reflex links auf dem Hintergrund wird durch ein Boxlite (5) realisiert, das vorne links des Modells steht und in dessen weisse Fläche mit schwarzem Abdeckband ein «Fensterkreuz» eingeklebt ist.

Tischgedeck
Die Redaktion einer Feinschmecker-Zeitschrift wünscht die Darstellung eines modernen Gedecks mit Porzellan-Teller und Besteck auf einem dunkelroten Untergrund. Als Hauptlicht wird ein broncolor Cumulite 2 verwendet, weil dieses dank dreier einzeln oder gemeinsam zu verwendenden Leuchten über eine variable Ausleuchtung verfügt. Daher ist es möglich, im Motiv Verläufe einzuspiegeln und während der Einstellung zu kontrollieren. Der Aufbau ist in Bodennähe installiert, das Besteck im gereinigten Zustand auf dem Teller plaziert und wo nötig mit Haftmasse fixiert, die Serviette zur Rolle formiert und mit Stecknadeln gesichert. Das Cumulite 2 – nur mit der mittleren (einen Hot-Spot verursachenden) Leuchte betrieben – ist schräg hinter dem Motiv so plaziert, dass sich im Motiv ein Vollreflex ergibt. Durch den Hot-Spot-Effekt werden Spitzlichter und Verläufe erzielt, die den Objekten deutlich mehr Brillanz und «Volumen» verleihen. Die Serviette bekommt von links durch eine Pulso-Leuchte mit feinem Wabenraster einen zarten Lichteffekt. Der Vordergrund ist durch ein weisses Panel etwas aufgehellt, was zudem im Messergriff eine zusätzliche schöne Linie erzeugt.

Materialgerechte Beleuchtung

Ein jedes Material hat seine ganz spezifischen Eigenschaften, die es innerhalb der Fotografie zu berücksichtigen gilt. Insbesondere durch die richtige Anordnung der Beleuchtung beziehungsweise richtige Wahl des Leuchtentyps ist es möglich, die Oberfläche eines Gegenstandes materialgerecht oder eben auch materialverfremdet darzustellen.

4.4.1 Textilien

Gewebe benötigen in der Regel ein hartes *Streiflicht*, damit die Struktur zur Geltung kommt. Das gilt umso mehr, je feiner der Stoff in seiner Beschaffenheit ist. Bei sehr flachem Beleuchtungswinkel tritt die Struktur stark hervor, gleichzeitig wird aber die korrekte Farbwiedergabe beeinträchtigt. Hier wird man beide Effekte berücksichtigen und den geeigneten Kompromiss finden müssen. Sind die Gewebestrukturen grob, so darf der Beleuchtungswinkel steiler werden, da sonst eine Überbetonung der Struktur die Darstellung beeinträchtigen kann.
Gewebe und Kleider werden zum Fotografieren meistens von einem Modell getragen. Neben der richtigen Gewebe- und Farbdarstellung wird man daher noch auf eine möglichst gute Wiedergabe des Hauttones achten müssen. Als sehr günstigen Kompromiss haben sich zur Beleuch-

tung *textile Flächenleuchten* erwiesen, bei denen die Blitzröhre nach vorne nicht abgedeckt ist. Durch den entstehenden Hot-Spot-Effekt entsteht eine meist genügende Schattenwirkung in der Gewebestruktur und infolge der grossflächigen Aufhellung eine gleichzeitig korrekte Farbwiedergabe und eine angenehme, schön modu-

Aufnahme Stephan Ward, Hollingworth, Ches., GB

Katalogmode. Aufnahme Jost J. Marchesi, Dällikon

Aufnahme Fotostudio Lieb, Langnau a.A.

lierte Darstellung der Haut. Ähnlich wirkt das schmale *Striplite*, das durch sein nur 12 cm breites Lichtband ebenfalls eine deutliche Schattenwirkung in der Gewebestruktur verursacht.

Pelze beleuchtet man am besten mit vergleichsweise hartem und frontalem Licht, besonders, wenn es sich um dunkle Pelzfarben handelt. Dabei ist allerdings zu beachten, dass jedes Pelzhärchen ein von der Lichtquelle stammendes Reflexlicht trägt. Langhaarpelze verlangen daher nach einer möglichst grossen Lichtquelle, wie zum Beispiel einer grossen Flächenleuchte. Meist sind Kombinationen zwischen einer grossen, frontalen Flächenleuchte als Hauptlicht mit einem deutlich härteren seitlichen Streiflicht (Striplite oder Lightbar) ideal. Vorsicht auch bei der Belichtungsbestimmung, dunkle Pelze absorbieren unwahrscheinlich viel Licht. Einige merklich reichlicher belichtete Varianten lohnen sich bestimmt!

Pelz. Aufnahme Michael Nischke, Oberhaching

Unser Bildbeispiel entstand denn auch mit einem schrägstehenden Cumulite links oberhalb der Kamera (gegen die Kamera abgedeckt). Der stark lichtschluckende Pelz wird gezielt durch Pulso-Leuchten mit Reflektor P 70 strukturiert, ohne dabei die Haut des Modells aufzuhellen. Die Abhebung des Rückens gegen den Hintergrund entsteht durch eine rückwärtige Anstrahlung mit einem Spot, und die Körperaufhellung

schliesslich ist durch eine weisse Styroporwand, die mit einem Boxlite angestrahlt wird, bewerkstelligt. In den Haaren wird durch eine Pulso-Leuchte mit Konus, montiert am Stativgalgen, gezielt eine Lichtaura erzeugt.

Aufnahme ACA Werbestudio GmbH, Hemer

Ein *genarbtes Leder* verträgt ein weiches Aufhelllicht von vorne und zusätzlich ein hartes Streiflicht von der Seite, das leichte Spitzlichter erzeugt und dem Leder Glanz und Plastizität verleiht. Vorteilhafterweise behandelt man das Leder vor der Aufnahme mit einem Lederpflegemittel. Glatte Leder werden weitgehend weich beleuchtet und durch ein Effektlicht teilweise akzentuiert. Schlangen- und Krokoleder werden am echtesten wiedergegeben in einer Lichtzange, ähnlich einer Reprobeleuchtung, sofern dies das übrige Arrangement verträgt.

4.4.2 Glas und Getränke

Glaswaren sind besonders schwierig zu fotografieren. Wählt man einen hellen Hintergrund und eine sehr diffuse Beleuchtung, entstehen sehr zierliche Glasdarstellungen, bei denen das Glas mit dunklen Linien umrandet ist. Dasselbe entsteht auf dem durchleuchteten Aufnahmetisch, wenn das Durchlicht die einzige Beleuchtung darstellt. Durch schwarze Kartons, die seitlich plaziert werden, kann der Effekt noch verstärkt werden.

Dunkle Hintergründe, verbunden mit weichem Aufnahmelicht, bringen eine plastischere Darstellung des zerbrechlichen Materials. Diese Aufnahmeart eignet sich besonders bei Glaswaren mit Schliffen oder Ätzungen. Das Glas muss dazu allerdings äusserst sauber sein, denn der dunkle Hintergrund bringt jegliche Trübung sofort zutage.

Um noch mehr Leben ins Glas zu zaubern, kann man durch zusätzliches hartes Licht einige gesteuerte Reflexe anbringen, die bei gleichzeitigem Einsatz eines Sterneffektfilters einen zauberhaften und effektvollen Glanz vortäuschen. Längliche Reflexe entstehen, wenn man weisse

Pappen, die man separat beleuchtet hat, im Glas spiegeln lässt. Das Ausschalten eines jeden Reflexes ist in allen Fällen zu vermeiden. Lässt man zum Beispiel ein Fenster sich schwach im Aufnahmegegenstand spiegeln, ist die Atmosphäre dadurch sofort natürlicher. Ein künstliches Fenster entsteht zum Beispiel durch vier kleine Rechtecke, die man an geeigneten Orten in ein Lichtzelt schneidet, durch vier separate weisse Pappen, die man entsprechend im Glas spiegeln lässt oder durch ein mit schwarzem Klebband auf ein Boxlite aufgeklebtes «Fensterkreuz».

Soll in einem Glas ein transparentes Getränk, zum Beispiel Bier, präsentiert werden, montiert man unmittelbar hinter dem Glas eine kleine Spiegelfolie. Das Getränk wird dadurch leuchtend frisch, und jedes Kohlensäurebläschen wird sichtbar.

Aufnahme Andy Rosasco, Zürich

Aufnahme Soguel, Glattbrugg

Wird ein sehr kaltes Getränk in ein sauberes, aber warmes Glas geschüttet, entsteht ein feiner, ziemlich gleichmässiger Beschlag, der sich allerdings nicht lange hält. Werden statt dessen grössere Wassertröpfchen als Frische und Kühle imitierende Ambiance gewünscht, so stellt man das Glas vor dem Eingiessen der Flüssigkeit in den Tiefkühler, nachdem man es mit einem kaum spürbaren Hauch von *Glanz-Dulling-Spray* besprüht hat. Die Tröpfchen sprüht man nach dem Eingiessen mit einer Mischung aus Wasser und Glyzerin mit einem feinen Zersträuber auf.

Einige variierende Versuche in dieser Richtung ergeben für ein bestimmtes Getränk den passenden Beschlag. So macht man den Beschlag für ein kühles, frisches Bier nach folgendem Verfahren: Zuerst wird das Glas hervorragend gewaschen, bestens gespült und getrocknet. Dann wird es aussen mit Glanz-Dulling-Spray eingesprüht und der entstehende Belag mit faserfreiem Tuch gleich wieder wegpoliert. Am besten wiederholt man das Prozedere noch einmal. Danach wird das Glas an den Stellen, an denen ein Beschlag gewünscht wird, mit Wasser aus der Spray-Dose besprüht. Am besten eignet sich dazu *Evian-Mineralwasser* in der Aerosol-Dose, wie man sie in der Parfumerie kaufen kann.

Bei allen Kniffs und Tricks, welche die Werbefotografen täglich benutzen: Bierschaum ist durch nichts zu ersetzen! Ein Zusatz von wenig Netzmittel kann ihn zwar etwas stabiler machen, doch der gewiefte Bierfotograf schenkt das Bier so ein, dass der Schaum zwar gerade die richtige Höhe hat, das Glas aber noch nicht ganz gefüllt ist. Ist das Glas dann richtig plaziert, füllt er durch die Schaumkrone hindurch das fehlende Bier mittels einer grossen Pipette nach.

Für die Aufnahme «Sommer-Drinks» wurde als Hauptlicht ein Hazylight 2 (1) eingesetzt, das in leichtem Winkel von hinten oben das Arrangement beleuchtet und auf dem Untergrund einen Helligkeitsverlauf bewirkt.

Zur Bildung langgezogener Reflexe dient ein Striplite (2), das rechts senkrecht steht. Zur Verbesserung der Glaskonturen ist links vorne ein halbrund gebogener Lichtschlucker (3) angebracht.

Hinter beiden Flaschen befinden sich zugeschnittene Spiegelfolien, die mittels gut biegbarem Aluminiumdraht am Tisch mit Knetgummi befestigt sind und die den Flascheninhalt zum Leuchten bringen. Damit genügend Licht auf die Spiegelfolien gelangen kann, dürfen diese natürlich nicht direkt an den Flaschen anliegen, sondern müssen davon einen kleinen Abstand halten.

Zur Aufhellung schliesslich ist frontal ein gebogener weisser Pappkarton (4) angebracht.

Das blaue Getränk links ist eine Mischung aus Weisswein und Bols blue, das grüne Getränk entsteht durch Bols blue mit Orangensaft. Der Zuckerguss am Glasrand entstand durch Benetzen mit Zitronensaft und anschliessendem Aufsetzen auf ausgestreutem Zucker.

Die sauber gereinigte Champagner-Flasche ist mit Glanz-Dulling-Spray leicht besprüht und anschliessend mit Wasser aus der Sprühflasche benetzt worden.

Sommer-Drinks. Aufnahme broncolor Creative Workshop

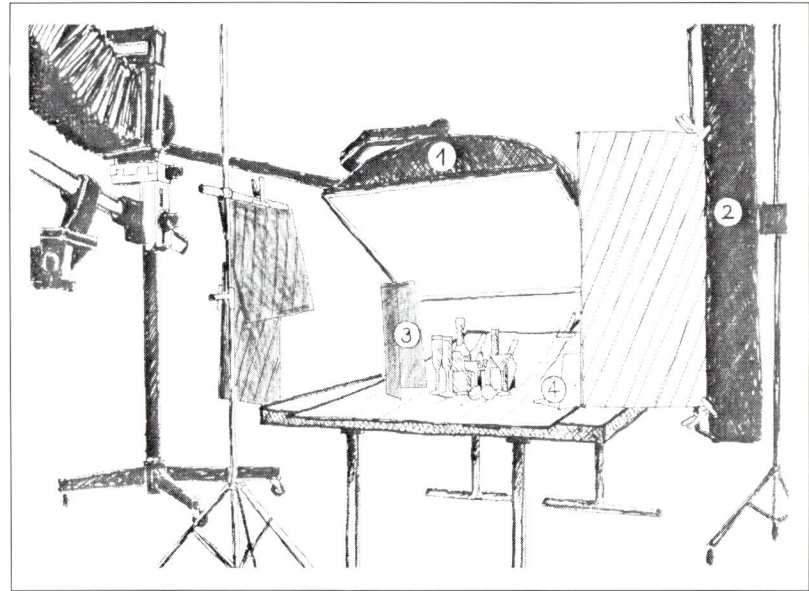

Situationsskizze Sommer-Drinks

Gefüllt ist das Champagner-Glas mit billigem Weisswein unter Zugabe von 5 ml Zitronensäure 30%. Kurz vor der Aufnahme ist mit der Pipette etwas 15%ige Natriumbicarbonat-Lösung in das Glas gespritzt worden, was anfänglich ein Aufschäumen bewirkt, als würde Champagner gerade eingeschenkt. Nach dem Aufschäumen lässt die Reaktion zwischen Säure und Carbonat während rund einer Minute Kohlensäurebläschen aufsteigen.

4.4.3 Metalle

Beschichtete und halbmatte Metallgegenstände ergeben kaum je Probleme. Schwieriger wird es mit hochglänzenden Materialien. Darin spiegeln sich nämlich der Fotograf und sein ganzes Aufnahmestudio sowie die harten Lichtkleckse der Aufnahmeleuchten. Für derartige Gegenstände kommt man nicht darum herum, ein *Lichtzelt* aufzubauen. Mittels Diffusionsfolie (strukturlose!) baut man um den Gegenstand ein möglichst faltenloses Zelt, das von aussen beleuchtet wird. Für das Objektiv der Kamera besitzt das Lichtzelt eine Öffnung. Die Lichtmodulierung erreicht man durch unterschiedlich starke Beleuchtung entgegengesetzter Seiten. Allfällig belebende Reflexe entstehen gesteuert, wenn man ausserhalb des Lichtzeltes an den gewünschten Stellen dunklere oder farbige Papiere befestigt, indem man Öffnungen ins Lichtzelt schneidet, oder mittels aufgelegten Spiegelfolien.

Wenn es einmal sehr eilt, lassen sich glänzende Gegenstände auch mit einem Matt- oder Halbmattspray, dem sogenannten Dulling-Spray, behandeln. So behandelte Gegenstände weisen allerdings eine leichte Struktur auf, die eine Anwendung bei Nahaufnahmen verbietet. Zudem ist der aufgesprayte Belag nicht auf allen Oberflächen leicht zu entfernen.

Flache, glänzende Metallgegenstände (wie z.B. Besteck und Schmuck) bieten kaum Schwierigkeiten, sofern sie nicht frontal fotografiert werden müssen. Man beleuchtet sie mit schrägstehender, möglichst grosser Flächenleuchte (z.B. Cumulite oder Megaflex) so, dass sich für den Aufnahmewinkel die gesamte Lichtquelle in den Gegenständen spiegelt. Allfällige dunkle Reflexe zur Belebung der Metalloberfläche werden mit dunklen Papieren eingespiegelt.

Kleine, hochglänzende Metallgegenstände, die lediglich dokumentarisch fotografiert werden

Aufnahme Soguel, Glattbrugg

Aufnahme Edith Posch-Rossow, Pforzheim

Aufnahme ACA Werbestudio, Hemer

sollen, legt man auf den von unten beleuchteten Aufnahmetisch oder auf ein Boxlite. Im Halbkreis spannt man darüber eine weisse Pappe, die für das Objektiv der Kamera lediglich eine kleine Öffnung enthält. So einfach sich diese Methode anhört, so wirkungsvoll und Arbeitszeit sparend kann sie unter Umständen sein.

4.4.4 Kunststoffe

Kunststoff ist selbstredend nicht Kunststoff. Das heisst, jedes Kunststoffmaterial kann sich völlig anders verhalten. Im allgemeinen wird man mit grossen Flächenleuchten sehr gut ans Ziel kommen. Grosse Probleme hat man mit hellem Küchenkunststoff, Tupperware und ähnlichem. Hier scheint das Licht in die Oberfläche einzutreten und dann sehr diffus gestreut zu werden. Bei diffusem Licht geht so die Formgebung optisch verloren. Natürlich kann man dem mit sehr genau geführtem, akzentuierendem Licht und einer Unmenge von Lichtschluckern abhelfen . Kommen jedoch diese Kunststoffgefässe innerhalb eines Stillife vor, so ist diese Beleuchtungsart manchmal sehr problematisch. Hier hilft ein Trick. Man nimmt kurz vor der Aufnahme die problematischen Kunststoffteile weg und legt sie während rund 20 Minuten in den

Tiefkühler. Von dort werden sie dann direkt wieder ins Arrangement eingesetzt, und die Aufnahme wird nach wenigen Minuten gemacht. Der entstandene leichte Oberflächenbeschlag löst die Probleme bei sehr weicher Lichtführung wie von selbst.

Je nach Aufnahme- und Beleuchtungswinkel hilft gelegentlich auch ein Polarisationsfilter, dies besonders bei dunklen Kunststoffen, in deren Seiten sich der helle Untergrund spiegelt.

Aufnahme Roland Diacon, Ostermundigen

4.4.5 Holz

Holzdarstellungen sind meist nicht sehr problematisch. Zur Belebung der Holzfläche genügt in der Regel ein vorheriges Behandeln mit einem geeigneten Holzpflegemittel. Die Belichtung ist als Allgemeinlicht vergleichsweise weich, zur Strukturierung dient ein zusätzliches, härteres Streiflicht. Wiederum kann unter idealen Winkelverhältnissen die Verwendung eines Polarisationsfilters die Holzmaserung besser zur Geltung bringen.

In lackierten Holzflächen lassen sich dunkle Lichtschlucker oder helle Flächen zur Belebung spiegeln. Dunkle Hölzer wirken übrigens auf dunklen Hintergründen besser, wie auch helle Hölzer auf eher hellen Untergründen.

Aufnahme Richard Steiner, Zürich

Aufnahme Bron Elektronik

4.4.6 Nahrungsmittel

Irgendwie geht die nicht ausrottbare Mär um, in der Nahrungsmittelfotografie sei alles Betrug. Glauben Sie mir, das stimmt nicht. Kaum ein Nahrungsmittel kann durch einen Ersatz besser fotografisch dargestellt werden. Für teure Flüssigkeiten sind billigere Ersatzflüssigkeiten denkbar. So kann man teuren Sekt ersetzen durch kohlensaures Mineralwasser, gemischt mit billigem Weisswein, oder einen teuren Rotwein durch einen billigeren gleicher Färbung. Auch Whisky kann ersetzt werden durch billigen Weinbrand gleicher Farbe, denn dieser hat dieselbe Fliesskonsistenz. Damit hat sich's aber, alles andere ist nicht ersetzbar, wenn höchste Bildqualität gefordert wird.

Kleine Retuschen am Objekt indessen gehören zum Alltag des Food-Fotografen. Salate, Braten, Wurstwaren wirken frischer, wenn sie kurz vor

der Aufnahme mit Olivenöl bestrichen werden. Auch Äpfel poliert man oft mit einem ölhaltigen Lappen vor der Aufnahme. Viele Früchte wirken frischer, wenn sie kurz vor der Aufnahme mit Wasser oder Glyzerin aus einer Fixativspritze besprayt werden, so dass sich kleine, diskrete Tröpfchen bilden. Spitzlichter kann man verbessern, wenn mit einem kleinen Pinsel an der gewünschten Stelle etwas Öl aufgetragen wird. Kann man einmal kein «Fotografiergemüse» auftreiben, so hilft zur Intensivierung der Farbe etwas farbige Tusche, so zum Beispiel bei Erdbeeren, Karotten und Bohnen. Frisches Gemüse kann durch lange Einstellarbeit lahm werden. Der gewiegte Fotograf besorgt sich daher alles Gemüse doppelt und lagert den einen Satz kühl, so dass kurz vor der Aufnahme optisch nicht mehr optimales Gemüse ausgetauscht werden kann. Ist einmal Not am Mann und hat man für die Aufnahme nur noch leicht welkes Grüngemüse oder Salat, so hilft es, wenn man das Stück einige Zeit ganz in eine verdünnte Sodalösung legt!

Bei Kaffee, Schokoladegetränken und Fruchtsäften kann die Schaumbildung verbessert werden, wenn ein silikathaltiges Mittel in das Getränk gegeben wird. Der Schaum lässt sich dann durch Einblasen von Luft mit einem Röhrchen intensivieren. Soll ein Kaffee oder Tee dampfen, ja dann hilft tatsächlich nur Chemie. Geben Sie etwas verdünnte Salzsäure ins Getränk. Nach Zugabe einiger Tropfen Salmiakgeist tritt ein echter Dampf ohne Blaustich auf! Auch hier sind einige Vorversuche notwendig.

4.5.1 Verläufe

Das Lambert'sche Gesetz sagt aus, dass die Helligkeit des von einem Material reflektierten Lichtes unter anderem auch vom Winkel des einfallenden Lichtes abhängig ist. Je grösser der Einfallswinkel (vom Lot aus gesehen), umso geringer ist die reflektierte Helligkeit.

Richten wir also die Strahlen einer punktförmigen Lichtquelle von hinten gegen einen horizontal liegenden Untergrund, so wird der Vordergrund – unterstützt durch das Gesetz des Lichtabfalls in Abhängigkeit der Strahldistanz – dunkler dargestellt als der Hintergrund; es entsteht ein Helligkeitsverlauf.

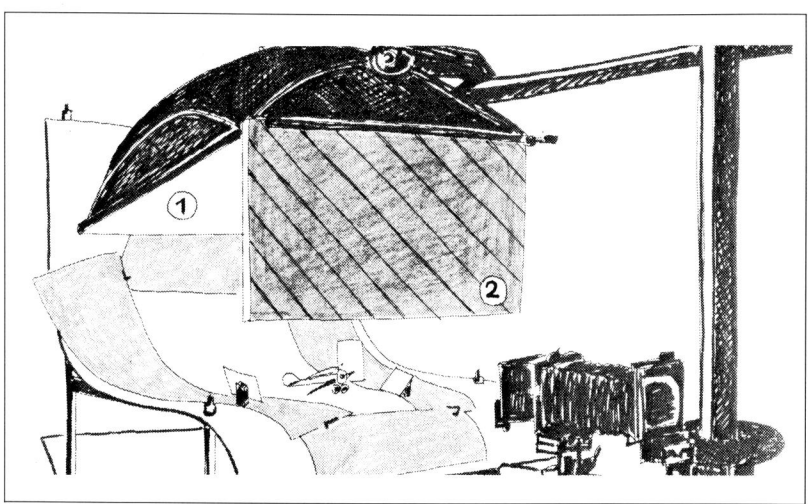

Helligkeitsverlauf, erzielt mit Hilfe des Lambert'schen Gesetzes. (1) Flächenleuchte, (2) Abdeckung des gegen die Kamera strahlenden Lichtes mittels Lichtschlucker

In der Praxis realisiert man derartige Verläufe vorwiegend mittels schräg stehender Flächenleuchten, die gegen die dunkel verlaufende Seite hin oft zusätzlich mit schwarzer Pappe oder geeigneter Abschirmklappe oder schwarz gestrichenem Styropor abgedunkelt wird. Je nach gewünschtem Effekt eignen sich dazu Hazylight 2, Cumulite, Megaflex oder Striplite. Eingesetzte *Wabenraster* (bei Hazylight 2 oder Striplite) unterstützen natürlich den Effekt, da diese einen zusätzlichen Lichtabfall erzeugen. Bei kleinen Objekten kann der Verlauf auch mit einem schräg zum Untergrund stehenden Boxlite erzeugt werden. Wird ein Untergrund hinten zur *Hohlkehle* hochgezogen, verändert sich des-

sen Winkel zur Lichtquelle ständig, so dass bei horizontal oder leicht schräg montierter Flächenleuchte ein dunkler Verlauf gegen den Hintergrund entsteht.

In seltenen Fällen ist mit dieser Methode das Ziel nicht zu erreichen, dann nämlich, wenn durch die den Verlauf erzeugende Beleuchtung ein ungünstiger Effekt auf dem Hauptobjekt entsteht. Dann bleibt nichts anderes übrig, als einen fertigen *Verlaufhintergrund* einzusetzen. Es gibt derartige, verlaufend gespritzte Kunststoff-Hintergründe in mehreren Formaten und in einer grossen Zahl verschiedener Farben.

4.5.2 Aufheller

Die Aufhellung zu dunkler Schattenpartien erfolgt oft mit einer Flächenleuchte entsprechender Grösse bei geringerer Energie. In vielen Fällen ist die Aufhellung aber mit einer reflektierenden Fläche, in der das Hauptlicht

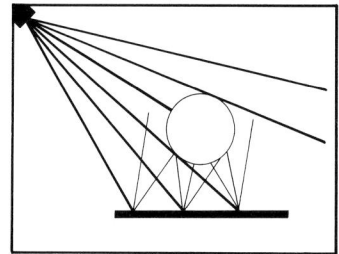

Aufhellung

gegen die Objektschatten umgelenkt wird, angezeigt. Die Wirkung der Aufhellung ist dabei abhängig vom Reflexionsmaterial und der Distanz zwischen Aufheller und Objekt. Besitzt der Aufheller eine glatte glänzende Oberfläche (Spiegel, Spiegelfolie, Rasierspiegel), entsteht durch die *gerichtete Reflexion* eine weiche, verlaufende Aufhellung. Mit grauen Reflexflächen sind entsprechend schwächere Aufhellungen möglich, und farbige Flächen erzeugen in der Aufhellstelle farbliche Veränderungen.

Bei weissen Aufhellern muss darauf geachtet werden, dass das Material *keine optischen Aufhellstoffe* enthält, da durch Fluoreszenz ein im Licht noch vorhandener UV-Anteil bei der Reflexion blau aufleuchten würde. Sehr geeignet sind *Styroporplatten*, denn dieses Isoliermaterial enthält bestimmt keine optischen Aufheller.

Für das Setzen von scharf begrenzten Spitzlicht-Reflexionen benötigt man eine ganze Anzahl verschieden grosser Spiegel. Vorteilhaft ist eine Rolle *Spiegelfolie*, bei der das spiegelnde Material auf einen dickeren Kartonträger aufgezogen ist. Diese Folie lässt sich mit der Schere leicht schneiden. Ebenso sollten im Arsenal des Studios verschiedene Konkavspiegel vorhanden sein, sogenannte *Rasierspiegel*, mit denen man leicht Spitzlichter setzen kann. Vorteilhafterweise befestigt man derartige Spiegel an beweglichen Armen, die ein leichtes Ausrichten des Spiegels ermöglichen und die mit einem einzigen Griff in der gefundenen Stellung blockiert werden können.

Spiegelstücke aller Art, ohne störende Fassung und mit unterschiedlichen Wölbungen, erhält man in der Spiegelfabrik für wenig Geld, oder man besorgt sich passende Rasierspiegel verschiedener Brennweiten im Kaufhaus.

4.5.3 Lichtschlucker

Das pure Gegenteil von Aufhellern sind mattschwarze Lichtschlucker, vom Fotografen hierzulande manchmal unüberlegt als «Neger» bezeichnet. Schwarze Pappen oder schwarz gestrichene Styroporplatten dienen zum lichtabsorbierenden Abdecken der Aufnahme-Umgebung (um dadurch störendes und unkontroliertes Streulicht zu vermeiden), zum perfekten Abschirmen direkt zur Kamera strahlender Lichtquellen oder zum Erzeugen dunkler Reflexe als Gegenteil der Aufhellung.

Auch beim sogenannten Freistellen (Aufnahmen von Gegenständen auf dem durchleuchteten Aufnahmetisch oder auf der Leuchtfläche eines Boxlite) wird die gesamte, nicht auf dem Bild erscheinende Umgebung der Leuchtfläche zum Eliminieren von unerwünschtem Streulicht sorgfältig abgedeckt.

4.6   Klassische Beleuchtungsextreme

Im Laufe der Zeit haben sich im Sinne von Modeerscheinungen einige typische Beleuchtungssituationen herauskristallisiert, die Geschichte gemacht haben. Wir wollen davon zwei der wichtigsten herausgreifen.

4.6.1 Die High-key-Technik

Vielleicht erinnern Sie sich noch an die Modeaufnahmen der späten 50er Jahre mit ihren hell gehaltenen, duftig und nahezu ätherisch wirkenden Resultaten. Es war die Zeit, als in den Fotostudios die ersten hochlichtstarken Elektronenblitzanlagen Einzug hielten, Anlagen mit bis zu mehreren 10000 Joules Leistung. Man hatte damit eine Lichtmenge zur Verfügung wie noch nie zuvor, und so war es naheliegend, das Licht verschwenderisch und indirekt gegen Wände und Decken gerichtet einzusetzen.

Der dadurch entstehende geringe Beleuchtungskontrast liess das Objekt hell in hell erscheinen. War die Eigenfarbe des Objekts ebenfalls hell, entstand ein Bild ohne Mitteltöne und Schatten. Ein neuer Stil war (wieder)geboren. Die High-key-Technik wurde natürlich bereits lange Zeit bevor es Elektronenblitz-Anlagen gab, geübt, konnte sich aber tatsächlich erst mit der zunehmenden Verbreitung moderner Blitzanlagen zum eigentlichen Stil entwickeln.

Heute ist diese Art der Beleuchtungstechnik nicht mehr sonderlich modern. Sie lässt sich aber bei gewissen Objekten – ich denke vor allem (aber nicht nur) an Mädchenbilder – zur Unterstützung einer ätherischen und femininen Aussage immer noch einsetzen. Sind das nun Portraits oder Aktaufnahmen, den Bildern – entstanden bei diffusem und weichem Licht mit höchst gleichmässiger Ausleuchtung und starker Aufhellung allfälliger Schatten – ist ein gewisser Reiz nicht abzusprechen. Voraussetzung ist ein weissgetünchter Raum oder ein weit nach vorn gezogener Hintergrundkarton. Mit Vorteil stellt man seitlich weisse Reflexflächen auf. Zuerst leuchtet man den Hintergrund gleichmässig aus. Als Hauptlichtquelle dient eine Flächenleuchte in der Nähe der optischen Achse, am besten dicht unter der Augenhöhe angeordnet. Zur Aufhellung sind schwächere Lichtquellen, indirekt von der Seite und der Decke vorgesehen, oder entsprechende Flächenleuchten bzw. Schirme.

4.6

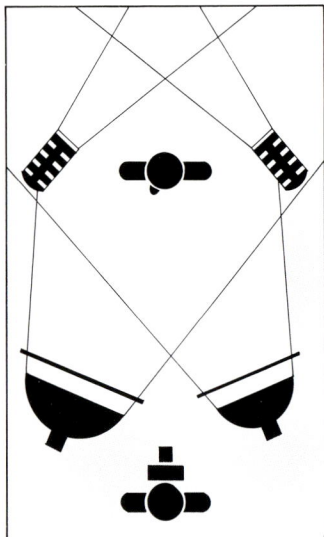

High-key-Beleuchtung

Die Gleichmässigkeit der Ausleuchtung muss mit dem Belichtungsmesser kontrolliert werden. Dabei soll der Hintergrund etwa 2 Blendenwerte heller anzeigen als das Hauptobjekt. Für Haare, Kleider und Haut muss der Belich-

Aufnahme Frei Produktion, Weil a.Rhein

tungsmesser möglichst gleiche oder ähnliche Werte anzeigen. Die Kleider des Modells, seine Haut- und Haarfarbe sollten natürlich möglichst hell sein, um den gewünschten High-key-Effekt zu unterstützen.

Ein hell in hell gehaltenes Bild ohne jede Mitteltöne oder gar Schatten wirkt schnell einmal langweilig. Eine dunklere Kontraststelle, sparsam eingesetzt, mag Abhilfe schaffen. Zumeist kommen die Begebenheiten dieser Forderung von selbst nach; das Modell hat vielleicht dunkle Haare, oder je nach Stellung des Hauptlichtes erscheinen Augen oder Mund als wohltuende dunkle Stellen. Manchmal lässt sich auch mit geschickt eingesetzter Schminktechnik etwas nachhelfen.

Ist das Bild gleichzeitig noch weichgezeichnet, wird der High-key-Charakter noch weiter unterstützt.

4.6.2 Die Low-key-Technik

Das pure Gegenteil zum High-key bildet die Low-key-Technik. Hier besteht das Bild nur aus differenzierten dunklen Tönen mit vereinzelten hellen Akzenten.

Vor dunklem Hintergrund wird das (dunkle) Objekt lediglich mit gerichtetem Streiflicht an-

Aufnahme Michael Nischke, Oberhaching

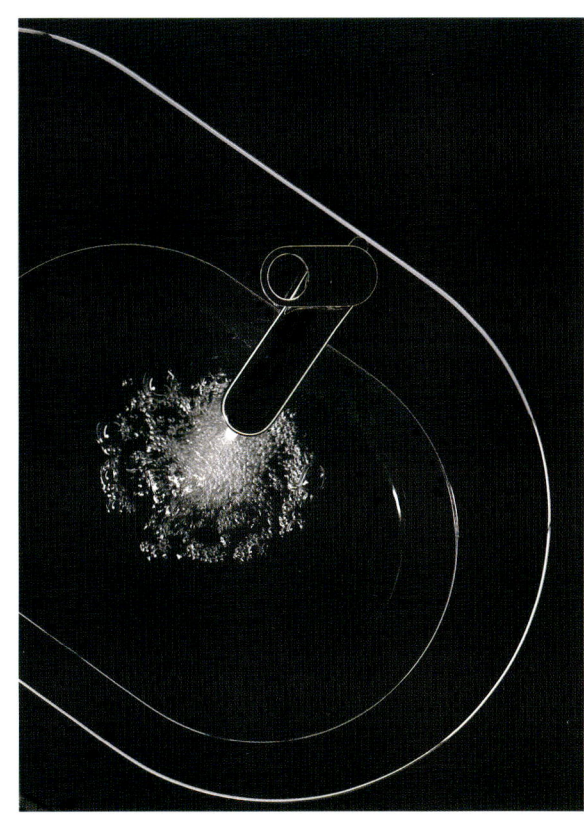

Aufnahme Fotostudio Lieb, Langnau a.A.

Aufnahme ACA Werbestudio GmbH, Hemer

gestrahlt. Allzutiefe Schatten dürfen sachte mit weichem Aufhellicht etwas gemildert werden. Je nach Objekt und Objektart ist der Charakter des eingesetzten Streiflichtes härter oder weicher. Neben Normalleuchten und Spots eignen sich Boxlite, längliche Pulsoflex und insbesondere Striplite. Eingesetzte Wabenraster erhöhen den seitlichen Lichtabfall und unterstützen die Richtwirkung der Lichtquelle. Zur Vermeidung von unkontrolliertem Streulicht muss die Aufnahmeumgebung schwarz abgedeckt und sämtliche Leuchten gegen die Kamera abgeschirmt sein.

Der dunkle Hintergrund sollte sich in genügender Entfernung vom Hauptobjekt befinden, damit sicher kein Aufnahmelicht darauf fällt. Die so dunkel in dunkel gehaltenen Bilder strahlen im Gegensatz zu Resultaten der High-key-Technik einen eher maskulinen Charakter aus.

Low-key-Bilder sind aber nicht nur bei hartem Streiflicht möglich, es sind auch weiche Resultate denkbar, sofern die Negative oder Dias nur zart abgestufte Schattenpartien aufweisen. Ein dezent und sparsam eingesetzter farbiger Kontrapunkt, kreativ ins Sujet integriert, belebt ein Low-key-Bild und macht es interessanter.

Allgemein muss die Belichtung eher knapp gehalten werden. Man sagt, die Low-key-Technik

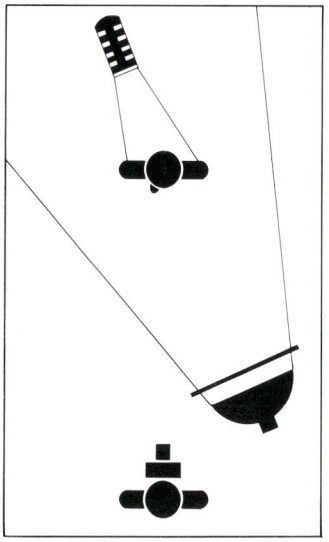

Low-key-
Beleuchtungstechnik

sei erfunden worden, als ein Fotograf aus einer Laune heraus unterbelichtete Negative nicht weggeworfen, sondern diese vielmehr mit vergleichsweise reichlicher Belichtung (bezogen auf das dünne Negativ) vergrössert und sehr gut ausentwickelt habe. Und in der Tat, man kann mit geeigneter Labortechnik in der angedeuteten Art eine Low-key ähnlicheWirkung erzwingen, selbst wenn die Beleuchtungstechnik dazu nicht so optimal, wie oben beschrieben, angepasst war.

4.7   Das Lichtleitersystem Fibrolite

Fibrolite-Lichtleitersystem

Das broncolor Fibrolite-Lichtleitersystem besteht aus einer Lichtquelle mit Blitzröhre und Einstellicht in einem allseitig geschlossenen Gehäuse, das mittels üblichem Leuchtenkabel an einen (nahezu) beliebigen broncolor Generator bis 3200 J wie ein anderer Leuchtenkopf angeschlossen werden kann. Fibrolite besitzt vier Ausgänge, an die je ein flexibler Lichtleiter angeschlossen werden kann. Jeder Ausgang ist separat regelbar.

Die Länge jedes kunststoffverkleideten Lichtleiters beträgt 1 m, der Durchmesser 10 mm. Als Zubehör sind verschiedene Fokuslinsen, Farb- und Graufilter sowie Stativteile lieferbar.

Die Ausleuchtung ist auch bei kleiner Energie ausgezeichnet. Die bei Lichtleitersystemen sonst oft zu beobachtenden dunklen Flecken am Lichtaustritt sind bei Fibrolite unbekannt.

Die Grösse einer Lichtquelle sollte direkt proportional zur Grösse des Aufnahmeobjekts sein. Im Kleinbereich hat man daher meist etwas Mühe, eine geeignete Lichtquelle zu finden. Das Fibrolite-System kann Abhilfe schaffen. Die Anlage eignet sich zur differenzierten Lichtführung auf Hintergrund und Hauptobjekt von Kleinstobjekten. Es lassen sich sogar auf kleinsten Flächen schöne Verläufe erzielen.

Das Fibrolite-System wird in erster Linie zur Beleuchtung kleiner und winziger Objekte sowie bei schwer zugänglichen Stellen eingesetzt. Darüber hinaus dient es z.B. in der Werbefotografie zum Hervorheben wichtiger Bildausschnitte, zur Verbesserung der Transparenz durchscheinender Objekte, für gezielte Spitzlichter und Effekte. In der Food-Fotografie lässt sich damit die Eigenfarbe kleiner Gemüseteile verstärken (z.B. eine Scheibe Tomate oder Zitrone, die mittels Durchleuchtung mit Faserlicht stark an Brillanz gewinnen kann).

4.8   Die Frontprojektion

Spricht man von Beleuchtungsarten, so darf das Prinzip der Frontprojektion nicht unerwähnt bleiben. Im wesentlichen funktioniert die Frontprojektion mit Hilfe eines teildurchlässigen Spiegels, der genau in der optischen Aufnahmeachse im Winkel von 45° unmittelbar vor dem Aufnahmeobjektiv montiert ist. Im rechten Winkel projiziert man nun ein Hintergrunddia genau auf die Schnittachse des Halbspiegels, so dass das Projektionsbild sowohl auf den Aufnahmegegenstand wie auch auf den Hintergrund fällt. Das Geheimnis liegt in der Art der Hintergrundprojektionsfläche. Sie besteht aus

einer Perl-Spezialwand, die nur das direkt auffallende Licht zurückstrahlt. Dadurch kann die Helligkeit des Projektionsbildes rund 1000 mal kleiner gehalten werden als das Licht, das zur Beleuchtung des Aufnahmegegenstandes benutzt wird. Somit ist das aufs Hauptobjekt aufprojizierte Licht derart schwach, dass es vom Betrachter nicht erkannt werden kann.

Voraussetzung für das Funktionieren des Prinzips ist ein genaues Ausrichten des Projektionsstrahls auf den Schnittpunkt zwischen Halbspiegel und optischer Aufnahmeachse. Stimmt diese Zentrierung, kann von der Kamera aus der hin-

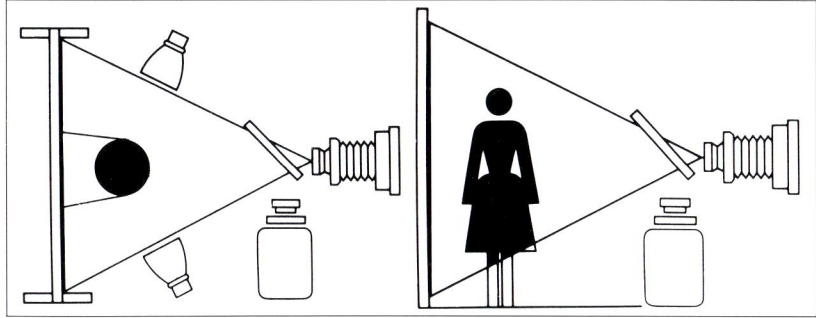

Prinzip Frontprojektion

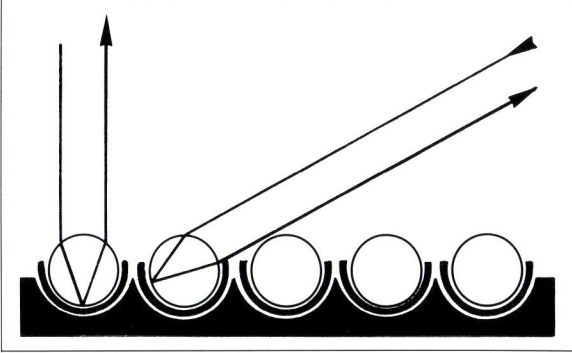

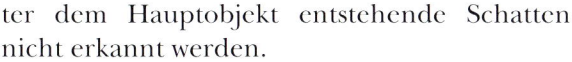

Reflexionsprinzip der Spezial-Perlwand

Frontprojektion. Aufnahme Rudi Goedtler, Weil am Rhein

ter dem Hauptobjekt entstehende Schatten nicht erkannt werden.

Das Prinzip der Frontprojektion wird allerdings kaum mehr in der fotografischen Praxis eingesetzt, denn die begrenzten Möglichkeiten dieser Aufnahmemethode sind durch die weitaus elegantere, elektronische Bildbearbeitung überholt.

Als Frontprojektoren wurden in der Regel solche verwendet, die als Lichtquelle eine Elektronenblitzröhre eingebaut hatten. Mittels Frontprojektion waren Bildgestaltungen mit äusserst futuristischem Gepräge möglich, indem zum Beispiel als Hintergrunddia eine Computergrafik Verwendung fand. Die Frontprojektion

wurde häufig auch eingesetzt für Versandhaus-Modekataloge, deren Kollektionen meist zu anderen Jahreszeiten fotografiert werden müssen, als die dafür vorgesehene Mode bestimmt ist. Solche «naturgetreuen» Wiedergaben waren vom Fachmann relativ leicht zu erkennen, da auch unter Berücksichtigung einiger grundsätzlicher Regeln, wie Lichtführung, Schärfe, Perspektive usw. oft ein etwas «fremder» Eindruck nicht zu vermeiden ist. Hingegen konnten ohne Rücksicht auf natürliche Begebenheiten faszinierende und utopische Bildvorstellungen realisiert, oder das Prinzip auch nur für die (sogar verfremdende) Hintergrundgestaltung verwendet werden.

Asymmetrische Leistungsverteilung

4.9

Zum Thema dieses Kapitels gehört auch ein Hinweis über die Möglichkeiten asymmetrischer Leistungsverteilung beim Einsatz eines einzelnen Blitzgenerators. Ohne weitere technische Einrichtungen verteilt sich die in den Kondensatorpaketen gespeicherte Energie gleich-

mässig auf die Anzahl der gleichzeitig angeschlossenen Blitzleuchten. Bei Leistungsreduktion durch den Spannungsvariator wird dabei die Blitzabstrahlung über sämtliche angeschlossenen Leuchten gleichzeitig wirksam. Das ist aber nicht in jedem Fall erwünscht. In der Beleuchtungstechnik ist es meistens notwendig, ein eindeutiges Hauptlicht zu setzen. Die anderen Leuchten haben dann nur noch die Aufgabe von Aufhellern oder Effektlichtern und müssen als solche meistens eine deutlich geringere Leuchtdichte aufweisen. Dies zu erreichen ist dann kein Problem, wenn getrennte – und somit einzeln regelbare Generatoren – für das Hauptlicht und die Zusatzlichtquellen oder Kompaktblitzanlagen eingesetzt werden.

Steht aber nur ein einzelner Generator mit mehreren Leuchtenanschlüssen zur Verfügung, ist es beleuchtungstechnisch sehr bequem, wenn bei Bedarf trotzdem jede Leuchte einzeln oder wenigstens in Gruppen geregelt werden kann. Man nennt das Prinzip asymmetrische Leistungsverteilung.

Zum Erreichen einer asymmetrischen Leistungsverteilung stehen dem Blitzgerätehersteller folgende Möglichkeiten zur Verfügung:

Aufnahme mit Pulso A nach dem Verfahren der Blitzabschaltung (Leistungsverteilung 1:4)

4.9.1 Auftrennung des Kondensatorpakets in Teilpakete

Dieses Verfahren ist verbreitet und wird durch viele Hersteller angewendet. Der Vorteil liegt in der konstruktiven Einfachheit. Dieses Prinzip hat aber den Nachteil, dass die Verteilung nur in relativ grossen Schritten umgeschaltet werden kann. Auch die Geräte Opus A und Primo A von broncolor wenden dieses Prinzip an. Beim Opus A können zudem im asymmetrischen Modus die Teilpakete in ihrer Spannung individuell verstellt werden.

Eine Aufteilung des gesamten Kondensatorpaketes in Teilpakete verkürzt grundsätzlich auch die Blitzdauer, so dass die Leistungsverteilung dieser Geräte in gewissem Rahmen auch zur Verkürzung der Blitzdauer bei reduzierter Leistung herangezogen werden kann.

Fotografische Nachteile dieses Verfahrens sind keine bekannt.

4.9.2 Blitzabschaltung

Bei diesem Verfahren wird eine asymmetrische Leistungsverteilung erreicht, indem die an einem gemeinsamen Kondensatorpaket angeschlossenen Leuchten zu unterschiedlichen Zeitpunkten während des Abblitzens abgeschaltet werden. Da die Abschaltzeitpunkte dabei beliebig gewählt werden können, lässt sich mit die-

ser Methode die vorhandene Leistung nahezu stufenlos auf die angeschlossenen Leuchten verteilen. Das Verfahren hat ausserdem den Vorteil, dass die Blitzdauer für kleine Leistungsanteile sogar noch kürzer wird, als bei der vorher beschriebenen Auftrennung der Kondensatorpakete.

Da dieses Verfahren zudem eine Konstanthaltung der Farbtemperatur über einen sehr grossen Variationsbereich der Leistung ermöglicht, wurde diese Lösung in die broncolor Geräte der Serie Pulso A eingebaut. Der technische Aufwand für diese Lösung der wahlfreien Blitzabschaltung ist allerdings erheblich, da es sich um einen Eingriff im Leistungskreis handelt. Gestochen scharfe fotografische Resultate in kritischen Anwendungen rechtfertigen jedoch diesen Aufwand.

4.9.3 Blitzverzögerung

Dieses Verfahren schliesslich erreicht die asymmetrische Leistungsverteilung durch gestaffelte Zündung der an einem gemeinsamen Kondensatorpaket angeschlossenen Leuchten. Vom technischen Aufwand her betrachtet, ist diese Lösung einfach, da sie lediglich eine einstellbare Zeitverzögerung zwischen den einzelnen Zündimpulsen erfordert.

Gleich wie das Verfahren der Blitzabschaltung erlaubt das Prinzip der Blitzverzögerung eine freizügige Verlagerung der Blitzenergie von ei-

4.9

Aufnahme mit dem Verfahren
der Blitzverzögerung (Leistungsverteilung 1:4)

Aufnahme mit dem Verfahren
der Blitzverzögerung (Leistungsverteilung 1:32)

ner Leuchte zur anderen. Es hat indessen den entscheidenden Nachteil, dass die Zeitverzögerung der Zündung zwischen den einzelnen Leuchten zu Unschärfen oder Doppelbelichtungen bei bewegten Objekten führt. broncolor verwendet aus diesem Grund kein derartiges System. Die Fotoserie mit einem pendelnden Ball verdeutlicht die Bild-Wirkung der unterschiedlichen Methoden bezüglich Schärfe bei einem bewegten Objekt. Die ersten beiden Aufnahmen

entstanden mit einer Blitzenergie von 620 Joules, zwei Leuchten und einer Leistungsverteilung von 1:4 (Metallreflektor 20%, Pulsoflex 80%). Diese Verteilung entspricht der maximalen Asymmetrie, die broncolor im Hinblick auf einwandfreie fotografische Qualität beim Pulso A zulässt. Die dritte Aufnahme schliesslich verdeutlicht die Zeitverzögerung des Verfahrens mit der Blitzverzögerung anhand einer Asymmetrie von 1:32 bei sonst identischen Bedingungen.

Aufnahme Christian Vogt, Basel

144

5 Beleuchtungstechnik innerhalb fotografischer Sachgebiete

Die wichtigsten Grundlagen zum Erlernen und Beherrschen der Beleuchtungstechnik sind in den vorangegangenen Kapiteln bereits weitgehend besprochen und erarbeitet worden. Im Grunde genommen ist es eigentlich gleichgültig was fotografiert werden soll, ob Menschen, Textilien, Autos oder Esswaren, die wichtigsten beleuchtungstechnischen Grundlagen bleiben dieselben. In jedem Fall soll versucht werden, ein artgerechtes Licht zu machen und mit der Zeit seinen Bildern auch beleuchtungsmässig eine eigene Handschrift zu verleihen, um sich dadurch als Fotograf von der grossen Masse wohltuend abzuheben.

Wenn wir uns in diesem Kapitel trotzdem mit der Beleuchtungstechnik innerhalb der fotografischen Sachgebiete befassen wollen, dann nur, um einige spezifische Spezialitäten anzudeuten, Hinweise über die unumgänglich notwendigen Leuchten und Beleuchtungsanlagen zu geben und artspezifische Probleme anzudeuten.

Jeder Fotograf spezialisiert sich im Laufe der Jahre auf gewisse Sachgebiete und erarbeitet sich dadurch ein bedeutendes Potential an sehr spezifischem Knowhow. Dieses Spezialwissen bezieht sich beileibe nicht nur auf die fotografische Arbeit oder die Beleuchtungstechnik, in noch viel grösserem Masse spielt das Handhabungsumfeld eine Rolle. Ich denke an so bedeutungsvolle Kleinigkeiten wie Hintergründe, Arrangement-Gestaltung, Requisiten, Studioaufbauten, aber auch an das technische Verständnis für den zu fotografierenden Gegenstand und nicht zuletzt auch an das notwendige fotografische Management, das ein rationelles und schliesslich gewinnbringendes Fotografieren überhaupt erst ermöglicht.

Für das Gelingen eines Bildes bzw. die bildmässig-kreative Umsetzung einer eigenen oder durch den Auftraggeber vorgegebenen Bildidee spielt indessen die Beleuchtung neben den tausend Kleinigkeiten, die dazu ebenso notwendig sind, eine eminente Rolle.

Wenn ich im folgenden daher einige Hinweise zu einzelnen Sachgebieten zu geben versuche, so in erster Linie aus der beleuchtungstechnischen Sicht, wobei ich die ganze Breite des fotografischen Könnens jeweils nur andeuten kann. Es ist nicht Aufgabe dieses Buches, aus einem fotografischen Anfänger einen routinierten Spezialisten zu machen. Es kann lediglich methodischer Führer sein; Erfahrungen muss man sich selbst erarbeiten.

Vieles was sich beleuchtungstechnisch auf einzelne fotografische Sachgebiete bezieht, ist bereits im letzten Kapitel, insbesondere unter dem Abschnitt 4.4 (Materialgerechte Beleuchtung), gesagt und erläutert worden. Wir können uns daher auf spezifische Zusatzinformationen beschränken, die sich allerdings nicht immer nur auf die Beleuchtung beziehen müssen. Denn nicht wahr, die Beleuchtung ist wohl der wichtigste Aspekt in der Fotografie, aber neben vielen anderen eben bloss ein Aspekt.

Für praktisch jede Studioaufnahme muss irgend ein Hinter- oder Untergrund verwendet werden. Die Zubehör-Lieferanten für Fotostudios haben dazu in ihrem Sortiment die bekannten Fotohintergründe aus Karton, mattem Vlies oder Kunststoff in unterschiedlichen Grössen sowie in Rollen verschiedener Breite, teilweise bis zur Breite von 3,5 Metern.

Ohne diese klassischen Hilfen im Studio kommt man nicht aus. So ist es sicherlich notwendig, ein *schwarz-mattes Vlies* (Nennil von Paul Teufel & Co) an Lager zu haben, denn dieses Hintergrundmaterial kann man wegen seiner starken lichtabsorbierenden Wirkung sehr gut auch als Deckmaterial für Lichtschlucker und Absorber verwenden.

Genauso wichtig ist eine breite und eine schmale Rolle eines sehr weissen *Hintergrundkartons* und einige gespritzte *Verlaufhintergründe* (z.B. Rainbow). Die wichtigsten Hersteller von klassischen Fotohintergründen geben gerne ihre Musterfächer ab, damit man von Fall zu Fall die richtige und geeignete Hintergrundfarbe auswählen kann. In der Regel unterhält der Lieferant in jeder grösseren Stadt ein Auslieferungslager, so dass man den benötigten Hintergrund innert Tagesfrist zur Verfügung hat. Mit der Zeit sammelt sich so im Studio eine ansprechende Auswahl verschiedenster Hintergrundtypen und -farben an.

Übliche Kartonhintergründe sind zwar unvermeidlich, manchmal aber etwas langweilig und steril. Vor allem für die Stillife-Fotografie, aber auch für Modeaufnahmen, sind viele weitere Materialien geeignet. Der Phantasie sind kaum Grenzen gesetzt. In den letzten Jahren habe ich selten für ein Stillife einen klassischen Fotohintergrund verwendet, es sei denn, die Aufnahme habe lediglich dokumentarischen Charakter.

5.1.1 Kunstharz-Möbelplatten

Kunstharzplatten, wie sie der Möbelfabrikant zum Überziehen seiner Spanplatten-Möbel verwendet, eignen sich hervorragend als Unter- und Hintergründe. Die dünnen Platten lassen sich auch problemlos zur Hohlkehle biegen. Die Plattengrösse von etwa 1,5 mal 2,5 Meter genügt selbst für grössere Stillifes. Es gibt einfarbige Platten in sehr vielen Farben mit einer leicht ge-

narbten Oberfläche, die das Licht gleichmässig streuen. Einige Plattentypen sind mit tiefmatten und einige mit glänzenden Oberflächen lieferbar. Die matten Platten sind sehr schön, lassen sich aber nur schwer gleichmässig reinigen. Daneben sind Strukturplatten, Platten mit Holzimitationen, Marmorimitationen usw. erhältlich.

Die Kunstharzplatten sind leider etwas brüchig und bedürfen einer sorgfältigen Handhabung und Lagerung. Für den Transport lassen sich die Platten lose rollen, wobei man die Stirnkanten mit einem Kunststoff-Klebeband vor der Gefahr des Einreissens schützen sollte. Zum Schnüren der Rollen sollte man breite Spannbänder oder Spanngurten verwenden. Die Lagerung im Studio kann entweder horizontal auf Paletten oder vertikal hinter stabilen Lattenrosten an einer Wand erfolgen.

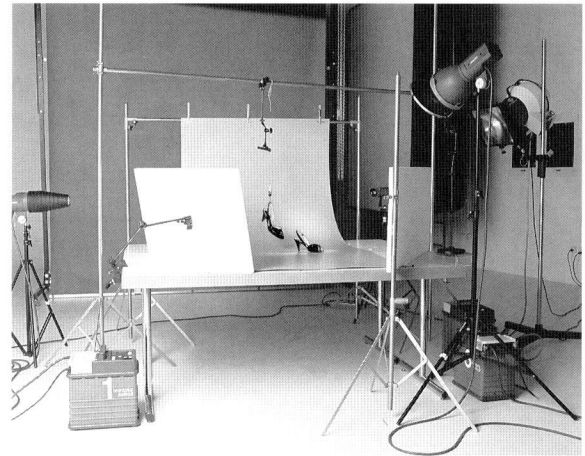

Hintergrund-Aufbau mit Kunstharz-Möbelplatten

Die Rückansicht des Aufbaus

Der Hohlkehlen-Aufbau mit den Kunstharz-Möbelplatten kann ganz einfach auf einem Tisch erfolgen. Der hinten hochgezogene Teil wird an Aufbau-Rohr-Systemteilen mit Hilfe der Klammern schnell und einfach befestigt.

5.1.2 Plexiglas

Hochglänzendes Plexiglas oder *Acryl-Glas* in vielen verschiedenen Farben eignet sich als spiegelglatte Untergründe, in denen sich die Gegenstände widerspiegeln. Erfolgt die Beleuchtung von schräg hinten mittels einer grossen Flächenleuchte, die sich selbst im Plexiglas spiegelt, so erscheint als Spiegelbild im Vordergrund die unbeleuchtete Gegenstandsseite, es entsteht ein sogenannter *Acryl-Schatten*.

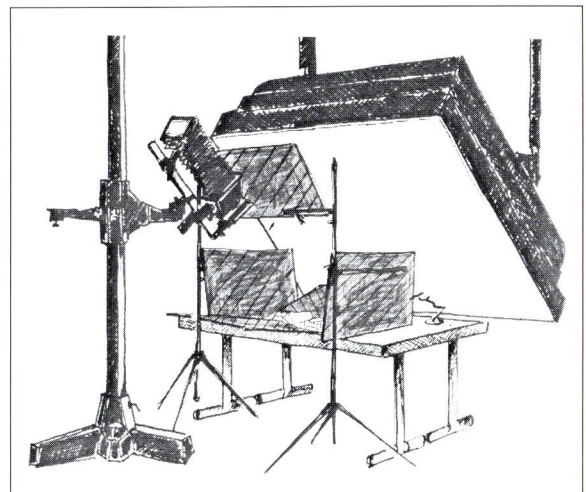

Aufnahmesituation zur Erzeugung eines Acryl-Schattens

Auf schwarzem Plexiglas sind gar mutierte Effekte zu erzielen. Das Titelbild zu Kapitel 2 entstand auf derartigem Hintergrund, beleuchtet mit einer einen Verlauf erzeugenden Flächenleuchte. Gleichzeitig wurde nahe der Parfümflasche ein Boxlite eingesetzt, das einerseits die Effektbeleuchtung des Glasstopfens erzeugt und sich anderseits selbst im Acryl spiegelt, wodurch das Spiegelbild der Flasche in einem hellen Feld erscheint.
Plexiglas lässt sich mit holzbearbeitenden Werkzeugen zuschneiden. Während des Sägens muss die schützende Kunststoff-Folie beidseitig auf dem Material belassen werden. Acryl ist normalerweise stark statisch geladen und daher staubanziehend. Zur Reinigung verwendet man am besten einen antistatisch wirkenden Acryl-Reiniger, den man beim Lieferanten des Plexiglases

erhält. Kurz vor der Aufnahme bläst man mit Druckluft den wieder angesammelten Staub weg. Insbesondere auf schwarzem Acryl sieht man natürlich jedes noch so kleine Stäubchen. Acrylglas gibt es auch in weiss oder hellgrau. Längliche Stücke davon mit seitlich angeklebten schwarzen Pappen eignen sich übrigens auch als diffuse Lichtquellen, wenn sie rückwärtig mit Elektronenblitzleuchten angestrahlt werden. Man kann sich so für wenig Geld längliche Reflexe erzeugende Lichtquellen schaffen, z.B. zur Beleuchtung von Flaschen und Gläsern.

5.1.3 Aluminium-Bleche

Aluminium-Walzwerke stellen neben den üblichen, glatten Blechen sogenannte *Dessinalbleche* mit strukturierten Oberflächen (Stucco, Diamant, Pyramiden, Streifen) her, die sich ebenfalls als Untergründe hervorragend eignen. Wir setzen im Studio oft auch *Alu-Lochbleche* und *Streckbleche* für diesen Zweck ein, die wir manchmal auch mit Kunstharzfarben spritzen.
Hervorragende, klinisch wirkende Hinter- und Untergründe entstehen aus den *Aluminium-Warzenblechen*, wie sie normalerweise für die Konstruktion von Ladebrücken und zur Überdeckung von Baugruben verwendet werden. Je

Lochblech, mit blauem Chromolux unterlegt
Aufnahme broncolor Workshop

nach Beleuchtung entstehen sehr unterschiedlich wirkende Warzenstrukturen.

Unser Lieferant gibt sich denn auch Mühe, schöne und unverletzte Bleche herauszusuchen, die sich für fotografische Zwecke eignen. Einzelne Lieferanten sind übrigens auch bereit, gegen eine kleine Gebühr Bleche in Originalplattengrösse auszuleihen.

Alu-Warzenbleche als Hintergrund. Aufnahme Michael Nischke, Oberhaching

5.1.4 Glanzfolien

Lieferanten von Display-Materialien für die Dekorationsgestaltung haben in ihrem Sortiment verschiedenste *Kunststoff-Folien* in Rollen, die sich für die Hintergrundgestaltung eignen. Ich denke dabei zum Beispiel an schwarze Hochglanzfolien, an Metallhochglanzfolien und an strukturierte Metallglanz-Folien. Eine *schwarze Hochglanzfolie* aus Kunststoff lässt sich auch in Falten ziehen und simuliert so bei entsprechender Beleuchtung klinische Nässe (siehe Bild Seite 127). *Hochglänzende metallartige Folien*, aus Kunststoff-Material, als Hintergrund aufgehängt und entsprechend zerknittert, ergeben bei entsprechender Beleuchtung einen eiskalt wirkenden Hintergrund. Eine *strukturierte Glanzfolie*, wie man sie beispielsweise auch für die Herstellung von starken Aufhellflächen verwenden kann, bildet den Hintergrund im Sujet «Mädchen mit Hanteln» (Seite 112).

Chromolux ist zwar keine Folie, sondern vielmehr ein Karton, der mit einem hochglänzenden, farbigen Lack beschichtet ist. Das Material wird auch zum Bedrucken in Druckereien eingesetzt. Die vergleichsweise kleinen Formate, die es von diesem Material gibt, eignen sich aber für kleine Objekte in der Stillife-Fotografie hervorragend. Wir verwenden in unserer Arbeit Chromolux in allen möglichen Farben (auch schwarz) als Untergründe, Hintergründe und als Unterlage bei Durchblicken durch Alu-Lochbleche usw.

Der Phantasie sind keine Grenzen gesetzt. So hat zum Beispiel kürzlich meine Assistentin eine Aufnahme realisiert, für die sie aufgetrennte, schwarze Abfallsäcke als Hintergrund einsetzte. Vor einer weissen Wand montiert wirkten kleine, in die Folie geschnittene Löcher und Flächen für das von ihr gemachte Casting eines jungen Models höchst exzellent.

5.1.5 Stoffe und Tapeten

Zu den geeigneten Hintergründen können auch Stoffe aller Art zählen. Zu beachten ist allerdings, dass die Stoff-Farben mit Sicherheit keine Fluoreszenzmittel enthalten, welche die farbliche Wiedergabe verfälschen würden.

Normalerweise werden Stoffe als Hinter- und Untergründe eingesetzt, wenn in der Aufnahme deren Art und Struktur erkennbar bleibt. Nur als Hintergrund, der lediglich die Farbe erkennen lässt, sind Papiere oder vliesartige Materialien eher geeignet.

Für die Abbildung des Mädchens in Satin-Wäsche (Seite 115) ist als Unter- und Hintergrund Satin in derselben Farbrichtung verwendet worden. Der Satin ist in leicht faltigen Bahnen über ein Stativsystem mit Klammern aufgehängt worden. Damit der Satin fotografisch wirkt, muss er

Aufbau im Studio der Frei Produktion, Weil am Rhein

unbedingt vor dem Aufbau der Dekoration gebügelt werden. Was es heisst, im Hintergrund des Studios 20 Meter Satin zu bügeln, kann nur eine Stylistin wissen. Das gibt schnell mal zwei Stunden Arbeit!

Für die Herstellung von Hintergrundkulissen eignen sich *Tapeten*. Die Musterbücher der Tapetenlieferanten enthalten neben den bekannten Gebrauchstapeten auch solche mit groben Strukturen, Mauerstrukturen, sogenanntem Klosterputz usw. So können mit Hilfe dünner Spanplatten, Kleister und Tapete im Studio ganze Mauerfassaden entstehen. Stimmen übrigens die Farbtöne geeigneter Tapeten nicht mit dem vorgesehenen Styling überein, so lassen sie sich schnell und einfach mit matter Wandfarbe oder Dispersionsfarbe und dem Lammfell- Roller übermalen.

5.1.6 Lamellen

Interessante Effekte, besonders in der Mode-Fotografie, sind möglich durch *Lamellenstoren*. Aluminium- oder Kunststoff-Lamellen mit Aufzugs- und Stellmechanismus sind bereits für wenig Geld in den Einrichtungs- und Kaufhäusern erhältlich. Metallfarbene, schwarze, weisse und knallfarbige Lamellenstoren geben viele interessante Möglichkeiten. Je nach Lamellen-Stellung und Beleuchtung (es ist auch Durchlicht möglich), entstehen sehr unterschiedliche Effekte.

5.1.7 Dekoration, Ausstattung

Grössere Dekorationsaufbauten lässt man am besten vom Spezialisten erstellen. Die entsprechenden Firmen und Freelancer sind zu finden unter den Stichworten Ausstattung/Bühnenbild/Dekoration in den Städteverzeichnissen der Einkaufsführer (beispielsweise «Red Box»). Da findet man die exklusivsten Spezialisten (vom Bierglasmaler bis zum Werbebildhauer). Hilfreich kann auch der Schreiner, Maler, Tapezierer, Dekorations-Gestalter usw. in nächster Nähe sein .

Ein heisser Draht zur Werkstatt des Schauspiel- oder Opernhauses kann ebenfalls nicht schaden. Das Problem ist ja, dass meist in kürzester Zeit Unmögliches möglich gemacht und realisiert werden muss. Hier helfen oft nur persönliche und freundschaftliche Kontakte.

Schwarze Lamellen-Store als Hintergrund.
Aufnahme Michael Nischke, Oberhaching

Die Dekoration, die angepassten, stilechten Requisiten sowie ästhetische Hintergründe sind oft das A und das O einer fotografischen Aufnahme. Fundierte Kenntnisse in der Stilgeschichte und sicherer Geschmack für das Passende sind dabei Voraussetzungen für den Erfolg innerhalb der fotografischen Tätigkeit.

Lamellen-Store als Dekoration und durchleuchtetes, zerknittertes Nennil als Hintergrund. Aufnahme Jost J.Marchesi,

Dekorationsaufbau im Studio der Frei Produktion, Weil am Rhein

Breites Wissen über Dekorationsmöglichkeiten verschafft man sich durch intensives Studium entsprechender Fachzeitschriften, durch stöbernde Streifzüge in Brockenhäusern, Antiquitätengeschäften, Einrichtungshäusern, Lieferanten von Dekorationsmaterialien für die Schaufenster-Dekoration und nicht zuletzt durch waches und kritisches Betrachten der veröffentlichten Arbeiten der lieben Mitbewerber. Sinnvoll ist ein intensives Zeitschriftenstudium insbesondere von Medien, die das eigene Spezialgebiet zum Inhalt haben, um dadurch den eigenen Stand des Spezialwissens ständig zu verbessern. Wichtig scheint mir auch ein regional gültiger Einkaufsführer für Dekorations-Gestaltung und Design sowie ein übliches Branchenbuch.

Das Studium fotografischer Fachzeitschriften, insbesondere solcher, die sich an Profis richten, hält die Branchenkenntnisse des Fotografen genauso up-to-date wie die sorgfältige Durchsicht der Drucksachen und der Kataloge unserer fotografischen Lieferanten, der gelegentliche Besuch von Fachmessen aus den Gebieten der Fotografie, der Grafik und der Dekorations-Gestaltung.

5.1.8 Requisiten

Erfolgreiche Fotografen und Studios schenken gerade den allerkleinsten Details die grösste Aufmerksamkeit. Ein dekoratives Zubehör, ein Requisit, muss sich völlig selbstverständlich in die Aufnahme einfügen, kompromisslos und stilecht. Das ist nicht immer ganz einfach. In der meist zu kurzen Zeit die richtigen Requisiten aufzutreiben, bedarf vieler Beziehungen und langjähriger Erfahrung. Bei komplizierten und aufwendigen Arbeiten in dieser Richtung lohnt es sich, für den Auftrag eine spezialisierte Stylistin zu engagieren.

Der Fotograf führt mit Vorteil ein sogenanntes *Requisitenbuch*, in das er alle Lieferanten- und Kontaktadressen einträgt, die ihm für das Auftreiben bestimmter Requisiten dienlich sein können. In das Buch werden unter den betreffenden Stichwörtern nicht nur die durch Erfahrung gemachten Kontakte eingetragen, sondern auch all das, von dem man in Gesprächen hört oder das, was man in Anzeigen beim täglichen Zeitungslesen oder Fachzeitschriften-Studium mitkriegt. Sorgfältige Systematiker führen das Requisitenbuch als Karteikasten oder bei umfangreichen Datensammlungen über den Büro-Computer. Bestimmte Requisiten, die man immer wieder für das eigene Spezialgebiet benötigt, werden in der Regel angekauft und sind dann mit der Zeit im eigenen, umfangreichen Lager vorhanden. Voraussichtlich nur einmal benötigte Requisiten oder solche, die sehr kostbar sind, braucht man nicht zu kaufen. Viele Lieferanten sind bereit, gegen eine Gebühr, die im Bereich von 10% des Warenwertes liegt, Requisiten für Fotozwecke zu leihen. Ein Grossteil aller benötigten Accessoires lässt sich in den grossen Kaufhäusern beschaffen. Wünscht man Leihware, sollte man sich im betreffenden Haus am Kundendienst melden und fragen, wie man in solchen Fällen vorzugehen hat.

Leiht man oft Ware am selben Ort, so ist man schnell bekannt und kann sich mit sorgfältiger und zuverlässiger Rückgabe einen guten Namen schaffen. Empfehlenswert sind vorgedruckte Empfangsscheine mit der Geschäftsadresse des Fotostudios. Auf diesen Formularen wird dem Ausleiher der Empfang einer bestimmten Leihware bestätigt, der vereinbarte Leihpreis und das Rückgabedatum vermerkt. Gleichzeitig wird bestätigt, dass der Fotograf bei Beschädigung für den vollen Betrag des Leihgegenstandes haftet.

5.2 Reproduktion

Reproduktions-Fotografie ist innerhalb der grafischen Industrie ein eigenständiges Berufsgebiet. Der Reproduktions-Fotograf (Lithograf oder Polygraf, wie er heute heisst) befasst sich mit Farbauszugs- und Aufrasterungsarbeiten und stellt zum Beispiel von Farbdiapositiven für die drucktechnische Weiterverarbeitung Rasterlithos her, wozu er seit vielen Jahren keine Kamera mehr benötigt. Im modernen Reprobetrieb wird mittels Scannern und Computern vorwiegend elektronisch gearbeitet.

Wenn wir innerhalb der Berufs-Fotografie von Reproduktionsarbeiten sprechen, meinen wir die reproduktive Darstellung zweidimensionaler Vorlagen zum Zwecke der Dokumentation, oder um von einer bestehenden Aufsichtsvorlage ohne Filmoriginal ein neues Negativ oder Diapositiv herzustellen. Je nach Verwendungszweck und kameratechnischer Ausrüstung werden Klein-, Mittel- oder Grossformatkameras bevorzugt. Die einzigen Probleme liegen bei der rechtwinkligen Ausrichtung der Kamera zur Vorlage, bei der gleichmässigen Ausleuchtung und bei der Ermittlung der richtigen Belichtung wie auch bei der Wahl des geeigneten Objektivs. Aus all diesen Punkten wollen wir die Aspekte herausgreifen, die im weitesten Sinne mit der Beleuchtungstechnik zu tun haben.

Für die Ausleuchtung der Vorlage verwendet man Leuchten oder Blitzgeräte mit Einstellampen in Normalreflektoren. Bei den meisten Vorlagen genügen zwei Leuchten. Für sehr grosse Vorlagen sind oft vier Leuchten notwendig. Beim Einsatz von zwei Leuchten beleuchtet man die Vorlage beidseitig in einem Winkel von rund 45°. Optimalerweise ist die Achse der links stehenden Leuchte auf das erste Drittel rechts der Vorlagenmitte und diejenige der rechts stehenden Leuchte auf das erste Drittel links der Vorlagenmitte gerichtet.

Um festzustellen, ob die Ausleuchtung gleichmässig ist, hält man einen Bleistift senkrecht auf die Vorlagenmitte. Der Stift wirft nach jeder Seite einen Halbschatten, dessen Dunkelheit gleich sein muss. Ist dies nicht der Fall, korrigiert man die Stellung der entgegengesetzten Leuchte, bis beide Halbschatten gleich stark sind. Durch diesen Trick lässt sich die Ausleuchtung merklich besser kontrollieren und einstellen als mit fotoelektrischen Messgeräten. Wobei dadurch natürlich bei heiklen Arbeiten ein nachträgliches Kontrollieren der auftreffenden Helligkeit mit einem Belichtungsmesser, der für die Lichtmessung vorgesehen ist, nicht ausgeschlossen ist. Der Belichtungsmesser muss dann sowohl für die Vorlagenmitte wie auch für alle vier Ecken denselben Wert angeben. Mit dem Bleistift-Trick kann man nicht nur den für beide Leuchten gleichen Strahlabstand finden, auch der gleiche Beleuchtungswinkel ist durch die Richtung der beiden Halbschatten einfach zu kontrollieren, bzw. zu korrigieren. Selbst beim Einsatz von vier Leuchten erleichtert das Verfahren die Zentrierarbeit.

Voraussetzung indessen ist ein weitgehendes Übereinstimmen der Wirkung der Einstellampen mit derjenigen der Blitzröhre. Dies ist nicht bei allen Blitzanlagen-Marken gewährleistet. Wenn Sie dies bei Ihren Leuchten einmal überprüfen wollen, so strahlen Sie bei kleinem Leuchtenabstand senkrecht auf eine schwarze oder dunkle Fläche und reproduzieren den entstehenden Lichtfleck mit Sofortbildmaterial, indem Sie eine Aufnahme nur mit dem Einstelllicht, die andere nur mit der Blitzauslösung machen. Stimmt die Lichtfläche beider Aufnahmen überein, so dürfen Sie getrost eine genügende Übereinstimmung von Blitzröhre mit Einstellampe annehmen. Probleme in dieser Richtung gibt es übrigens oft mit Stufenlinsenscheinwerfern, die an eine Blitzanlage adaptiert worden sind.

Um unnötiges Streulicht auszuschalten, sollte die Vorlage auf einem schwarzen Papier liegen. Auf keinen Fall darf die Vorlage auf einen weissen Untergrund gelegt werden. Nicht plan liegende Vorlagen werden vor der Reproduktion aufgezogen, oder aber man bedeckt die Vorlage mit einer sauberen, planparallelen Glasplatte. In diesem Falle besteht allerdings die Gefahr, dass sich die Kamera im Glas spiegelt. Diese Spiegelung lässt sich verhüten, indem man unmittelbar vor die Kamera eine schwarzmatte Pappe spannt, die lediglich eine Öffnung für das Objektiv enthält.

Bei Reproduktionen bewegt man sich oft im fotografischen *Nahbereich*, so dass bei externer Belichtungsmessung ein *Verlängerungsfaktor* eingerechnet werden muss.

Der Belichtungsverlängerungsfaktor ist abhängig vom Abbildungsmassstab und ergibt sich aus dem Quadrat über Kameraauszug geteilt durch Brennweite oder aus dem Quadrat von Abbildungsmassstab plus 1:

$$\text{Verlängerungsfaktor} = \left(\frac{\text{Kameraauszug a'}}{\text{Brennweite f}} \right)^2$$
oder
$$\text{Verlängerungsfaktor} = \left(\text{Abbildungsmassstab m} + 1 \right)^2$$

Der Abbildungsmasstab errechnet sich aus Bildgrösse geteilt durch Vorlagengrösse.

Bei Verwendung von Elektronenblitz muss man aber die notwendige Belichtungsverlängerung durch Öffnen der Blende vornehmen. Die ei-

gentliche Arbeitsblende ergibt sich aus gemessener Blende geteilt durch die Quadratwurzel des vorher errechneten Verlängerungsfaktors. Dadurch vereinfachen sich die Belichtungsverlängerungsformeln wie folgt:

$$\text{Arbeitsblende} = \frac{\text{gemessene Blende k}_{mess}}{\dfrac{\text{Kameraauszug a'}}{\text{Brennweite f}}}$$
oder
$$\text{Arbeitsblende} = \frac{\text{gemessene Blende k}_{mess}}{\text{Abbildungsmassstab m} + 1}$$

Als Beleuchtungsgeräte innerhalb der Reproduktionsfotografie eignen sich die Leuchten mit Normalreflektoren der vorhandenen Blitzanlage. Muss man sich eine neue Anlage anschaffen, die ausschliesslich für diesen Zweck Verwendung finden soll, so kann man sich auch auf zwei Kompaktblitzgeräte beschränken, wie zum Beispiel broncolor Impact.

Gelegentlich kommt es vor, dass man nicht Aufsichts- sondern Durchsichtsvorlagen reproduzieren muss. Dazu eignen sich die Boxlite ganz hervorragend. Man muss lediglich zum Eliminieren des Streulichtes eine dem zu reproduzierenden Dia angepasste Maske aus schwarzer Pappe schneiden, welche die gesamte Fläche des Boxlite ausserhalb des Originaldias vollständig abdeckt.

Für die Belichtungsfindung macht man oberhalb des Dias eine Blitzbelichtungsmessung und rechnet die notwendige Belichtungsverlängerung wegen der Nahaufnahme mit ein. Mit diesem Wert erstellt man am besten zuerst ein Kontrollpola und nimmt dann noch eine allfällige Belichtungskorrektur gemäss dem visuellen Eindruck vor. Hat man dies einmal gemacht, stehen die ermittelten Werte für spätere Arbeiten zur Verfügung, und das Duplizieren von Dias wird so zum Kinderspiel.

Zu bedenken ist dabei allerdings der hohe Kontrast von Farbdiamaterial. Anstelle von üblichem Aufnahme-Farbdiamaterial verwendet man daher spezielles Dupliziermaterial, das mit dem für diesen Zweck notwendigen Gamma 1 arbeitet, zum Beispiel Ektachrome Duplicating. Neben dem Belichtungstest muss man in diesem Fall aber auch noch die für die Duplicating-Emulsion notwendige Korrekturfilterung ermitteln, die indessen für dieselbe Duplicating-Emulsion immer die gleiche bleibt.

5.3 Sachfotografie

Das Fotografieren von Gegenständen, sei es rein dokumentarisch oder durch Umgebung, Personen und Requisiten veredelt, gehört in der Berufsfotografie zur eigentlichen Brotarbeit, ohne dabei aber in irgend einer Weise unkreativ oder unattraktiv zu sein. Ganz im Gegenteil, Sachfotografie ist exzessiv durchgestaltete Fotografie. Zufälligkeiten des Lichtes, der Anordnung, der Schärfeverteilung oder des Augenblicks – wie dies zum Beispiel in der Reportage-Fotografie nahezu alltäglich ist – sind gänzlich ausgeschlossen. Der Fotograf hat es in diesem speziellen Sachgebiet ganz in seiner Hand, vollkommen zu gestalten. Für keinen einzigen Fehler gibt es eine Entschuldigung, nichts kann abgeschoben werden, für jede Unkorrektheit ist allein und einzig der Fotograf verantwortlich.

5.3.1. Beleuchtungs-Einrichtung

In der Stillife-Fotografie wird nahezu das gesamte Leuchten- und Zubehörprogramm benötigt. So sollten mindestens eine gleichmässig ausleuchtende Flächenleuchte vorhanden sein (Cumulite oder Hazylight 2) sowie ein Boxlite und ein Striplite. Daneben natürlich eine Anzahl normaler Leuchtenköpfe mit verschiedenen Reflektoren, Wabenvorsätzen und Konus. Ebenso notwendig ist ein Spot (z.B. Pulso-Spot), wenn möglich mit zusätzlichem Projektionsvorsatz, oder der Verfolger-Spot Profil 11/26 .

Mit einer derartigen Grundausrüstung, zu der vermutlich etwa drei bis vier Generatoren gehören, ist man innerhalb der Stillife-Fotografie schon recht gut ausgerüstet, sofern man nicht gedenkt, allzugrosse Gegenstände zu fotografieren.

Spiegel, Aufheller, Lichtschlucker

Zur professionellen Beleuchtung, besonders innerhalb der Stillife-Fotografie, ist eine grosse Anzahl kleiner Spiegel, Aufheller und Lichtschlucker notwendig. Weisse und graue Aufhellpappen, schwarze Abdecker wird man sich von Fall zu Fall zurechtschneiden.

Für starke Aufhellungen sind kleine Spiegel dienlich; zum Erzeugen von Spitzlichtern benötigt man konkave Hohlspiegel, sogenannte

Aufnahme Fotostudio Lieb, Langnau a.A.

Aufnahme Burst-Glathar, Zug

Rasierspiegel. Vielleicht kriegt man beim Spiegelhändler rohe Hohlspiegel ohne Fassung mit verschiedenen Durchmessern und Brennweiten, sonst muss man sich mit käuflichen Rasierspiegeln begnügen.

Metallisierte Pappen in silberner und goldener Ausführung gehören ebenso zum Gebrauchssortiment wie *Spiegelfolien.* Am besten eignen sich solche, die man mit der Schere zurechtschneiden kann. Spiegelfolien, metallisierte Pappen in hochglänzender und halbglänzender Ausführung benötigt man unter anderem beim Fotografieren von Getränken. Die entsprechend zurechtgeschnittene Folie wird mittels *Aludraht* und *Haft-Plast* so hinter das Glas oder die Flasche montiert, dass das Aufnahmelicht durch das Glas hindurch reflektiert und dem Getränk die richtige Helligkeit verleiht.

5.3.2 Aufnahmetische

Wie schon erwähnt, gehört zur täglichen Brotarbeit vieler Fotografen auch die *dokumentierende Sachdarstellung.* Gegenstände werden dabei oftmals *freistehend* auf völlig weissem Hintergrund gewünscht. Man setzt zu diesem Zweck mit Vorteil einen Aufnahmetisch ein. Auf einem mittels Systemrohren aufgebauten Gestell liegt eine opake Plexisglasscheibe, die auf der Arbeitsseite sandgestrahlt und dadurch absolut matt gemacht wurde. Hinten ist die Platte zur Hohlkehle hochgebogen. Der Plexiglastisch lässt sich mit geeigneten Beleuchtungsgeräten von der Rückseite durchstrahlen und ermöglicht bei richtiger Beleuchtungstechnik einen strukturlosen, völlig weissen Hintergrund.

Die Anschaffung eines professionellen Aufnahmetisches lohnt sich bestimmt nur, wenn man öfters freistehende Aufnahmen zu machen hat. Möglicherweise lässt sich mit Hilfe einer opaken, biegsamen Acrylscheibe, bezogen mit matter Translum-Folie, ein Selbstbau improvisieren. Das Erreichen eines strukturlosen, völlig weissen Hintergrundes tönt recht einfach. In der Praxis muss man sich allerdings eine ganz spezielle Arbeitstechnik zulegen, denn ein Allzuviel an Licht von der Tischrückseite her kann leicht zu Randüberstrahlungen führen. Zuerst sollte man ohne Aufnahmegegenstand den Aufnahmetisch rückwärtig gleichmässig ausleuchten. Mit Hilfe eines Handbelichtungsmessers kann man die Gleichmässigkeit der Ausleuchtung nachprüfen. Als Leuchten für das Durchleuch-

5.3

Aufnahme Patrick Bernet, Basel

155

ten des Aufnahmetisches eignen sich vier Leuchtenköpfe mit Normalreflektoren, wobei man davor in genügendem Abstand zum Erzielen der notwendigen Gleichmässigkeit am besten noch eine Streufolie montiert. Oder aber man setzt eine oder zwei entsprechend grosse Pulsoflex-Reflektoren ein.

Erst dann wird der Gegenstand auf den Tisch gelegt. Die Hauptbeleuchtung muss in ihrer Intensität an das durchscheinende Licht angepasst werden (oder umgekehrt). Auf dem Bild erscheint der Untergrund genügend hell, wenn der Belichtungsmesser bei selektiver Messung einen Lichtwert mehr angibt, als bei Messung auf die hellste Stelle des Aufnahmeobjekts. Man muss dies unbedingt nachprüfen, denn eine zu starke Untergrundhelligkeit führt schnell zu einer Überstrahlung.

Nicht vergessen darf man die relativ starke Gegenstandsaufhellung, die durch den Leuchttisch von unten entsteht. Vorteilhafterweise wird alles, was ausserhalb des Bildes zu liegen kommt, mit schwarzem Papier abgedeckt.

Bei Gegenständen aus dunklem Kunststoff oder lackiertem Metall ist es zuweilen notwendig, entstehende Reflexe mit Hilfe des Polarisationsfilters zu eliminieren.

Da von unten eine grosse Lichtmenge strahlt, sollte das Hauptlicht eher etwas hoch stehen, damit bei einer Gegenstandsaufnahme keine unnatürliche Beleuchtungswirkung entsteht.

Selbstverständlich lässt sich auch von einer freistehenden Aufnahme sprechen, wenn der Hintergrund völlig schwarz ist oder in einer homogenen Farbe erscheint. Dies ist aufbaumässig zu realisieren, wenn es gelingt, den Aufnahmegenstand auf einer genügend grossen Glasscheibe zu plazieren, durch die ein weit dahinter gespannter Hintergrund (unscharf) zu erkennen ist. Dadurch lässt sich Hauptobjekt und Untergrund separat beleuchten und die entsprechende Hintergrundhelligkeit frei einstellen. Wenn der Hintergrund völlig schwarz erscheinen soll, genügt es, wenn eine selektive Messung der Hintergrundhelligkeit einen Lichtwert weniger anzeigt als die dunkelste Stelle des Hauptobjekts.

5.3.3 Beleuchtungstechnik bei Nahaufnahmen

Bei Nahaufnahmen, insbesondere im Bereich der *Makrofotografie*, fehlt bei den entstehenden kleinen Aufnahmedistanzen meistens der genügende Platz. Die Hauptschwierigkeit liegt daher in der Frage: «Wie bringe ich genügend Licht zum Aufnahmegegenstand?» Mehr oder weniger grosse Flächenleuchten sind zwar selbst bei der Aufnahme kleiner Gegenstände zum Erzeugen grossflächiger Reflexe sehr gefragt, bedingen aber in der Regel extrem langbrennweitige Objektive, um einen genügend grossen Aufnahmeabstand zu erzwingen. Oft ist diese Möglichkeit – auch aus perspektivischen Gründen – versagt. Dann helfen kleinere Flächenleuchten, wie zum Beispiel Boxlite, weiter. Diese universellen Leuchtbausteine eignen sich hervorragend als Flächenleuchten beim Fotografieren kleiner Gegenstände. Muss man aber noch näher ans Objekt heran, versagen selbst diese Problemlöser.

Möglichkeiten hat man aber auch mit den normalen Leuchten. Unter Zuhilfenahme kleiner Aufhellkartons oder Spiegelfolien lassen sich damit dem Aufnahmegegenstand angepasste Lichtmodulationen verwirklichen.

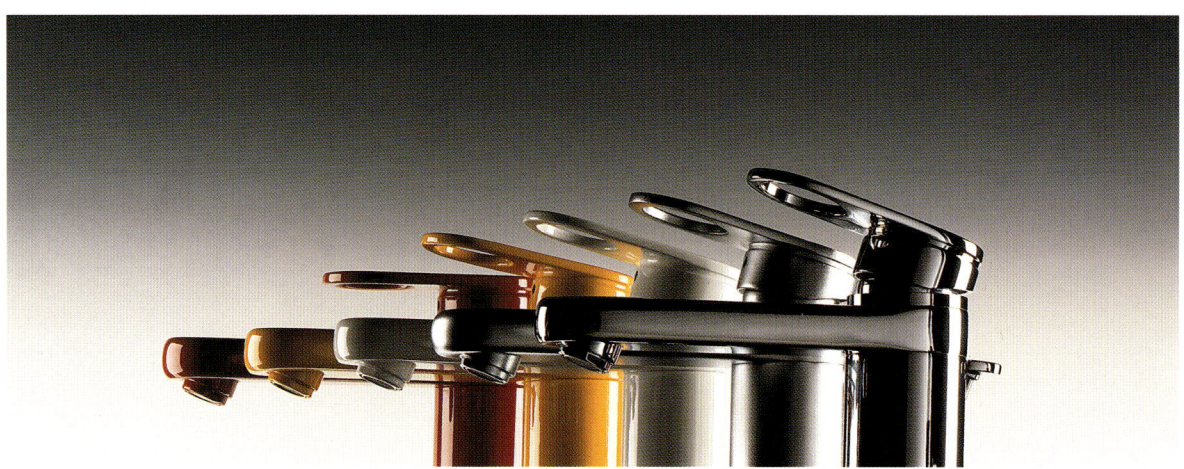

Aufnahme ACA Werbestudio GmbH, Hemer

Soll ein Kleingegenstand freigestellt werden und hat man kein Boxlite zur Verfügung, verwendet man als Objektträger eine Glasplatte, die mit weisser, matter Translum-Folie belegt ist. In vielen Fällen genügt dies bereits. Natürlich lässt sich dieser Objekttisch auch von unten mit einer weiteren Lichtquelle noch durchleuchten. Für die schattenlose Ausleuchtung kleiner, möglicherweise noch vertiefter Gegenstände lässt sich über das Objekt der abgenommene Reflektor einer Leuchte stülpen. Das Objektiv schaut dabei durch die Lampenöffnung des Reflektors. Als Lichtquelle dient eine Leuchte, die von unten durch die Unterlagsdiffusionsfolie strahlt.

Kleinstgegenstände, die man im Durchlicht darstellen möchte (z.B. Edelsteine, Achate usw.), legt man am besten auf einen Linsenkondensor (z.B. von einem Vergrösserungsapparat stammend) und leuchtet von unten mit möglichst punktförmiger Lichtquelle den Kondensor aus. Diese Beleuchtungsmethode eignet sich auch hervorragend, wenn man farbige Kristallpolarisationen darstellen möchte. Dazu montiert man unter dem Kondensor noch ein Polarisationsfilter und ein zweites auf dem Aufnahmeobjektiv. Wenn nun als Aufnahmegegenstand eine Kristallformation verwendet wird, werden deren Strukturen durch die Doppelbrechung in allen

Schattenlose Ausleuchtung vertiefter Kleingegenstände

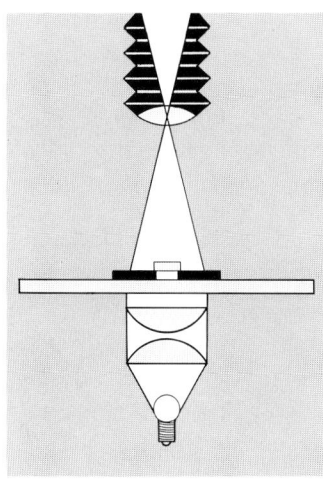

Durchsichtsbeleuchtung mit Hilfe eines Kondensors

Weitere schattenlose Ausleuchtungsmöglichkeiten entstehen, wenn man vor das Objektiv eine Glasscheibe im Winkel von 45° montiert. Mit einem Spot oder einer Leuchte mit Tubus kann man dann seitlich in die Spiegelfläche der Glasscheibe leuchten, wobei ein Teil des Lichtes direkt auf den Makro-Gegenstand reflektiert wird. Besser geeignet als eine Glasscheibe ist ein teildurchlässiger Spiegel.

Farben dargestellt. Durch Drehen des Polarisators am Objektiv verändern sich die Farben und werden nach einer Drehung um 90° komplementär.

All diese Methoden haben fotografische Tradition und sind für bestimmte, einfache Objekte sehr geeignet. Geht es aber darum, auf Kleinstobjekte nicht nur Licht zu geben, sondern diese im wahrsten Sinn des Wortes kreativ zu beleuchten, so versagen diese Hilfsmittel natürlich. Professioneller und als Problemlöser in nahezu allen Fällen beim Darstellen kleinster Gegenstände arbeitet man mit dem *Lichtleiter-System Fibrolight*, 10 mm dicke, 1 m lange, bewegliche Lichtleiter mit Fokussieroptiken, Farbfiltern und vielem weiteren Zubehör. Mit den Lichtleitern lassen sich kleinste und winzige Gegenstände objekt- und materialgerecht beleuchten. Verwendet man dazu noch kleinste Stücke von Diffusionsfolien, Spiegelfolien, Minilichtschluckern usw., besitzt man mit dem Fibrolight-System ein ganzes Studio-Leuchten-Sortiment en miniature, geeignet für das «Lichtmachen» bei allerkleinsten Gegenstandsaufnahmen.

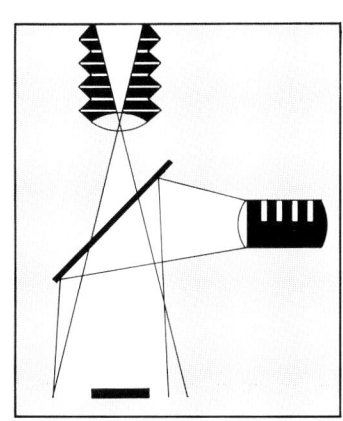

Beleuchtung eines Makro-Objektes durch teildurchlässigen Spiegel

Aufnahme Richard Steiner, Zürich

5.3.4 Beleuchtungsmuster in der Sachfotografie?

Was bereits in der Kapiteleinführung angedeutet, muss ich als Antwort zu dieser Frage wiederholen. Es gibt mit wenigen Ausnahmen keine spezifische Beleuchtungstechnik, die, wie ein Rezept angewandt, automatisch «richtige» Resultate für ein bestimmtes Aufnahmegebiet ergibt. Das ist allerhöchstens möglich für Arbeiten wie Reproduktionen oder dokumentierende Stillife-Fotografie. Sobald aber die Beleuchtung als kreatives Gestaltungsmittel und nicht zum blossen Hellmachen eingesetzt wird, kann man schwerlich ein Beleuchtungsmuster aufstellen. Das Wesentlichste zur Beleuchtungstechnik haben wir uns bereits im Kapitel 4 erarbeitet. Und was dort ohne Bezug auf ein Aufnahmegebiet gesagt wurde, hat mehr oder weniger für jedes fotografische Sachgebiet Gültigkeit. Um diese Aussage zu illustrieren, will ich Ihnen die Be-

leuchtung der schwarzen Geschirrkomposition des Titelbildes zum Kapitel 1 (Seite 8) erläutern. Es handelt sich dabei zweifelsohne um eine Sachaufnahme. Der eingesetzte Beleuchtungsaufbau ist zwar typisch für diese Aufnahme; ist er aber typisch für eine Sachaufnahme?

Wir wollten für eine Eigenwerbung ein subtiles Low-key-Sujet realisieren und stellten uns ein Arrangement aus schwarzem Porzellan vor, das vor schwarzem Hintergrund stehen soll. Die Geschirr-Kanten und Konturen der Deckel sollen dezent hell erscheinen und dadurch die Formen andeuten, während die Objektflächen praktisch schwarz in schwarz gewünscht werden. Als farbiges Kontrastelement soll ein hellfarbener Trinkhalm dienen. Der Tenor, den die Aufnahme ausdrücken soll, lautet: «Auch Schwarz ist eine Farbe, wir schaffen es!».

Als Unter- und Hintergrund für die Aufnahme dient eine schwarz-matte Kunstharzplatte, die hinten leicht zur Hohlkehle hochgezogen ist.

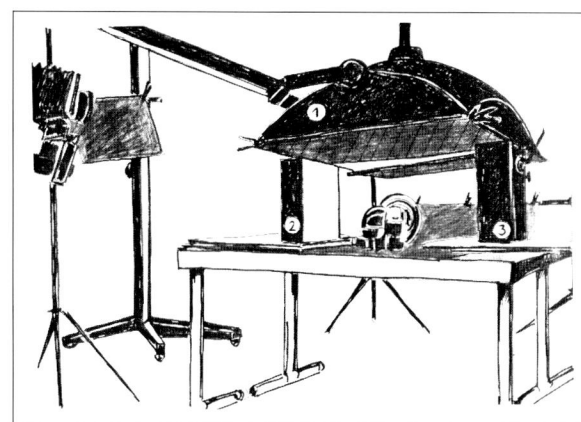

Beleuchtungsaufbau für die Aufnahme «Komposition in schwarz»

Vor Beginn der Arrangement-Arbeit muss die heikle Kunstharzplatte gut gereinigt werden. Auch das gehört zum Alltag des Fotografen. Das geht am besten mit reinem Wasser. Dabei wird die Platte kleinflächig gereinigt, das Wasser abgestreift und die Fläche mit einem sauberen Frottiertuch getrocknet.

Zur Beleuchtung ist praktisch ein U-förmiges Lichtband über das Objekt gelegt. Realisiert ist diese Beleuchtung durch ein Hazylight 2 (1) oben und daran direkt angefügt links und rechts je ein Boxlite (2,3). Die Leuchtfläche des Hazylight 2 ist durch zwei Lichtschlucker vorne und hinten verkleinert und dadurch der Leucht-flächen-Breite der beiden Boxlite angepasst.

Um auch einen dunklen Vordergrund zu erreichen, ist unmittelbar vor dem Objektiv ein schwarzer Karton als Abschattungsmaske angebracht.

Das ähnliche Bildresultat hätte man aber auch mit einer viel primitiveren Beleuchtungseinrichtung erzielen können. Ich denke dabei an eine mit normalen Leuchten durchstrahlte, weiss-opake Plexiglasplatte, die halbrund gebogen unmittelbar über das Gegenstandsarrangement montiert ist. Mit schwarzem Papier hätte man dann die Plexiglasplatte so abdecken müssen, dass nur ein etwa 30 cm breites helles Band frei geblieben wäre.

5.3.5 Glitzernde Sterne

Gitterfilter, die von harten Lichtpunkten Sterneffekte erzeugen, sind uns allen schon seit langer Zeit vom Fernsehen her bekannt. Bei Musik-Shows hat der Kameramann oftmals ein solches Ding vor seinem Objektiv. Immer, wenn eine Lichtquelle direkt ins Bild kommt oder ein Glitzersteinchen auf dem Kleid einer Sängerin aufblitzt, entsteht eine sternförmige Wirkung.

Auch in der Werbefotografie sind bewusst gesetzte Sterne beliebt, um den Glanz eines Gegenstandes hervorzuheben. Im Gegensatz zur Glamour-Fotografie versucht man hier, durch ein ganz genau gesetztes Spitzlicht an einem genau definierten Ort eine gesteuerte Sternwirkung zu erzeugen.

Seit es im Sortiment der Trickfilter Sterneffektfilter gibt, hat sich die Arbeitsweise entsprechend geändert. Handelt es sich um einen glänzenden Gegenstand, der notabene meist weich beleuchtet wird, versucht man, durch einen Rasierspiegel einen Reflexpunkt auf den Gegenstand zu werfen. Das geht meist recht gut. Der Fotograf richtet zum Beispiel einen Stufenlinsenscheinwerfer auf den Rasierspiegel, der gerade soweit vom Gegenstand entfernt plaziert ist, dass die parallelen Strahlen des Scheinwerfers durch den Konkavspiegel zu einem Brennpunkt konvergiert werden und eben dieser Brennpunkt am gewünschten Ort einen punktförmigen Reflex erzeugt. Durch Beachten der Reflexionsgesetze ist es meist recht leicht, einen sehr hellen Spitzlichtreflex in Kamerarichtung zu erzeugen. Wird das Objektiv nun mit einem Sterneffektfilter bestückt, entsteht ein entsprechender Stern mit schlanken Strahlen. Voraussetzung für diese Technik ist indessen, dass der zu fotografierende und mit einem Stern zu versehende Gegenstand stark glänzt und dadurch hochreflektierend ist.

Ist dies nicht der Fall, so kommt man nicht um eine *Doppelbelichtung* herum. In der Praxis sieht das so aus: Zuerst wird eine «sternlose» Aufnahme des Gegenstandes gemacht. Anschliessend entfernt man bei der Grossformatkamera die Filmkassette und zeichnet sich mit Fettstift auf der Mattscheibe genau die Stelle an, an der sich ein Stern bilden soll. Nun schwenkt man die Kamera gegen einen mattschwarzen Karton, in den ein entsprechend kleines Löchchen gestossen wurde. Dahinter wird eine harte Lichtquelle aufgestellt, die das kleine Loch durchleuchtet. Man stellt nun die Kamera so ein, dass sich der Lichtfleck genau an der Mattscheibenebene befindet, die man vorher angezeichnet hat. Dann wird ein Sterneffektfilter auf das Objektiv gesetzt, die Kamera bis zum schwarzen Karton mittels Lichtschluckern gut abgeschirmt, die Kassette erneut eingesetzt und der Stern einbelichtet.

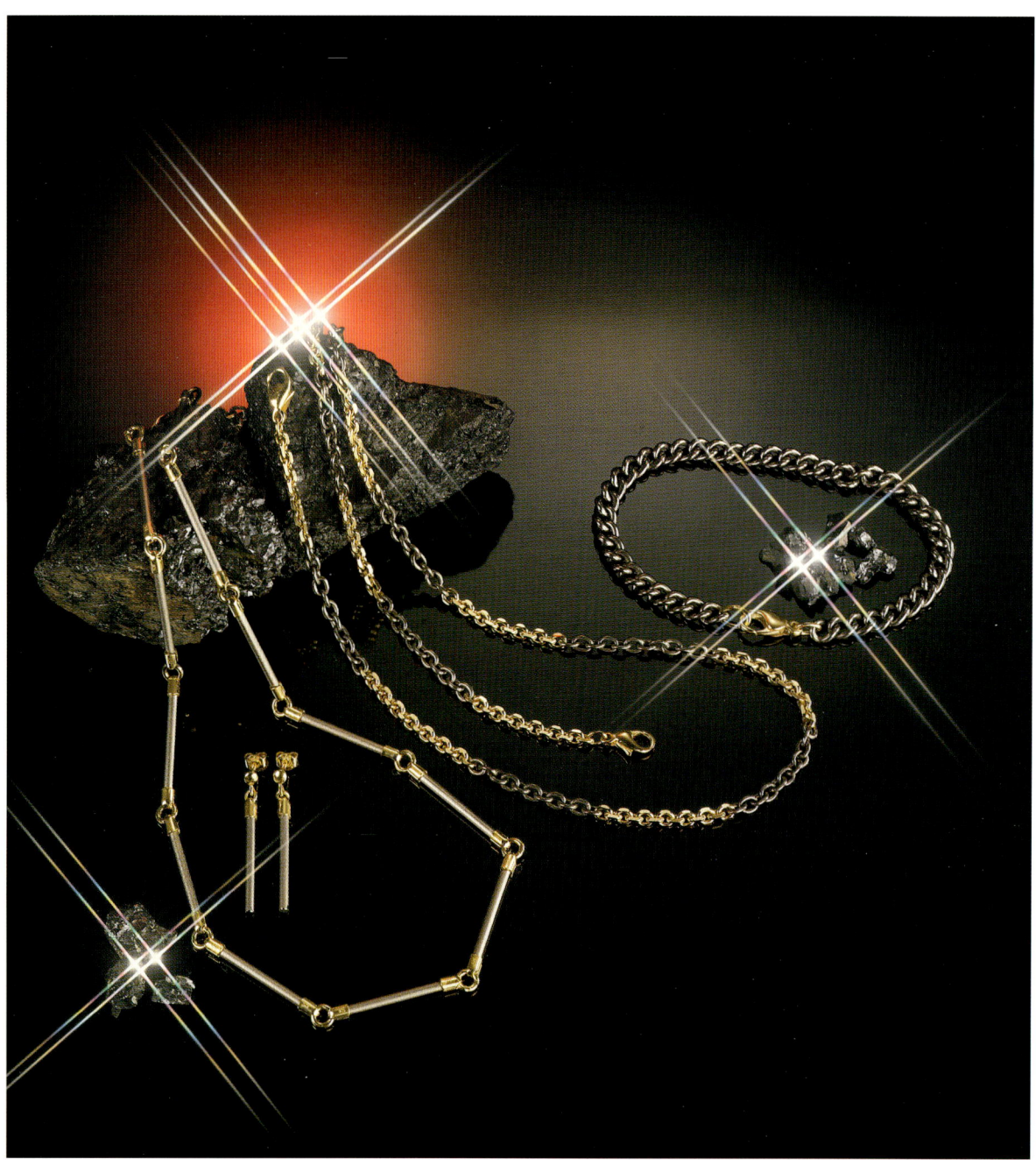

Aufnahme Edith Posch-Rossow, Pforzheim

Anstelle eines Sterneffektfilters geht genauso gut eine Glasplatte, die leicht mit Vaseline belegt ist. Mit den Fingern kann man in die Vaseline-Schicht eine sternförmige Struktur zeichnen und dabei die Sternstrahlen objektangepasst einstellen.

Die Öffnung im Karton wirkt wie eine zusätzliche Blende und verlangt nach einer Belichtung, die dem vielfachen Wert der vorherigen Hauptbelichtung entspricht. Am besten testet man dies mit Hilfe von Sofortbildmaterial.

Die Dicke der einzelnen Strahlen ist abhängig vom Durchmesser des in den schwarzen Karton gestochenen Loches. Befindet sich der Karton während der Belichtung genügend weit von der Kamera entfernt, darf das Beleuchtungsloch ruhig 2 bis 3 mm gross sein. Auch hier sind eigene Versuche instruktiver als noch so lange Erklärungen und Rezepturen. Bei einer Aufnahmedistanz von rund der 20-fachen Objektivbrennweite erscheint der Lochdurchmesser auf der Mattscheibe 21 mal kleiner. Um eine maximale Lichtausbeute und dadurch vernünftige Belichtungszeiten zu erreichen, muss die Aufnahmeachse möglichst senkrecht auf den Karton mit dem Loch gerichtet sein.

5.4　Food-Fotografie

Zur Beleuchtungstechnik innerhalb der Nahrungsmittelfotografie oder Food-Fotografie, wie dieses Sachgebiet im Jargon allenthalben heisst, ist wenig zusätzliche Information notwendig. Es gilt auch innerhalb der Food-Fotografie all das, was wir mit den beleuchtungstechnischen Grundlagen bereits erläutert und insbesondere was wir zum Thema der materialgerechten Beleuchtung gesagt haben.

Im übrigen ist Food-Fotografie professionell nur möglich, wenn im eigentlichen Fotostudio eine leistungsfähige Küche integriert ist. Genau so wichtig wie der technisch ausgeklügelte Aufbau, wenn – wie in unserem Suppenbeispiel – das Eingiessen einer Flüssigkeit gezeigt werden soll

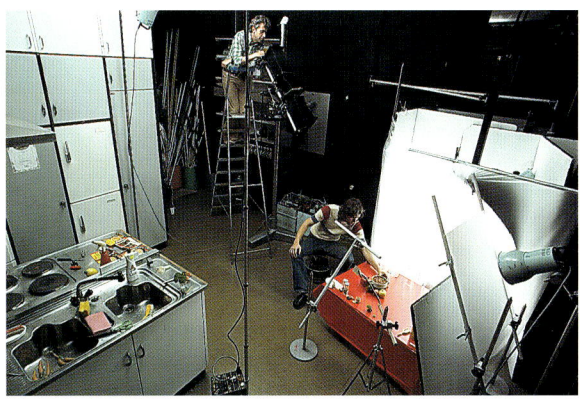

Küche im Fotostudio integriert

Ideen sind gefragt! Aufnahme Charlie Keller, Zürich

Aufnahme Jean-Louis Tesseraud, Bretteville/Odon

161

Aufnahme Roland Diacon, Ostermundigen

ist das Kochen für Fotozwecke. Food-Fotografen künsteln wenig, das fotografierte Essen ist in aller Regel noch essbar. Es wird aber alles «al dente» gekocht, so dass die farbliche Frische der Esswaren erhalten bleibt.

Nicht nur in der Mode-Fotografie werden spezialisierte Stylistinnen eingesetzt. Insbesondere für Food-Aufnahmen gibt es einige (wenige!) Künstlerinnen, die nicht nur das Zubehör organisieren, sondern die auch in der Studio-Küche speziell für Fotozwecke kochen.

5.5 Auto-Fotografie

In Europa gibt es einige wenige, international tätige, hoch spezialisierte Autofotografen. Autos sind sehr grosse Sachgegenstände und zudem meist glänzend bis hochglänzend. Um überhaupt Autos prospektgemäss fotografieren zu können, müssen an die Beleuchtungstechnik hohe Ansprüche gestellt werden.

Jede Lichtquelle, die zur Beleuchtung eingesetzt wird, spiegelt sich in der Fahrzeug-Karosserie. Da die Fahrzeuge sehr gross sind, müssen enorm grossflächige Leuchten verwendet werden. Selbst die grosse Fläche eines Cumulite 2 genügt dazu in den seltensten Fällen. Eine Faustformel zur Berechnung der Flächengrösse einer Leuchte lautet: Ausdehnung des Objekts mal zwei ergibt die Diagonale der Grossflächenleuchte. Daran mag man erkennen, mit welch grossen Reflexbildnern man es zu tun hat. Die direkte Einspiegelung der Lichtquelle im Motiv

ergibt eine klare und homogene Oberfläche, keine falschen Reflexe und unerwünschten Spiegelungen bei gleichzeitig hoher Farbsättigung und guten Kontrastverhältnissen. Es ist dies das altbewährte Prinzip des Hazylights 2, der Cumulite, nur in noch viel grösserer Dimension.

Optimal geeignet ist das broncolor Megalite-System. Es handelt sich dabei um homogene Grossflächenleuchten bis 10 Meter Länge. Bei der Autofotografie wirkt ein derartiger Lichthimmel als Hauptlichtquelle. Unten genügen dann wenige Seitenlichter zur Aufhellung oder für bestimmte Reflexe. Eine brillante Detail-Durchzeichnung, selbst an ausgebrochenen Stellen, strukturlose, traumhaft elegante Verläufe sind das Resultat.

Statt konfektionierter Grossflächenleuchten lassen sich natürlich auch Folienhimmel bauen,

Aufnahme Gaukler Atelier, Filderstadt

die ihrerseits durch alle vorhandenen grossen Flächenleuchten durchstrahlt werden. Oder selbstverständlich sind ähnliche Resultate mit Hilfe von Reflexhimmeln möglich. Das Grossraumstudio in Maur bei Zürich zum Beispiel ist mit einem riesigen, verstellbaren Reflexhimmel ausgestattet, der von unten durch gezielte Engstrahler gleichmässig oder gewollt verlaufend bestrahlt werden kann.

Ist dann noch eine riesige Hohlkehle vorhanden, wird selbst das Fotografieren von so grossen hochglänzenden Gegenständen wie Autos – mit enormem Arbeitsaufwand zwar – immerhin möglich.

Hartstrahlende Lichtquellen lassen sich als Effektlichter, für Überstrahlungen, als Interieurbeleuchtung verdeckt hinter der Karosserie, als Gegenlichter usw. einsetzen. Aber jeder langezogene oder grosse Reflex stammt von der direkten Einspiegelung einer riesigen Reflexfläche oder einer entsprechenden Grossflächenleuchte.

Jeder in der Karosserie sichtbare Reflex muss gemäss den Reflexionsgesetzen subtil eingespiegelt werden. Beispiele dazu finden Sie auf den Autobildern im Kapitel 3 (Seiten 90 und 97). Die unregelmässig belebenden Reflexe beim Gemballa stammen von den beiden Fluoreszenzröhren, und die Sternreflexe auf der dunklen Mercedes-Karosserie stammen von den am Hintergrund montierten Lämpchen. Auf dem Mercedes-Bild ist auch der Lichthimmel noch zu erkennen, der dann beim Litho für die Prospektherstellung eliminiert worden ist.

Spiegelt sich übrigens ein glänzendes Fahrzeug auf dem Boden, so ist möglicherweise der Studioboden zuerst geschwärzt und dann grossflächig mit Salatöl bestrichen worden…

Blick ins Studio der Frei Produktion, Weil am Rhein

Hohlkehle und beweglicher Himmel im Studio Maur

Aufnahme
Atelier Gaukler,
Filderstadt

Aufnahme Atelier Gaukler, Filderstadt

Architektur, Innenarchitektur, Industrie

Aufnahmen von architektonischen Werken sind nahezu immer Arbeiten, die ohne künstliche Beleuchtung gemacht werden oder bei denen zumindest das vorhandene Tageslicht die Aufgabe der Hauptbeleuchtung übernimmt. Ähnliches, lediglich mit umgekehrten Vorzeichen gilt für Aufnahmen über Innenarchitektur und Industrie. Hier wird vorhandenes mit mitgebrachtem Licht in der Regel kunstvoll kombiniert. Wesentliche Informationen zur Beleuchtungstechnik innerhalb dieser Sachgebiete finden Sie daher auch im nächsten Kapitel, das sich mit dem Elektronenblitz on location befasst.

5.6.1 Architektur-Fotografie

Der Architektur-Fotograf ist in fast allen Fällen auf das natürliche Licht angewiesen. Die Beleuchtungsänderungen im Laufe des Tages, bei unterschiedlichen Jahreszeiten und verschiedenen Wetterverhältnissen lassen das Erscheinungsbild einer Architekturansicht ständig anders erscheinen. Meist ungünstig wirkt das direkte Licht der hochstehenden Mittagssonne. Das Seiten- oder Streiflicht der tieferstehenden Sonne hingegen wirkt interessanter, belebender und zeigt auch die für das Bauwerk verwendete Materialstruktur besser. Bei direktem Sonnenlicht und einem stahlblauen Himmel entstehen dagegen tiefe Schatten, die möglicherweise einen nicht überbrückbaren Kontrast bilden. Meist günstiger ist eine noch deutlich sichtbare, aber doch leicht verschleierte Sonne. Dieses Licht ist noch kontrastreich genug, um eine belebende Schattierung zu erzeugen, ohne indessen einen nichtüberbrückbaren Kontrast zu liefern.

Ausserhalb einer eigentlichen, zweckgebundenen Auftragsarbeit sind natürlich allerlei Beleuchtungsvariationen möglich. So kann man auch architektonische Motive im Gegenlicht darstellen, ja gar die Sonne mit ins Bild einbeziehen, Aufnahmen bei Regenwetter oder Ne-

Aufnahme Frei Produktion, Weil am Rhein

bel realisieren und ganz generell all das versuchen, was in der Beleuchtungstechnik verpönt ist.

Ein Gebäude steht nicht nur bei Tag da, es ist auch in der Nacht vorhanden. Weshalb soll man daher nicht einmal bei Nacht fotografieren? Es kann ungemein reizvoll aussehen, wenn ein innen beleuchtetes Gebäude in nächtlicher Umgebung dargestellt wird. Steht das Haus in einer unattraktiven und nicht fotogenen Umgebung, kann eine nächtliche Aufnahmeserie möglicherweise das wirkungsvollste Bild liefern.

Bei Farbaufnahmen verwendet man mit Vorteil Tageslichtemulsionen, das ergibt eine wärmere Lichtfarbe. Ist bei Nacht eine Strasse mit auf dem Bild, kann man die weisse Striche hinterlassenden, beleuchteten Fahrzeuge bildunwirksam lassen, wenn man während der Belichtung die Hand vors Objektiv hält, solange ein Auto vorbeifährt.

Macht man eine nächtliche Architekturaufnahme, weil eine störende Umgebung nicht abgebildet werden soll, so sind Aufnahmen eines innen beleuchteten Hauses in der Dämmerungsphase sehr wirkungsvoll. Die beleuchteten Fenster kommen dabei in warmem Ton zur Geltung, die Umrisse des Hauses bleiben sichtbar, der Himmel und die Umgebung sind in mystisches, dunkles Blau gehüllt.

Allfällige, innerhalb des Bildausschnittes vorbeieilende, Fussgänger sind bei langen Belichtungszeiten nicht mit abgebildet, sofern sie nicht stehenbleiben. Diese Tatsache macht man

sich zunutze, wenn in stark begangener Umgebung ein Gebäude ohne Menschen dargestellt werden soll.

Architektur-Modelle

Wenn man sich professionell mit Architektur-Aufnahmen befasst, muss man wohl oder übel auch in der Lage sein, Modelle perfekt zu fotografieren. In der Regel ist es nicht damit getan, das Architektur-Modell so zu fotografieren, wie es der liebe Gott sieht. Der Architekt wünscht normalerweise Ansichten seines Werkes, wie es

Aufnahme eines Innenarchitektur-Modells
von Richard Steiner, Zürich

später der Erdenbewohner aus seiner Perspektive sehen wird. Das hat natürlich nicht nur kameratechnische Auswirkungen, auch die Beleuchtung muss entsprechend stimmen.

Verwenden sollte man nur eine grosse Hauptlichtquelle aus einer möglichen Richtung, und allfällige Schatten müssen mit Aufhellflächen gemildert werden. Möglich sind Lichtrichtungen, aus denen die Sonne kommen kann. Zu vermeiden sind Beleuchtungen aus dem Nordquadranten. Denken wir daran: die Sonne geht im Osten auf (und steht dann tief), geht über Süden (hoher Sonnenstand) nach Osten (wieder tiefer Sonnenstand)!

5.6.2 Innenarchitektur-Aufnahmen

Insbesondere wenn on location kein grosser Lampenpark zur Verfügung steht, erhält man die besten und natürlichsten Resultate, wenn man mit dem natürlich vorhandenen Licht als Beleuchtung arbeitet. Sind grosse Fenster vor-

Aufnahme Leu + Humbert AG, Riehen

5.6

Aufnahme Christian Vogt, Basel

Aufnahme Atelier Gaukler, Filderstadt

handen, genügt normalerweise das einfallende Tageslicht, wenn man den richtigen Aufnahmezeitpunkt wählen kann. Dabei entstehen allerdings häufig zu grosse Kontraste, so dass die Schattenpartien künstlich aufgehellt werden müssen. Bei Farbaufnahmen ist auf die Mischlichtsituation zu achten. Das zur Aufhellung verwendete Licht muss dieselbe Verteilungstemperatur haben wie das einfallende Tageslicht, das heisst, es kommt nur Elektronenblitz in Frage. Geeignet für den mobilen Einsatz sind Kompaktblitz-Anlagen

Die eingesetzte Aufhellung darf den natürlichen Lichteinfall nicht unterdrücken. Betrachten wir, wenn möglich, das natürliche Licht als *Hauptlichtquelle* und hellen lediglich die Schattenpartien sorgfältig auf. Zu achten ist bei der Aufhellung auch auf die Schattenbildung um Stuhl- und Tischbeine. Am natürlichsten wirkt ein Bild, wenn von diesen Möbelbeinen *nur ein*

Badezimmeraufbau im Grosstudio der Frei Produktion, Weil am Rhein

Schatten – vom Licht der Fensterseite herstammend – ausgeht. Kreuz- oder Mehrfachschatten sind verpönt.

Vorhandene Beleuchtungskörper können praktisch als Effektlichtquellen benutzt werden. Ist ein hell strahlender Beleuchtungskörper mit auf dem Bild, würde dieser bei längerer Belichtung unter Umständen überstrahlen. Um dies zu vermeiden, schaltet man ihn einfach nur während eines Teils der gesamten Belichtungszeit ein.

5.6.3 Industrie-Aufnahmen

Moderne Fabrikhallen sind durch Tageslichteinfall und durch Fluoreszenzröhren beleuchtet. Meist passt die Verteilungs- bzw. Farbtemperatur dieser beiden Lichtarten nicht überein. Probeaufnahmen mit Farbfilm (oft genügt schon eine Aufnahme mit einer Sofortbildkamera) ergeben schnell Gewissheit, ob mit diesem Mischlicht überhaupt gearbeitet werden kann. Sind altertümliche, billige Leuchtstoffröhren eingesetzt, resultiert ein Grünstich, der sich bei gleichzeitigem Tageslichteinfall kaum wegfiltern lässt.

Zwei Möglichkeiten verbleiben in solchen Fällen: Entweder arbeitet man nur mit dem einfallenden Tageslicht und hellt die Schatten mit Elektronenblitz auf, oder man arbeitet in den Dämmerstunden nur mit dem Leuchtstoffröhrenlicht und entsprechenden Korrekturfiltern, oder aber man leuchtet die Szene mühsam mit viel künstlichem Licht aus.

All diese Lösungen sind in grossen Hallen nicht immer erfolgversprechend. Das Röhrenlicht erzeugt zwar ein brauchbares Oberlicht, aber eine schlechte Ausleuchtung senkrechter Maschinenteile. Das einfallende Tageslicht – sofern es von der richtigen Seite kommt – ist wohl brauchbar, lässt aber meist harte Schatten auftreten, die eine starke Aufhellung mit Elektronenblitz benötigen. Diese letztgenannte Methode ist es denn auch, die der üblichen Begebenheit in der Praxis entspricht. Allerdings wird dazu ein immenser Leuchtenpark benötigt.

Mit beschränkter Beleuchtungseinrichtung kann man grosse Industriehallen unmöglich sinnvoll ausleuchten. Soll hingegen einmal eine Maschinenanlage dokumentarisch fotografiert werden, kann sich der fantasievolle Fotograf auch mit einer einzigen Leuchte behelfen. Voraussetzung ist weitgehende Dunkelheit, so dass eine Langzeitbelichtung möglich ist. Während der Verschluss geöffnet ist, wandert der Fotograf oder sein Assistent ausserhalb des Bildfeldes mit einer Blitzleuchte in der Hand umher und blitzt das Objekt von verschiedenen Seiten mehrmals an. Um klare Hauptlichtrichtungen zu simulieren, verweilt er mit seinem auf das Objekt gerichteten Blitz einfach etwas länger in den entsprechenden Positionen und löst von dort eine grössere Anzahl Blitze aus. Die zur richtigen Belichtung notwendige Anzahl Blitzauslösungen stellt man für die «Hauptbeleuchtung» mit Hilfe des Blitzbelichtungsmessers fest (an den Intermittenz-Effekt denken!). Die Aufhellung erfolgt dann aus der entsprechenden Gegenrichtung zusätzlich zu der Hauptbeleuchtung. Selbstverständlich ist dabei eine Kontrollaufnahme auf Sofortbildmaterial unumgänglich.

Für diese Technik des «Wanderlichtes» lassen sich natürlich auch Dauerlichtstrahler wie zum Beispiel broncolor HMI mit gutem Erfolg einsetzen.

Industrie-Aufnahme von Leu + Humbert AG, Riehen

Wenn ich in dieser Zusammenfassung von Menschendarstellung spreche, so beinhaltet dies all die Aufnahmen, die den Menschen in irgend einer Art zum Mittelpunkt haben. Sei dies nun Mode-Fotografie, Beauty, Akt oder Portrait. Im Grunde genommen ist «Licht machen» dabei jedesmal das Suchen nach einer geeigneten Lichtwirkung, die Stimmung und Effekt mit der materialgerechten Darstellung kombiniert.

Dies gilt insbesondere für die Modefotografie. Hier ist der Mensch ja nur Puppe, Verkaufsständer, und es ist das Kunststück fertigzubringen, die verkaufswirksame und materialgerechte Darstellung des Kleidungsstückes, des Stoffmaterials mit der entsprechenden Umgebungs-Ambiance und der interessanten Darstellung des Menschen beleuchtungstechnisch zu unterstützen. Und dazu ein Beleuchtungsschema aufzustellen, das über die Grundregeln des bereits Gesagten hinausgeht, dürfte weitgehend unmöglich sein!

Das Grundschema der Lichtführung bei einfachen Identifikationsaufnahmen mag richtig sein, wenn es darum geht, erkennbare Passfotos eines Gesichtes herzustellen. Für die grossflächige, frontale Darstellung eines Frauengesichtes für das Titelbild der Vogue ist dieses Rezept nicht brauchbar. Und so ist insbesondere

Aufnahme Fotostudio Lieb, Langnau a.A.

dem Lernenden anzuraten, sämtliche Personen-Bilder, die ihm gefallen, genauestens auf die mögliche Beleuchtung zu untersuchen. Bei Portraits, Mode- und Beauty-Aufnahmen ist diese Untersuchung auch nicht besonders schwierig. Man muss lediglich die Augen des Abgebildeten studieren, denn in diesen spiegeln sich zumindest die Hauptlichtquellen. Besonders instruktiv ist solches Studium bei grossflächigen Gesichtsdarstellungen, bei denen die verratenden Augen vergleichsweise gross abgebildet sind.

Und obwohl man für Menschendarstellungen kein Beleuchtungsrezept abgeben kann, gilt das, was wir im Kapitel 4 immer wieder betont haben: Licht machen ist das bewusste Setzen von Reflexen, das Spiel von Licht und Schatten. In vielen Fällen ist das grossflächig modulierende Licht einer Flächenleuchte richtig, möglichst eine, die auch eine genügende Schattenbildung ermöglicht. Und das ist insbesondere bei textilen Flächenleuchten der Fall, bei denen die Blitzleuchte nach vorne nicht durch einen Rückreflektor abgedeckt ist und die somit einen Hot-Spot-Effekt bewirkt. Die modulierende, grosse Reflexe bildende Lichtgebung mit gleichzeitig deutlicher Schattenwirkung ist ebenfalls möglich mit länglichen, aber eher schmalen Flächenleuchten, wie zum Beispiel dem Striplite.

Aufnahme Arild Sønstrød, Drammen

Aufnahme Christian Vogt, Basel

172

6   Der Elektronenblitz on location

Nicht immer kann und will man im Studio fotografieren. In der Sprache des Fotografen heisst es dann: «Wir sind on location». Das kann natürlich alles bedeuten: Aufnahmen in einem fremden Mietstudio, im Lagerhaus, in einer Wohnung, im Freien, in der Stadt, im Ausland. Dabei besteht das Fotografieren wieder in erster Linie aus der Bewältigung allfällig auftretender Beleuchtungsprobleme, diesmal unter den erschwerenden Umständen der fremden Umgebung. Zuerst sind aber nicht beleuchtungstechnische Probleme zu bewältigen, als vielmehr eine ganze Menge von organisatorischen Fragen zu klären.

Bei Aufnahmen ausserhalb des Studios, on location also, sind vorher ganz genaue Abklärungen zu treffen, damit am Aufnahmetag nichts Unvorhergesehenes die Aufnahmen verunmöglichen kann. Ich denke dabei an die technischen Abklärungen wie Stromversorgung, Zufahrtswege, Zutrittsbewilligung, Telefonanschluss, Funkverbindung aber auch an allfällig notwendige amtliche Bewilligungen.

Sofern Aufnahmen in der Stadt den Verkehr behindern können oder die Gefahr eines Menschenauflaufs besteht, nimmt man vorher besser mit den zuständigen Polizeibehörden Kontakt auf. Fotografierbewilligungen benötigt man manchmal auch bei Freiluft-locations. Dies gilt insbesondere im Ausland. So verlangen die Behörden auf den Kanarischen Inseln zum Beispiel eine finanzielle Abgabe, ohne die man keine Bewilligung zum Erstellen kommerzieller Aufnahmen im Land erhält. Es ist also von Vorteil, wenn man derartige Erschwernisse vorher über das zuständige Konsulat abklärt.

Bei Aufnahmen fern des eigenen Studios ist es wichtig, dass nicht die geringste Kleinigkeit der technischen Ausrüstung vergessen wird. Was nützen die grössten und besten Blitzanlagen, wenn zum Beispiel das Synchronkabel oder der Infrarotauslöser nicht mitgekommen sind? Eine ganz klare Hilfe ist eine Checkliste, auf der bereits vorgedruckt die wichtigsten Teile der notwendigen Ausrüstung samt allen Hilfsmitteln aufgeführt sind. Die Checkliste ist ebenfalls ein gutes Planungshilfsmittel und dient beim Einpacken im Studio und on location zusätzlich als Kontrollbogen.

Bei Auslandreisen kann sie gleichzeitig als Zoll-Liste oder als Hilfe beim Aufstellen des Carnet-Inventars dienen, denn die leidigen Schwierigkeiten beim Zoll können recht problematisch werden, wenn man bei Ausland-locations mit grosser Ausrüstung in ein fremdes Land einreist, bzw. ins Heimatland zurückkommt. Unverständlicherweise macht der Zöllner selbst des Heimatlandes bei der Rückkehr in der Regel die grössten Schwierigkeiten. Seit Jahren haben sich die Berufsverbände international für ein besseres Verständnis beim Zoll eingesetzt. Bisher weitgehend ohne Erfolg.

Die wirklich einzige Möglichkeit, mit grosser Ausrüstung länderübergreifend zu reisen, ist die Ausstellung eines Carnets ATA. Ein solches Carnet kann bei der zuständigen Handelskammer beantragt werden. Auf der Rückseite des Antragsformulars muss jede Einzelheit der Ausrüstung aufgeführt werden. Gegen eine Hinterlegung von 10% des Warenwertes bürgt die Handelskammer dann gegenüber dem Zoll für die vollständige Wiedereinfuhr der deklarierten Geräte. Das Carnet enthält dann auf Ein- und Ausfuhrblättern bzw. Transitblättern die gesamte Ausrüstung.

So ausgerüstet kann man getrost in die Ferne reisen. Gemäss meiner Erfahrung kennt jedes Flughafenzollamt dieses Formularpaket und macht kaum je Schwierigkeiten.

6.1 Das beleuchtungstechnische Reisegepäck

Wenn es bei Aufnahmen ausserhalb des heimatlichen Studios nur darum geht, in fremden Städten oder Ländern ein Mietstudio zu benutzen, so wird man kaum mit der eigenen Beleuchtungsanlage auf Reisen gehen, denn das Leihstudio ist vermutlich mit einer genügenden, mietbaren Ausrüstung eingerichtet. Selbst bei stationären Aufgaben ausserhalb eines eigentlichen, eingerichteten Fotostudios würde ich bei der Aufnahmeplanung mit der entsprechenden broncolor-Ländervertretung Kontakt aufnehmen und anfragen, ob zum Aufnahmezeitpunkt am entsprechenden Ort eine ausreichende Leih-Ausrüstung zur Verfügung stehen könnte. Das ist ja einer der Vorteile, wenn der professionelle Fotograf mit einer Blitzanlage arbeitet, die international verbreitet und bekannt ist!

Anders sieht es natürlich aus, wenn man nicht stationär unterwegs ist oder nur in relativer Nähe des Studios Interieur-Aufnahmen oder Aufnahmen im Freien – mit zusätzlicher Blitzaufhellung – zu machen hat. In solchen Fällen wird man meistens einen Teil der eigenen Beleuchtungs-Ausrüstung ins Transportfahrzeug verladen und mitnehmen.

6.1.1 Planung

Grössere Aufträge kommen in der Regel von einer Werbeagentur, die den Inhalt der gewünschten Aufnahme mit Hilfe eines *Briefings* schriftlich umschreibt und mit einem *Layout* visuell darstellt, wie sie sich die Aufnahme schliesslich vorstellt. In Briefing und Layout sind normalerweise ganz klar die Vorstellungen des Auftraggebers umrissen. Die Aufgabe des Fotografen besteht nun darin, fotografische Lösungswege für diesen Auftrag zu finden.

Der erste Arbeitsschritt besteht also vorwiegend in gemeinsamen Gesprächen zwischen Auftraggeber bzw. dessen Vertreter und dem realisierenden Fotografen. Bei diesen Gesprächen wird auch Klarheit über die «location» und die benötigte technische Ausrüstung gefordert, denn dies beeinflusst nicht unwesentlich den Kostenrahmen.

Sobald diese Einzelheiten klar geworden sind und der Auftraggeber die Offerte des Fotografen akzeptiert hat, muss die gesamte Lösung des Auftrags in einzelne Schritte, in Teilaufgaben unterteilt werden. Sämtliche Teilaufgaben (z.B. Beschaffung von Hilfsmitteln, Auswahl und Buchung von Models, Bestimmung und Beschaffung notwendiger Requisiten, Location-Suche, Hotel-Buchungen, aber auch Ausarbeitung der technischen und kreativen Lösung usw.) werden zeitlich terminiert und eventuell an Mitarbeiter delegiert.

Zu Beginn steht daher die Beschreibung des Projekts, am Ende das Ziel und die beabsichtigten Resultate, und dazwischen liegen die einzelnen Teilaufgaben wie ein Puzzle. Eine klare und terminierte Projekt-Planung samt detaillierter Aufgaben-Steuerung macht aus diesem Puzzle eine strukturierte Arbeitsplanung, bei der es mit ein wenig Übung selten vorkommen sollte, dass wesentliche Elemente vergessen werden. Das gilt natürlich auch für den Umfang der mitzunehmenden Beleuchtungsgeräte.

6.1.2 Beleuchtungsgeräte

Der Auftrag und die Umgebungsbedingungen bestimmen weitestgehend den Umfang der mitzunehmenden Geräte. Selbstverständlich wird man aus Platzgründen auf die Mitnahme grosser, starrer Flächenleuchten verzichten und ausweichen auf textile Flächenleuchten, die klein zusammengefaltet werden können und die an Ort trotzdem in kürzester Zeit einsatzbereit sind.

Die broncolor Geräte sind geradezu ideal für den transportablen Einsatz konzipiert. Das gilt sogar für die Generatoren des Pulso A-Systems, bei denen der Traggriff das einzig abstehende Element ist. Eine Transportbeschädigung ist praktisch ausgeschlossen. Wenn man mit dem Pulso A-System arbeitet und die Wahl hat, so wird man als Generatoren für den Einsatz on location leichtgewichtige Anlagen den relativ schwereren Generatoren vorziehen. Stärkere Generatoren sind ja auswärts meist sowieso nicht unproblematisch, weil meistens nicht das gleich starke Stromnetz wie im trauten Studio zur Verfügung steht.

Fotografen, die viel auswärts arbeiten, ziehen sogar Kompaktblitzgeräte vor. Mit dem Compuls-System stehen ja Geräte mit sehr hoher Leistungsfähigkeit zur Verfügung. Geht es bei Aufnahmen on location nur darum, mit der

6.1

Blitzanlage Schatten aufzuhellen, genügt normalerweise die Lichtleistung der kleinen Kompaktgeräte des Impact S- und Minipuls-Systems. Diese Leichtgewicht-Systeme mit sämtlichen Reflektormöglichkeiten machen es möglich, in einem oder zwei leichten Koffern ein vollständig ausgerüstetes Blitzstudio mitzuführen. Die automatischen Mehrspannungsgeräte des Impact S- und Minipuls C-Systems sind so ausgerüstet, dass sie sich an sämtliche üblichen Spannungen zwischen 100 und 240 V bei verschiedenen Frequenzen automatisch anpassen und daher zu den eigentlichen Globetrottern unter den Blitzgeräten zählen.

Neben den notwendigen Blitzgeneratoren, Leuchten, Reflektoren und Stativen muss man natürlich an den IRS-Auslöser bzw. das Synchronkabel denken sowie an den Blitzbelichtungsmesser. Und weil ein technisches Gerät auch einmal aussteigen kann (und es dies natürlich immer dann tut, wenn man fern des Studios weilt), ist eine gepäckmässig vertretbare Überdotierung sicher nicht fehl am Platz. Ich würde zum Beispiel nie on location gehen, ohne mindestens zwei Auslösesysteme (IRS-Sender und Synchronkabel) sowie Ersatzbatterien für den Belichtungsmesser bei mir zu haben. Ebenso gehört zum Ersatzteillager eine Ersatz-Blitzröhre, mehrere Pilotlampen und Ersatzsicherungen für Leuchten und Generatoren.

Und wie im Studio ist auch im Fahrzeug, mit dem zur location gefahren wird, eine Rolle Diffusionsfolie, mehrere, eventuell falt- oder roll-bare, Aufheller (weiss, silber, gold), eine kleine Rolle schwarzes Papier und Teile eines universellen Stativsystems nebst Klammern und viel Klebband griffbereit.

6.1.3 Das elektrotechnische Zubehör

Blitzanlagen benötigen elektrischen Strom. On location kann dies schon mal zum Problem werden. Auf jeden Fall sollten genügend *Kabelrollen* und *Doppelstecker* mitgenommen werden sowie eine Anzahl *Steckkonverter*, die es ermöglichen, die heimischen Stecker an fremde Steckdosen anzupassen. Selbstverständlich hat man Schraubenzieher, Zangen, Phasenprüfer, Universalmessgerät, Isolierband und jede Menge Ersatzsicherungen aller Art bei sich!

Müssen Blitzanlagen entgegen ihrem Bestimmungszweck in feuchter Umgebung eingesetzt werden, so sind besondere Vorsichtsmassnahmen geboten. Es ist dafür zu sorgen, dass die Bedienungselemente und Steckanschlüsse (einschliesslich diejenigen allfälliger Verlängerungskabel) sowie die Leuchten vor Nässe geschützt bleiben. Ausserdem empfiehlt sich die Verwendung eines Kabelverteilers mit eingebautem *Fehlerstromschalter* und das Tragen von Gummistiefeln.

Nicht immer sind on location genügend abgesicherte Stromkreise zur Verfügung. In solchen Fällen schaltet man die Blitzanlagen (wo das geht) auf die langsamere Ladezeit, die ein zuverlässiges Arbeiten schon mit 6 A-Stromkreisen ermöglichen. Fällt trotzdem die Sicherung des Stromgebers immer wieder aus, kann das Abschalten des Einstellichtes – zumindest während der Nachladezeit – unter Umständen eine Verbesserung bringen.

Oft steht an einem Aufnahmeort kein Stromanschluss zur Verfügung. Dann bleibt beim Arbeiten mit Pulso A-, Opus- und Primo-Geräten nichts anderes als der Betrieb eines *Stromgenerators* übrig. Dabei ist es besonders wichtig, solche zu verwenden, bei denen die Ausgangsspannung stabilisiert ist. Solche, noch tragbare Geräte sind aber auch nicht besonders leistungsfähig und lassen normalerweise nur eine Belastung von rund 10 A zu.

Genügt für die Arbeit eine längere Aufladezeit und benötigt man kein Einstellicht, können Kompaktgeräte oder die Generatoren Opus und Primo auch über einen *Umformer* an einer 12V-Autobatterie betrieben werden. Dabei

on location   Aufnahme Patrick Bernet, Basel

175

6.1

Aussenlocation-
Aufnahme mit dem
Batterie-Umformer.
Aufnahme
Jost Wildbolz, Zürich

genügt ein Umformer für den Einsatz von zwei bis drei Kompaktgeräten; bei der Arbeit mit Generatoren ist für jeden Generator ein eigener

Umformer notwendig. Mit dem Umformer aus dem broncolor-System sind so mit einer Batterieladung mehrere hundert Blitzauslösungen möglich. Das Gerät ist mit Batterieklemmen versehen und besitzt eine übliche 220V-Steckdose. Die Umformung erfolgt durch Zerhackung des Batteriegleichstroms durch zwei Leistungstransistoren. Der so entstandene Wechselstrom wird vom Gerät über einen Transformator auf die übliche Netzspannung transformiert. Ein Betrieb des Einstellichtes ist dabei aber nicht möglich.

6.2 Aufhellung mit Reflexflächen und Elektronenblitz

Bei Aussenaufnahmen in strahlender Sonne ist der entstehende grosse Beleuchtungskontrast nicht immer erwünscht. Das Sonnenlicht ist zwar ein wunderbares Licht, dessen natürliche Intensität durch nichts zu ersetzen ist und das besonders bei Modeaufnahmen sehr gern eingesetzt wird. Doch müssen zur besseren Modulation die Kontraste nahezu immer gemildert und die zu dunklen Schattenstellen aufgehellt werden. Diese Aufhellung ist einerseits mit Reflexionsflächen möglich, anderseits durch eine Schattenaufhellung mit Elektronenblitz oder der HMI-Leuchte.

6.2.1 Schattenaufhellung durch Reflexflächen

Notwendig ist eine mehr oder weniger grosse Aufhellfolie, die entsprechend nah an das aufzunehmende Modell gestellt wird. Als Aufhellwand kann ganz einfach eine weisse Styroportafel dienen oder – mit härterer Aufhellwirkung – eine Aluminium- oder Goldfolie, vielleicht auch ein weisses Tuch, das keine optischen Aufheller enthält.

Je nach Farbe und Reflexionsfähigkeit, Winkel zur Sonne und Distanz des Aufhellers zum Aufnahmeobjekt lässt sich die Intensität weitgehend steuern. Goldfarbene Aufhellfolien ergeben eine entsprechend warme, silberfarbene eine etwas kühler wirkende Aufhellung. Grosse, goldfarbene Aufheller können bei einer Aufnahmeszenerie mit bewölktem Himmel ein subtiles, direktes Sonnenlicht imitieren.

Wenn die Aufnahmeszenerie vergleichsweise gross ist, das heisst, nicht nur ein Brustbild einer

Improvisierte Aufhellung durch weisses Tuch

176

einzelnen Person zu entstehen hat, so müssen die Aufhellflächen gross sein. On location hat man dann das Problem, für die Aufhellung einen entsprechenden Aufbau zu realisieren und diesen so zu verankern, dass er nicht schon beim leisesten Windstoss umstürzt. Styroportafeln, allenfalls mit Silber- oder Goldfolie beklebt, sind ziemlich leicht, so dass man sie mit Universalklammern oder Zwingen an robusten Rohrsystem-Stativen befestigen kann. Platzsparender, wenn auch teurer, sind Aufhellsysteme, die aus einem klein zusammenklappbaren Metallgestell bestehen, das mit wenigen Handgriffen zu einer Wand auseinandergezogen werden kann und das bereits mit einem nylonartigen Gewebe als Aufhellfläche bespannt ist. Um einen solchen, immer noch sehr leichten Aufheller, gegen Windstösse zu sichern, haben sich Zeltspannschnüre bewährt, die in freiem Gelände mittels im Boden eingeschlagenen Heringen sicher verspannt werden.

Lichtrichtung und Bildwirkung

In diesem Zusammenhang wollen wir auch noch die verschiedenen Bildwirkungen bei unterschiedlichen Lichtrichtungen des natürlichen Strahlers Sonne genauer anschauen. Die Bildwirkung ist stark davon abhängig, von wo das direkte Sonnenlicht kommt und in welchem Winkel es einstrahlt. Man spricht von einem *frontalen Licht*, wenn die Sonne mehr oder weniger hinter der Kamera steht.

Ist der Sonnenstand sehr tief und strahlt das Licht daher praktisch horizontal auf den Aufnahmegegenstand, so entstehen kaum sichtbare Schatten. Diese flache Beleuchtung mindert die Dreidimensionalität eines abgebildeten Objekts und kann dann angezeigt sein, wenn das Motiv sich aus vielen kleinen Einzelheiten zusammensetzt, die bei einer dynamischeren Beleuchtung verlorengehen würden. Optimal kann diese Beleuchtung auch dann sein, wenn im Gegenstand grossflächige Farben bildwichtig sind oder wenn das Objekt selber einen sehr grossen Helligkeitsumfang aufweist.

Höherstehendes *Vorderlicht* kann insbesonders bei Personenaufnahmen äusserst ungünstig wirken, bilden sich doch in den Augenhöhlen, unter der Nase und dem Kinn unschöne und den Ausdruck deformierende Schatten. Licht, das *direkt von oben* kommt, wirkt in den meisten Fällen ungünstig, wenn Personen dargestellt werden. Wenn immer möglich, sollte man daher derartige Aufnahmen am früheren Vormittag

oder am späteren Nachmittag realisieren. Dies auch, um mit einer an diesen Tageszeiten günstigeren Verteilungstemperatur des Tageslichtes arbeiten zu können.

Besonders reizvoll ist *Gegenlicht*, das durch seine Vielfalt immer wieder überraschen kann. Die unterschiedlichsten Bildwirkungen sind hierbei erreichbar: Arbeitet man ohne Aufhellung im direkten Gegenlicht, entstehen reine Schattenrisse, die vielleicht noch von einer überstrahlenden Lichtaura umgeben sind. Hellt man etwas auf, bleibt die Wirkung des Gegenlichtes erhalten, und trotzdem sind im Hauptobjekt noch Einzelheiten zu erkennen. Vielleicht kann man gar die Lichtquelle Sonne noch zusätzlich in die Bildkomposition miteinbeziehen. Eventuell entstehende Blendenreflexe durch Teilreflexion an den Linsenflächen des Objektivs stören in den seltensten Fällen, ja sie sind manchmal bildgestalterisch gar erwünscht.

Licht von der Seite, vor allem, wenn es von seitlich oben strahlt, ist das wohl meist verwendete direkte Licht. Der entstehende Tonwertumfang ist bedeutend grösser als bei einem flachen Frontallicht. Zudem moduliert es besser, macht körperlicher und unterstreicht die Oberflächenstruktur. Die Schattenbildung bei dieser Beleuchtungsart kommt uns «normal» vor und stört oder deformiert den Aufnahmegegenstand in den seltensten Fällen, insbesondere, wenn die Schatten dezent aufgehellt werden.

Flach einfallendes Seitenlicht, sogenanntes *Streiflicht*, ist besonders reizvoll, wenn relativ flache Strukturen deutlich gezeigt werden sollen. Doch ist diese Beleuchtungsart nicht für alle Objekte geeignet. Bei Menschendarstellungen ist die eine Gesichts- oder Körperhälfte ganz in dunkle Schatten gehüllt, was aber manchmal interessant aussehen mag, und zudem lassen sich zu schwere Schatten ja immer noch aufhellen.

6.2.2 Aufhellung durch Elektronenblitz

Die Schattenaufhellung kann natürlich noch besser als mit Reflexflächen durch den gezielten Einsatz eines Elektronenblitzgerätes erfolgen. Da der Elektronenblitz in seiner farblichen Zusammensetzung dem Tageslicht entspricht, ist sein Einsatz für Aufhellzwecke prädestiniert.

Geht es darum, grossflächig Schatten modulierend aufzuhellen, so verwendet man als Reflektor zum Leuchtenkopf grossflächige *textile Flächenleuchten*. Soll die Schattenaufhellung gezielter und härter sein, genügen die *normalen Reflektoren*. Beim Einsatz des Elektronenblitzes im Freien, zur Aufhellung der durch die Hauptlichtquelle Sonne gebildeten Schatten, darf das aufhellende Blitzlicht natürlich keineswegs die natürliche Lichtstimmung zerstören, sondern eben nur in der gewünschten Stärke aufhellen. Dies lässt sich durch den Belichtungsmesser leicht ermitteln und durch ein Kontrollpola visuell kontrollieren. Man bestimmt zuerst die für das natürliche Sonnenlicht notwendige Belichtung als Zeit/Blenden-Kombination und stellt danach die Intensität des Blitzes gerade so ein, dass die Blitzbelichtungsmessung des Aufhellblitzes mindestens *einen Lichtwert weniger* angibt. Für solche Aufnahmen sind Kameras mit Zentralverschlüssen übrigens ungleich viel geeigneter als solche mit Schlitzverschlüssen und ihren relativ beschränkten Möglichkeiten der freien Belichtungszeitenwahl. Denken Sie bei Schlitzverschlüssen an die kürzest mögliche, bei Elektronenblitz noch synchronisierbare Belichtungszeit!

Wird Elektronenblitz bei bewölktem Wetter eingesetzt, kann mit Elektronenblitz direkte Sonnenbestrahlung imitiert werden. Besonders vorteilhaft ist es in solchen Fällen, vor die Blitzleuchte noch ein schwaches Gelbfilter zu setzen.

Die Schattenaufhellung mittels Reflexflächen und Elektronenblitz in freier Natur will ich Ihnen am Beispiel des Bildes mit dem Mädchen im weissen Cabriolet erläutern.

Um der Layoutvorstellung des Auftraggebers gerecht zu werden, ist für die Aufnahme ein weisses Classic-Fahrzeug ausgewählt worden. Als location dient ein abgeerntetes Kornfeld, weit entfernt von jedem Stromanschluss. Zur Stromversorgung der beiden verwendeten Kompaktblitzleuchten ist deshalb der Batterie-Umformer von broncolor verwendet worden.

Als Hauptbeleuchtung dient die direkte Sonne in leichtem Gegenlicht. Zur Aufhellung sind zwei Kompaktblitzgeräte mit vorgesetzten textilen Flächenleuchten (1,2) verwendet. Beide Leuchten hellen die Schattenpartien des dunklen Kleides und des Auto-Interieurs auf, ohne den Sonnenlichtcharakter auf Gesicht und Haar zu verändern. Zur Neutralisierung der Spiegelung im hochglänzenden Chrom der seitlichen Sitzabdeckung sind im entsprechenden Reflexwinkel zur Kamera weisse Styroporplatten (3) aufgestellt.

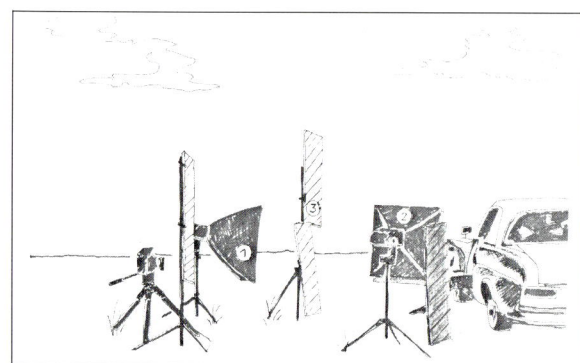

Aufnahmesituation

Aufnahme Michael Nischke, Oberhaching

Stromversorgung durch Umformer

6.3   Mischlichtsituationen

Mischlichtaufnahmen sind Aufnahmen, bei denen man ein vorhandenes, natürliches Licht mit zusätzlichem, künstlichem kombiniert. Für Farbaufnahmen müssen beide Lichtarten dieselbe oder nahezu dieselbe Verteilungstemperatur aufweisen. Bei den meisten Mischlichtaufnahmen handelt es sich um Innenaufnahmen. Durch das Fenster gelangt zum Beispiel ein beträchtlicher Anteil Tageslicht, das die zu fotografierende Szene ausleuchtet; aber eben nicht ganz, so dass man zusätzlich mit Elektronenblitz aufhellen muss.

Elektronenblitz ist bezüglich der Farbtemperatur reines Tageslicht. In Kombination mit natürlichem Tageslicht entstehen so selten Probleme. Zeigt der Farbtemperaturmesser für das einfallende Tageslicht nicht 5500 bis 5600 K, so muss das Licht der Blitzleuchte mit davorgesetzten Konversionsfiltern entsprechend angeglichen und die entstehende Gesamtverschiebung mit einem Aufnahme-Konversionsfilter vor oder hinter dem Objektiv wieder angepasst werden,

wie wir dies bereits im Kapitel 3 bei der Filtertechnik erläutert haben.

Aufnahme Eric Victor, Brisbane

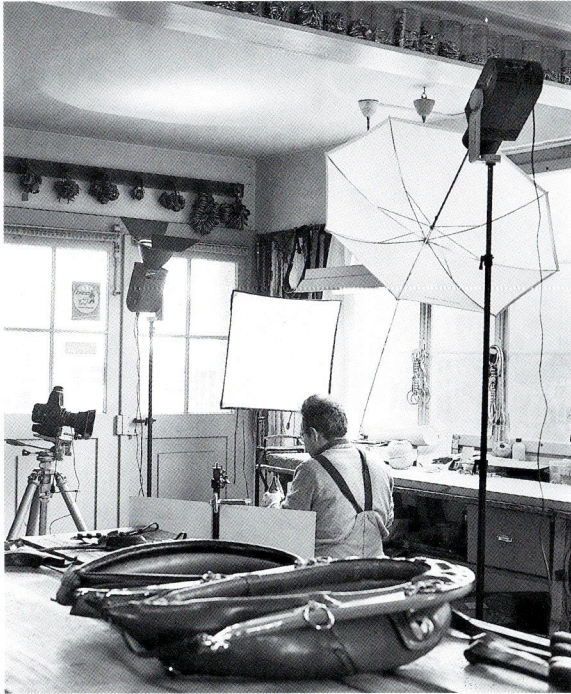

Mischlichtsituation aus Tageslicht, drei Impact mit Schirm und Impaflex. Aufnahme Dominic Schneider, Zürich

6.3

Alle Aufnahmen Eric Victor, Brisbane

Aufnahme nur mit Tageslicht

Aufhellung mit Studioblitz

6.3.1 Die Arbeit mit professionellen Blitzanlagen

Das in nebenstehender Spalte abgebildete Beispiel ist für Mischlichtsituationen charakteristisch. Die Interieur-Aufnahme gestattet einen Blick in die freie Landschaft. Das einfallende Tageslicht lässt aber den Innenraum und die Einrichtung nur als Schattenrisse erkennen.

Die erste Aufnahme entstand lediglich mit dem vorhandenen Licht. Die Belichtungsmessung erfolgte auf den Aussenraum, damit dieser nicht unnatürlich hell wurde. Auf dem Bild bleiben die vom Aussenlicht nicht unmittelbar getroffenen Objektteile dunkel und schlecht erkenntlich. Bei der zweiten Aufnahme wurden die Eigen-Schatten durch Elektronenblitz aufgehellt. Das fertige Bild muss möglichst natürlich aussehen und der entstehende Kontrast für die Weiterverarbeitung überbrückbar bleiben. Auf keinen Fall darf der Innenraum heller erscheinen als die freie Natur. Viel natürlicher ist der Eindruck, wenn umgekehrt die Belichtung für den Innenraum etwas knapper gehalten wird.

Mit dem Dauerlicht- und Blitzbelichtungsmesser lässt sich die notwendige Zeit/Blenden-Kombination leicht ermitteln. Zuerst wird integral die Helligkeit draussen gemessen und bei Schlitzverschlusskameras bestimmt, welche Blende bei einer Belichtungszeit von 1/60 Sekunde oder länger notwendig ist. Denken Sie an die kürzest mögliche Synchronisierzeit Ihrer Ka-

mera! Dann wird der Blitz ausgelöst und mit dem Blitzbelichtungsmesser am Objekt gemessen. Zeigt der Blitzbelichtungsmesser dieselbe Blende an wie bei der Aussenraummessung, ist die Sache bereits erledigt. Andernfalls wird die Blitzleistung oder allenfalls die Blitzdistanz variiert, bis der Wert gefunden ist, bei dem der Blitz die geforderte Beleuchtungsstärke liefert.

Problematischer wird es, wenn der Elektronenblitz zu schwach ist und beispielsweise eine Blendenstufe zuwenig hergibt. In diesem Fall muss zweimal geblitzt und die Belichtungszeit auf die Hälfte reduziert werden (sofern dadurch die Grenzbelichtungszeit bei Schlitzverschlusskameras noch nicht überzogen ist). Man löst die auf dem Stativ blockierte Kamera zweimal aus, sofern das verwendete Kamerasystem Mehrfachbelichtungen zulässt. Bei zwei Blitzauslösungen gewinnt man eine Blende mehr, bei vier Auslösungen zwei Blenden mehr usw.

Damit der Innenraum etwas dunkler wird, sollte bei der eigentlichen Aufnahme darauf geachtet werden, dass der Blitzbelichtungsmesser für die Aufhellung etwa eine halbe Blendenstufe weniger Licht anzeigt als dies für die Aussenraumbelichtung notwendig ist.

6.3.2 Mischlichtaufnahmen mit Amateurblitzgeräten

Dieselbe Arbeitstechnik ist unter Umständen auch mit kleineren Amateurblitzgeräten möglich, sofern die Räume und die aufzuhellenden Objekte nicht zu gross sind. Voraussetzung ist ein Synchroverlängerungskabel, damit Kamera- und Blitzstandort nicht identisch sein müssen.

Ist die Leitzahl des Blitzgerätes bekannt, braucht man nicht unbedingt einen Blitzbelichtungsmesser. Ermittelt wird ebenfalls zuerst die Zeit/Blenden-Kombination für die richtige Belichtung des Aussenraumes. Sobald man die Blende für den Aussenraum kennt, dividiert man die Leitzahl des Blitzgerätes durch die Arbeitsblende und erhält die notwendige Blitzdistanz. Der ganze Rest geht gleich wie bei den Blitzbelichtungsmesser-Besitzern.

Allerdings braucht man, um den Innenraum eine Spur dunkler zu halten, bei der Rechnungsmethode nicht noch die Blitzentfernung zusätzlich zu vergrössern. Leitzahlen sind nämlich für die Reflexionsverhältnisse in kleinen Wohnzimmern ausgelegt. In Grossräumen sind die Reflexionsverhältnisse schlechter und damit in der Leitzahlenrechnerei gewissermassen schon enthalten.

Besitzer von «Computer»-Blitzgeräten sind meist etwas verlegen, wenn man von Leitzahlen und Blitzbelichtungsmessern spricht. Das macht gar nichts. Abgesehen davon, dass man auch Computerblitzer manuell einsetzen kann, sind derartig einfache Mischlichtsituationen auch mit dem kleinen Thyristor-Blitzgerät zu bewältigen, sofern dieses einen externen Sensor besitzt, den man auf den Sucherschuh der Kamera montieren kann, oder wenn es sich um ein TTL-Blitzgerät handelt.

Geräte, die mehrere Arbeitsblenden zulassen, kann man auch überlisten, indem man ihnen eine andere Blende eingibt, als auf dem Objektiv eingestellt ist. Dadurch ist die Helligkeit des Innenraumes leicht von hell bis dunkel zu steuern. Machen Sie doch, wenn möglich, einige Variantbelichtungen.

Available-light Aufnahmen mit Elektronenblitz-Unterstützung. Aufnahmen Eric Victor, Brisbane

Aufnahme Eric Victor, Brisbane

7   **Malen mit Licht**

Das Wort «Fotografieren» bedeutet Zeichnen oder Malen mit Licht. Obwohl wir innerhalb dieses Lehrbuches immer wieder betont haben, dass Fotografie in allererster Linie aus «Licht machen» besteht, hat man in den über 150 Jahren, in denen Fotografie betrieben wird, nie ganz ernst gemacht mit dem wahren Begriff des Wortes «Fotografieren».

Am ehesten wird man dem Ausdruck gerecht mit einem sogenannten «Wanderlicht», wie wir es im Kapitel 5 bei den Hinweisen zu Industrieaufnahmen kurz angedeutet haben. Aber so richtig intuitiv und kreativ konnte die Methode des Wanderlichtes nie werden.

Erst vor wenigen Jahren begann sich zögernd eine neue, sehr kreative Methode des Lichtmachens, des eigentlichen Malens mit Licht zu etablieren. Es handelt sich dabei um eine unkonventionelle Art der Beleuchtung im Bereich der Stillife-Fotografie, die es ermöglicht, neuartige Lichteffekte wie Kanten, Linien oder Lichtreflexe ins Bild hineinzuzaubern. Es entstehen dabei bereits bei der Aufnahme im Originaldia Effekte, die teilweise mit denjenigen verglichen werden können, wie sie sonst nur von nachträglicher Bildbearbeitung mit einem Airbrush in künstlerisch begabter Hand bekannt sind.

broncolor hat zu diesem Zweck ein pistolenartiges Gerät entwickelt, das mittels stroboskopischem Elektronenblitz diese neue, kreative Technik erleichtert. Dank dem Tageslichtcharakter ist das Stroboskoplicht beliebig mit vorhandenem Blitzlicht kombinierbar. Durch den Dauerlicht-Charakter des Stroboskoplichtes und die handliche Flexibilität eröffnen sich völlig neue Möglichkeiten der Beleuchtungstechnik, ohne dass Zusatzgeräte oder spezielle Kameraverschlüsse notwendig sind.

7.1 Lightbrush

Lightbrush ist ein rund 500 Gramm leichtes, pistolenartiges Gerät, einem Haartrockner nicht unähnlich. Lightbrush besitzt einen Netzanschluss und am Handgriff eine Auslösetaste. Solange diese gedrückt wird, leuchtet die eingebaute Blitzröhre stroboskopisch mit rascher Frequenz und einer Farbtemperatur von etwa 5500 K, gleichzeitig ertönt während der Einschaltdauer ein akustischer Summer im Sekundentakt. Im Lieferumfang enthalten sind drei verschiedene Vorsätze und ein Diffusor/Filterhalter.

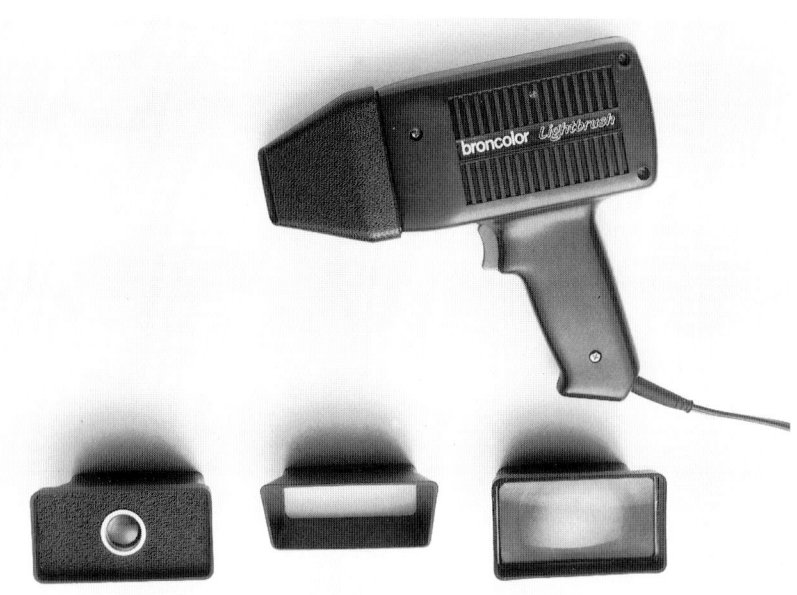

Lightbrush, Grundgerät und Zubehör

7.1.1 Anwendungsbereich

Wegen der geringen Abmessung und dem Dauerlicht-Charakter des Gerätes eignet sich broncolor Lightbrush vorzüglich zum Licht malen. Man kann mit jeder beliebigen Kamera arbeiten, sofern deren Verschluss auf Zeitbelichtung (t) gesetzt werden kann.

Zuerst muss man das Studio so verdunkeln, dass man sich innerhalb des Aufbaus bewegen kann, ohne auf den Film mitbelichtet zu werden, da man beim Licht malen mit offenem Verschluss arbeitet. Deshalb empfiehlt es sich auch, eine *dunkle Kleidung* zu tragen.

Als erstes wird eine allgemeine Beleuchtung mit dem Studioblitzgerät realisiert und der Film belichtet, allerdings um eine oder zwei Blenden

unter dem Messwert. Der nächste Schritt ist die Verwendung des Lightbrush. Der Fotograf beleuchtet die Objekte seines Arrangements genau an den Stellen, an welchen er einen zusätzlichen Lichteffekt wünscht. Natürlich vermeidet er dabei, die Lichtaustrittsöffnung des Lightbrush gegen die Kamera zu richten. Zwischen den einzelnen Belichtungen wird das Gerät einfach abgeschaltet.

Die Verwendung von verschiedenem Vorsatzzubehör ermöglicht die Komposition verschiedener Lichtarten.

Sind alle Lichter gesetzt, wird der Verschluss der Kamera wieder geschlossen. Es empfiehlt sich, zur Kontrolle der gewünschten Effekte Sofortbildmaterial einzusetzen.

7.1.2 Praktische Arbeit mit dem Lightbrush

Bei der Bildplanung muss sich der Fotograf das zu realisierende Bild vor seinem geistigen Auge vorstellen. Geht es beispielsweise darum, 10 verschiedene Glanzlichter zu setzen, muss er sich vor der Aufnahme über deren genaue Position im Klaren sein. Gleiches gilt für Schatten und Verlaufzonen. Die eigentliche Realisierung ist dann dem Geschick des Fotografen überlassen. Mag sein, dass sich das etwas kompliziert liest. In Wirklichkeit ist man aber überrascht, wie schnell man mit dieser Technik vertraut wird. Der nächste Schritt besteht darin, den Film mit den aufzunehmenden Objekten vorzubelichten. Dies geschieht mit der üblichen Studioblitzanlage, indem zum Beispiel eine Leuchte indirekt gegen die Studiodecke gerichtet wird oder eine grosse Flächenleuchte Verwendung findet. Dabei wird gegenüber der Belichtungsmesser-Angabe um 1 ½ bis 2 Blenden unterbelichtet. Diese Vorbelichtung – bei der selbstverständlich der gewünschte Beleuchtungseffekt mitberücksichtigt wird – bildet den Gegenstand nur schwach ab und ermöglicht es, die Belichtungszeit mit dem nachher eingesetzten Lightbrush zu verkürzen (Hypersensibilisierung durch Vorbelichtung!).

Von jetzt an wird im *Halbdunkeln* gearbeitet, das heisst, mit so wenig Restlicht, dass der Fotograf einerseits noch sieht, was er macht und andererseits die vorhandene Helligkeit die Filmbelichtung nicht beeinflusst. Wichtig ist auch, dass die Kamera während der Arbeit mit dem Lightbrush nicht bewegt wird, da sonst ungewollte Lichteffekte wegen des offenen Kameraverschlusses erzeugt werden.

Wie beim Gebrauch eines Malerpinsels entstehen durch verschiedene Bewegungen, mit denen das Licht «aufgetragen» wird, unterschiedliche Resultate. Die Bewegung richtet sich nach der Natur des aufzunehmenden Objekts. Reflektierende Oberflächen erfordern raschere Bewegungen, während matte Objekte in der Regel durch mehrmaliges «Malen» beleuchtet werden.

Selbstverständlich darf die Lichtaustrittsöffnung des Lightbrush nicht direkt gegen die Kamera gerichtet werden, da sonst ein heller Fleck auf dem Film entstünde. Umgekehrt kann eine solche Methode durchaus dazu benützt werden, um bewusst spezielle Lichteffekte zu kreieren.

Es ist mit dem Lightbrush sehr einfach, ein Hauptlicht, Aufhellungen, Kanten und Reflexe zu setzen. Das Gerät kann sowohl ein breites, weiches Licht erzeugen wie auch konzentrierte, scharfe Lichtpunkte, je nach verwendetem Vorsatzzubehör.

Mit dem Lightbrush wird nahe am Objekt gearbeitet, um eine möglichst grosse Präzision zu erreichen. Gleichzeitig verhindert man dadurch Unsicherheiten durch unkontrolliertes Streulicht.

Da bei dieser Beleuchtungstechnik eine Lichtmessung praktisch unmöglich ist, muss die Beleuchtungskontrolle mittels Sofortbildmaterial durchgeführt werden. Dieses scheinbare Problem verliert indessen bereits nach kurzer Einarbeitungszeit an Wichtigkeit. Man weiss sehr rasch, wieviel Belichtungszeit für einen bestimmten Effekt notwendig ist.

7.1.3. Einführung in die Arbeitstechnik «Malen mit Licht»

Um uns die Arbeitstechnik mit dem Lightbrush besser verständlich zu machen, wollen wir die einzelnen Vorgänge Schritt für Schritt anhand der unten und auf den folgenden Seiten abgebildeten Arbeitsprobe «Besuch in Basel» von Eric Victor, Brisbane, Australien, vergegenwärtigen.

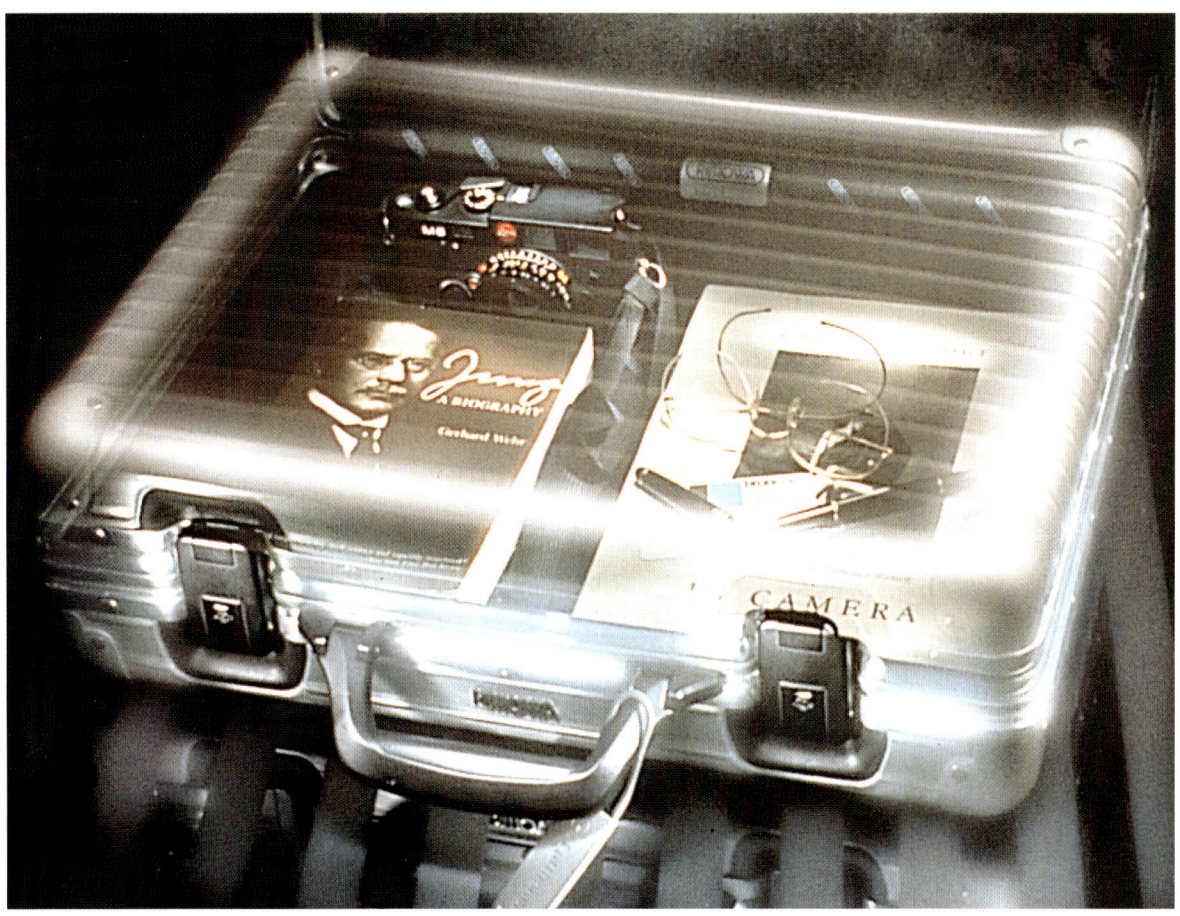

Aufnahme Eric Victor, Brisbane (Bild 16)

7.1

Bild 1
Der Metallkoffer ist geschlossen. Mit dem Studioblitzgerät wird vorbelichtet, indem ein Blitz indirekt gegen die Studiodecke ausgelöst wird. Die Stärke dieser Belichtung hängt vom gewünschten Effekt ab. Je nach gewünschter Stimmung werden dabei bis zu zwei Blendenwerte gegenüber der Belichtungsmesserangabe unterbelichtet. Die Stärke dieser «Vorbelichtung» hängt von unterschiedlichen Parametern ab. Es ist anfänglich notwendig, dazu einige Vorversuche zu machen. Infolge der Hypersensibilisierung wirkt sich die Stärke der Vorbelichtung auch auf die nachfolgenden Belichtungszeiten aus.

Bild 2
Das ist ein Weichzeichnerversuch. Eric Victor fertigt selbst aus transparentem Kunststoff Filter unterschiedlicher Dichte an, indem er sie mit Haarfestiger besprüht. Hier wurde der am stärksten diffundierende Filter eingesetzt. Der erzielte Effekt ist zu stark, und die Aufnahme wird abgebrochen.

Bild 3
Die Filterung wird reduziert und ein Belichtungstest gemacht. Das Ergebnis ist unterbelichtet. Belichtungsdauer 5 Sekunden, wobei der Lightbrush mit breitem Vorsatz in ca. 10 cm Entfernung eingesetzt wurde.

Bild 4
Gleiche Filterung, aber doppelte Belichtungszeit. Ein typischer Fehler ist in der rechten Bildseite erkennbar. Dort ist der Lightbrush kurzfristig direkt gegen das Kameraobjektiv gerichtet worden.

Bild 5
Die gleiche Aufnahme ohne diesen Fehler.

Bild 6
Jetzt werden die Vorderseite sowie die rechte Seite des Koffers beleuchtet. Die gesamte Beleuchtungsdauer beträgt 10 Sekunden.

Bild 7
Die unteren Ecken des Koffers werden in einer nach unten gerichteten Bewegung während je 4 Sekunden beleuchtet.

Bild 8
Die Oberseite des Koffers wird während 4 Sekunden pro Seite mittels hin- und herwedelnden Bewegungen beleuchtet.

Bild 9
Die obere Fläche des Koffers wird leicht «mit Licht bemalt». Die Entfernung des Lightbrush zum Koffer beträgt dabei etwa 50 cm, um eine nur sehr schwache Zeichnung zu erreichen. Die Beleuchtungsdauer beträgt 4 Sekunden.

Bild 1

Bild 2

Bild 3

Bild 4

Bild 5

Bild 6

Bild 10
Während 40 Sekunden wird der Hintergrund beleuchtet.

Bild 11
Nun wird der Diffusionsfilter entfernt. Der Lightbrush wird danach eingesetzt, um die beiden Schlösser des Koffers in ihren Einzelheiten zu zeigen. Dieser Versuch zeigt nicht das gewünschte Ergebnis, die Beleuchtung wird dem Produkt nicht optimal gerecht. Beleuchtungsdauer 10 Sekunden.

Bild 12
Dieser Versuch ist besser, weil das Licht von der Seite einwirkt und so in der dunklen Oberfläche der Schlösser einen stärkeren Reflex erzeugt. Der Einfallswinkel des Lichtes spielt eine grosse Rolle während der 20 Sekunden dauernden Beleuchtungszeit.

Bild 13
Während 10 Sekunden werden der Griff und das Schild beleuchtet. Danach wird der Koffer geöffnet und der nun sichtbar gewordene Innenteil des Deckels mit schwarzem Tuch abgedeckt. In dieser Stellung wird nocheinmal eine «Vorbelichtung» mit der Blitzanlage vorgenommen, ähnlich wie am Anfang der Arbeit.

Bild 14
Mit dem mittleren Vorsatz des Lightbrush wird die Kleinbildkamera im Koffer beleuchtet und zwar 15 Sekunden die Oberseite, 10 Sekunden die Front und 10 Sekunden der Tragriemen.

Bild 15
Das Buch von C.G. Jung wird von oben und den Seiten beleuchtet und zwar während 10 Sekunden die Oberseite, zusätzlich 15 Sekunden der Titel und 6 Sekunden die weisse Seite.

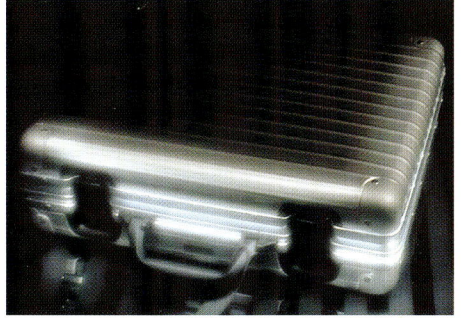
Bild 7

Bild 8

Bild 9

Bild 10

Bild 11

Bild 12

Bild 13

Bild 14

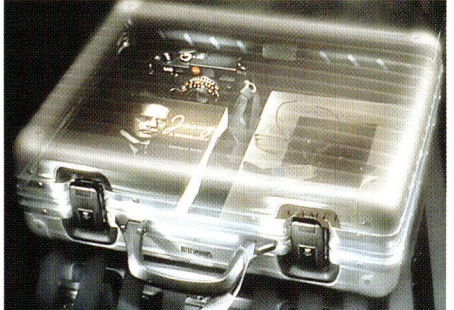
Bild 15

Bild 16
Abschliessend erfolgt eine ähnliche Beleuchtung auf das Buch von Christian Vogt sowie noch je 3 Sekunden auf den Federhalter und die Visitenkarte.

Diese Arbeitsprobe – wie im übrigen auch das Titelbild zu diesem Kapitel – von Eric Victor zeigt, welche hervorragenden und kreativen Möglichkeiten das Arbeiten mit dem Lightbrush ermöglicht.

7.2   Wanderlicht

In gewissem Masse gehört auch die Technik des Wanderlichtes zum Thema «Malen mit Licht», obwohl man damit etwas ganz anderes erzielen will.

So ist es zum Beispiel unmöglich, mit beschränkter Beleuchtungsausrüstung grosse Industriehallen, lange Tunnel-Stollen oder ähnliches sinnvoll auszuleuchten. Soll ein solches Objekt dokumentarisch fotografiert werden, kann sich der fantasievolle Fotograf mit Hilfe der Wanderlicht-Technik auch mit einer einzigen Leuchte behelfen. Voraussetzung ist weitgehende Dunkelheit, so dass eine Langzeitbelichtung möglich wird.

Während der Verschluss geöffnet ist («B»-Einstellung und Drahtauslöser mit Feststeller) wandert der Fotograf ausserhalb des Bildfeldes mit einer Leuchte (Halogenleuchte und Kunstlichtfilm oder broncolor HMI-Leuchte und Tageslichtfilm) in der Hand umher und leuchtet damit sein Aufnahmeobjekt gleichmässig aus. Um klare Hauptlichtrichtungen zu simulieren, verweilt er mit seiner auf das Objekt gerichteten Leuchte einfach etwas länger in der entsprechenden Position.

Die notwendige Belichtungszeit kann mit dem Belichtungsmesser leicht ermittelt werden: Man stellt dazu die Leuchte aus der Hauptlichtrichtung auf ein Stativ und ermittelt mit dem Belichtungsmesser die notwendige Belichtungszeit. Diese so ermittelte Zeit entspricht auch etwa der aus der Hauptlichtrichtung gültigen Beleuchtungszeit. Die Aufhellung und das Setzen allfälliger Effektlichter erfolgt dann mit derselben Leuchte und geringerer Beleuchtungsdauer aus den entsprechenden Richtungen zusätzlich zur Hauptbeleuchtungszeit. Die Bemerkung «zusätzlich» ist dabei sehr wichtig: Für die eigentliche Belichtung des Filmes und somit auch die Bestimmung der Belichtungszeit ist *ausschliesslich das Hauptlicht* zuständig. Aufhellungen und Effektlichter dienen der Kontrastreduktion und der Stimmung, dürfen aber keinen erkennbaren Einfluss auf die Gesamtbelichtung ausüben.

Dasselbe Prinzip ist auch mit einem Blitzgerät möglich. Dazu macht man ebenfalls aus der Hauptlichtrichtung eine Probeauslösung und misst mit dem Blitzbelichtungsmesser die notwendige Arbeitsblende bei einer Blitzauslösung. Daraus lässt sich einfach die notwendige Anzahl Blitzauslösungen für kleinere Blenden errechnen:

- 2 Auslösungen   →   1 Blende mehr schliessen
- 4 Auslösungen   →   2 Blenden mehr schliessen
- 8 Auslösungen   →   3 Blenden mehr schliessen

Auch hier öffnet man bei relativer Raumdunkelheit den Kameraverschluss und löst aus der Hauptlichtrichtung die notwendige Anzahl Blitze von Hand aus. Zur Aufhellung wird dann aus den entsprechend anderen Richtungen eine kleinere Anzahl Auslösungen vorgenommen.

Bei Mehrfachblitzauslösungen stimmt die Rechnung erfahrungsgemäss bis zur Summe von etwa 8 Blitzen aus der Hauptlichtrichtung. Will oder muss man noch eine Blendenstufe mehr schliessen, ist es wegen dem Intermittenzeffekt notwendig, nicht wie errechnet 16mal, sondern etwa 25- bis 30mal auszulösen.

Auch beim Wanderlicht mit Dauerlicht ist bei Langzeitbelichtung der Schwarzschildeffekt mit einzubeziehen. Stehen für die verwendete Filmemulsion keine Reziprozitäts-Daten zur Verfügung, kann man den Fehler mit der alten Regel kompensieren: Um den Schwarzschildeffekt näherungsweise auszugleichen, ist die Belichtungszeit um zwei- bis viermal so viele Prozent zu verlängern, wie die gemessene Belichtungszeit in Sekunden ausmacht (Variantbelichtungen, um Unsicherheiten auszuschliessen!).

Selbst mit kleinen, batteriegespeisten Handblitzgeräten lässt sich das Prinzip des Wanderlichtes ausnützen, wenn einmal eine Aufnahme gemacht werden soll und keine leistungsfähigeren Beleuchtungsanlagen zur Verfügung stehen. Das ist notfalls sogar ohne Blitzbelichtungsmesser möglich, denn bei solchen Kleinstblitzern ist in der Regel eine sogenannte *Leitzahl* bekannt. Die richtige Arbeitsblende ergibt sich aus der Rechnung Leitzahl : Blitzdistanz. Die Anzahl Blitzauslösungen bei bekannter Leitzahl, gewünschter Arbeitsblende und Blitzdistanz lässt sich mit folgender Formel leicht errechnen:

$$\left(\frac{\text{Blitzentfernung (m)} \cdot \text{Blende} \left(k_{arb}\right)}{\text{Leitzahl}}\right)^2$$

Auch hier ist selbstverständlich der Intermittenzeffekt zu beachten, wenn die Rechnung mehr als 8 Blitzauslösungen ergibt. Und natürlich gilt auch bei Kleinblitzgeräten bezüglich Hauptlicht und Aufhellung dasselbe, wie bereits erläutert.

Bei Aufnahmen in einem Tunnel, Stollen oder ähnlichem, in dem eine Längsansicht gezeigt werden soll, wird es nicht möglich sein, das Wanderlicht ausschliesslich ausserhalb des Aufnahmefeldes zu bewegen. In diesem Fall muss sich der Beleuchter zwangsläufig mit dem Wanderlicht innerhalb des Sichtbereichs der Kamera bewegen. Auch das ist lösbar. Der Beleuchter muss sich dazu *vollständig in schwarze Tücher hüllen* und sich mit einer Dauerlichtquelle von der Kamera weg in Richtung Aufnahmehintergrund bewegen. Dabei strahlt er die Tunnelwände und andere wichtige Objekte an, ohne dass dabei direktes Licht auf das Aufnahmeobjektiv fallen darf. Idealerweise bewegt sich der schwarz gekleidete Beleuchter dauernd, damit er nicht auf irgend einem Bildteil als schemenhafte Figur abgebildet ist.

Auch in solchen Fällen ist die ungefähre Bestrahlungsdauer – und somit die Geschwindigkeit, mit der sich der Beleuchter vorwärts bewegt – mit dem Belichtungsmesser feststellbar. Dazu stellt man die Leuchte zuerst so auf, dass sie den Nahbereich ausleuchtet, und ermittelt dort mittels Lichtmessung die notwendige Belichtungszeit (=Beleuchtungsdauer) bei der notwendigen Arbeitsblende. Aus dem so gewonnenen Wert und der aufzunehmenden Tunnellänge lässt sich leicht die Geschwindigkeit ermitteln, in der sich der Beleuchter vorwärts zu bewegen hat.

Grosse Tunnelröhren benötigen im allgemeinen etwa vier Durchgänge des Beleuchters, in denen einmal der Boden, dann die Decke und schliesslich die beiden Seitenwände angestrahlt werden.

Stimmungsgerechte Ausleuchtung mit Wanderlicht. Aufnahme Alexander Troehler

Aufnahme broncolor

8 Anhang

Wahrscheinlich sind Sie, liebe Leserin, lieber Leser, bereits stolzer Besitzer eines broncolor Beleuchtungsgerätes, oder Sie planen eine entsprechende Anschaffung.

Sie haben damit ein vollständiges Beleuchtungswerkzeug in der Hand und sind gewissermassen Teilhaber eines ebenso exklusiven wie robusten, professionellen Systems. Das umfassende broncolor Beleuchtungssystem weist Generatoren, Leuchten, Kompaktgeräte und eine Vielzahl zusätzlichen Zubehörs auf. Dies ermöglicht es, für jeden Aufnahmezweck die optimale Beleuchtungseinrichtung zusammenzustellen.

broncolor Geräte sind im Baukasten-System entwickelt worden. So lässt sich die Ausrüstung individuell kombinieren und mit dem umfassenden Zubehör ergänzen. Die Ausrüstung passt sich Ihren Ansprüchen, den gewünschten Beleuchtungseffekten und Ihrem Budget an. broncolor Generatoren, Leuchten und Zubehöre sind zudem weitgehend kompatibel. Der stufenweise Ausbau mit Leuchten und Zubehör, der Umstieg von preisgünstigen Einsteigermodellen auf leistungsstärkere Geräte und die Kombination von Generator-Anlagen mit Kompaktgeräten oder mit Geräten einer früheren Generation sind ohne Einschränkungen gewährleistet.

broncolor Geräte sind für verschiedene Netzspannungen (100-240V) und Frequenzen (50 und 60 Hz) lieferbar oder wählen die betreffende Spannung und Frequenz gar vollautomatisch. Auch die broncolor Blitzröhren und Schutzgläser sind in unterschiedlichen Varianten bezüglich der abgestrahlten Farbtemperatur bzw. der UV-Absorption erhältlich; nämlich als «normal beschichtet», «dünn beschichtet» und «unbeschichtet».

Um einen umfassenden Überblick zu ermöglichen, enthält der vorliegende Anhang neben technischen Daten, Tabellen und Formeln zu Beginn Bildbeispiele, um die Wirkung verschiedener Reflektor-Typen (Lichtformer) an ein und demselben Objekt zu demonstrieren.

Natürlich ist die dabei zu beobachtende Wirkung bezüglich Ausleuchtung, Kontrast und Schattengebung nur ein einzelner Aspekt neben vielen. Wie wir aus den vorausgegangenen Erläuterungen zum Thema «Licht machen» erklärt haben, liegen der Wahl des geeigneten Reflektors oder Beleuchtungskörpers noch viele weitere – zum Teil bedeutend wichtigere – Kriterien zugrunde.

Normalreflektor P 70

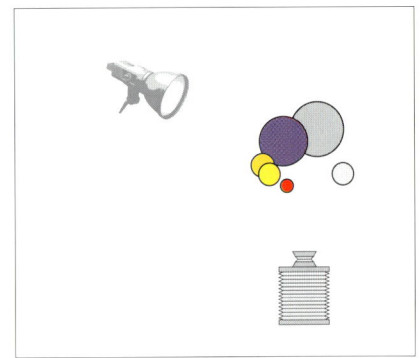

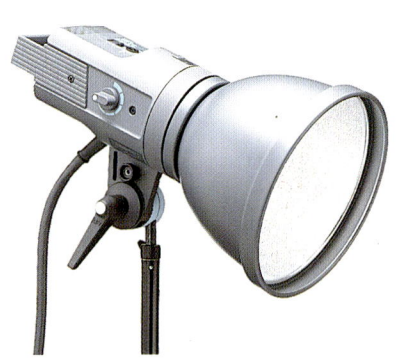

Weichstrahlreflektor P-soft

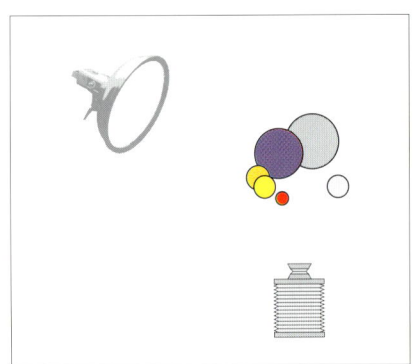

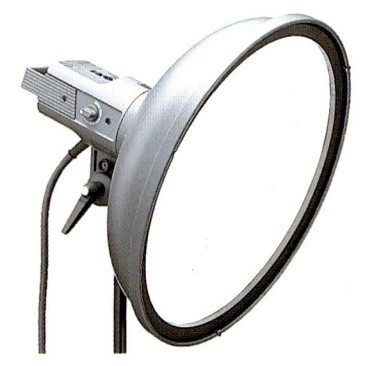

8 Beleuchtungsbeispiele

Pulso-Flooter S

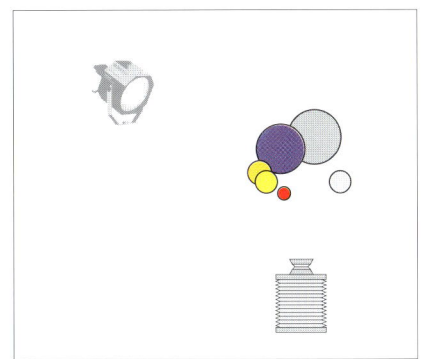

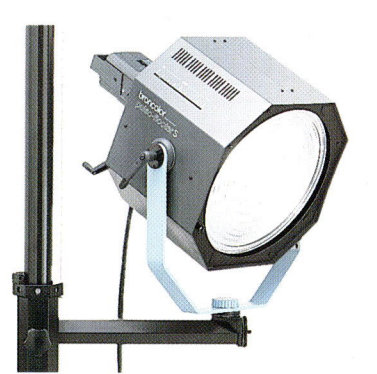

Satellite

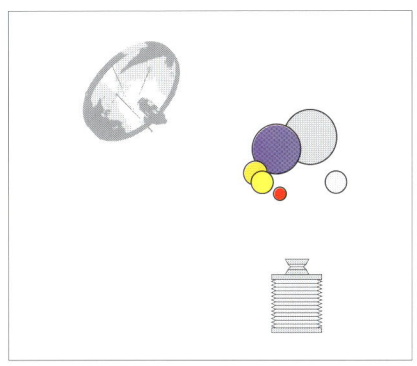

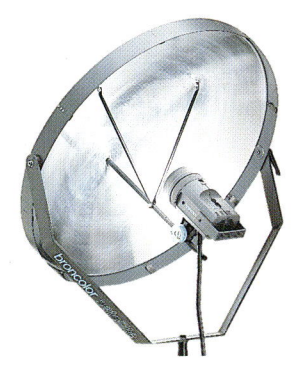

Hazylight SOFT

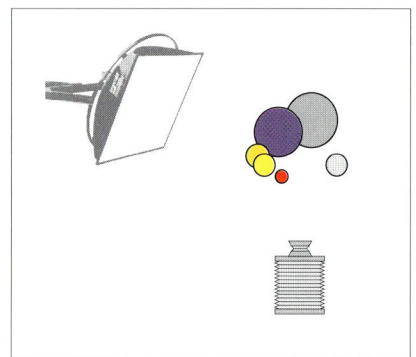

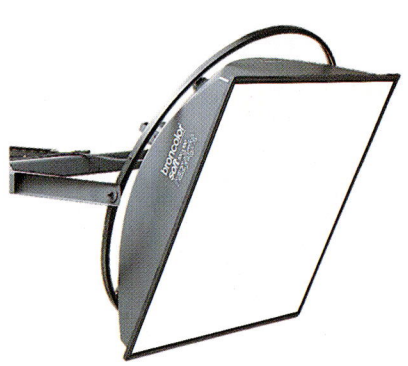

Pulsoflex 80 x 80 cm

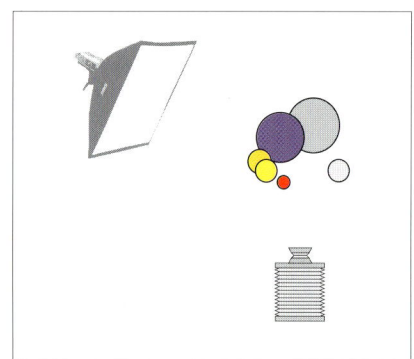

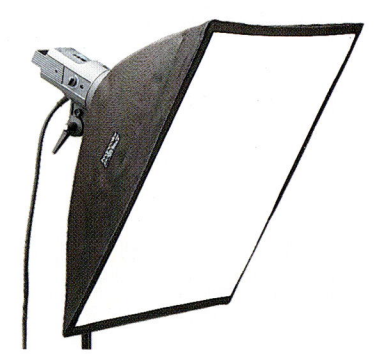

Megaflex 1,2 x 2,0 m

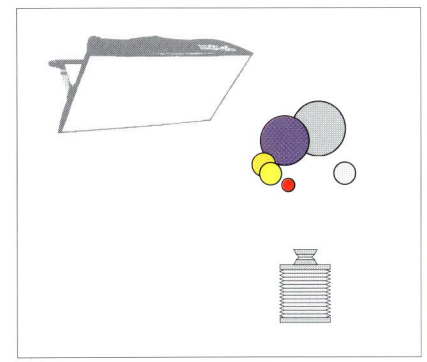

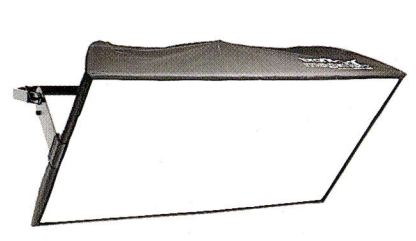

Pulso-Spot 4

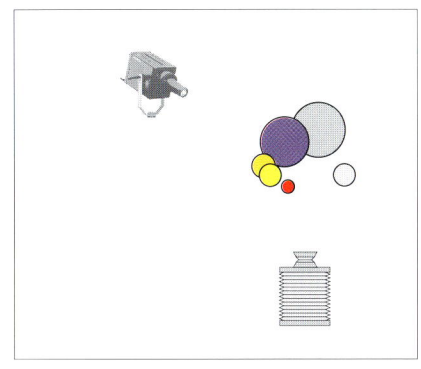

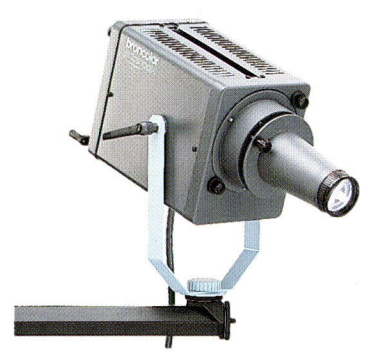

	Impact S40	Impact S80
Blitzenergie	300 J	600 J
Blende in 2 m Abstand mit		
Reflektor silber und 100 ISO Film	32	45
Blitzdauer t 0.1	$\frac{1}{400}$ s	$\frac{1}{250}$ s
Blitzdauer t 0.5	$\frac{1}{1250}$ s	$\frac{1}{800}$ s
Ladezeit (für 100% der gewählten		
Energie)	1,7 s	2,3 s
Bereitschaftsanzeige	optisch, akustisch (abschaltbar)	
Regelbereich	3 Blenden in $\frac{1}{3}$ Blendenstufen	
Einstellicht	Halogen 150 W (off, prop, dim, full)	
Blitzauslösung	drahtlos mit Infrarot-Sender, FM, FCM 2, FCC, Fotozelle, Synchronkabel, Handauslösetaste	
Stabilisierte Blitzspannung	± 1 %	
Anschlusswerte	100 – 240 V, 50 – 60 Hz: 6 A	
Funkentstörung	SEV, VDE Grad N	
Abmessungen (ohne Bügel)	134 x 142 x 322,5 mm	
Gewicht	3,2 kg	4,0 kg

Kompatibilität

Die Einstellichter der Geräte Impact S40 und Impact S80 sind untereinander proportional. Zu den Geräten Impact 41 und Impact 21 besteht eine annähernde Proportionalität.

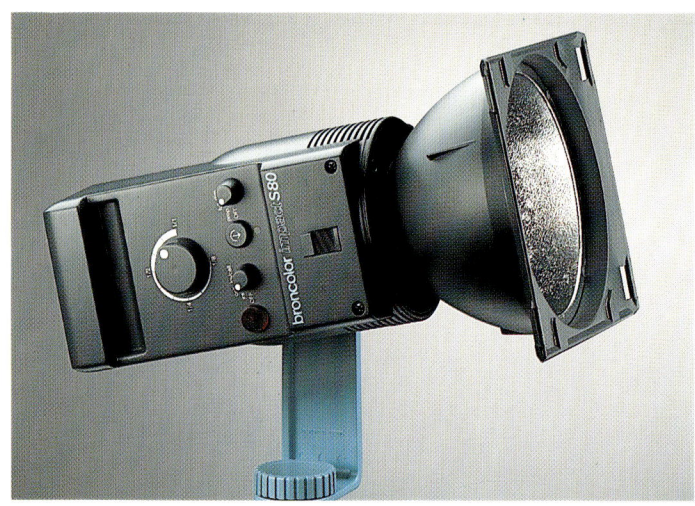

	Impact 21	Impact 41
Blitzenergie	150 J	300 J
Blende in 2 m Abstand mit Reflektor 50° und 100 ISO Film	22	32
Blitzdauer t 0.1	$\frac{1}{600}$ s	$\frac{1}{300}$ s
Blitzdauer t 0.5	$\frac{1}{2000}$ s	$\frac{1}{1000}$ s
Ladezeit (für 100% der gewählten Energie)	1,3 – 2,3 s	0,8 – 2,3 s
Bereitschaftsanzeige	optisch	optisch
Regelbereich	1 Blende	2 Blenden
Einstellicht	Halogen 12 V/50 W	
Blitzauslösung	drahtlos mit Infrarot-Einkanal-Sender, Fotozelle, Synchronkabel, Handauslösetaste	
Stabilisierte Blitzspannung	± 1%	
Anschlusswerte	100 – 240 V: 6 A	
Funkentstörung	SEV, VDE Grad N	
Abmessungen (ohne Bügel)	296 x 140 x 120 mm	
Gewicht	3,1 kg	3,4 kg

Kompatibilität

Die beiden Geräte Impact 21 und Impact 41 können unter Einhaltung der Einstellicht-Proportionalität beliebig miteinander kombiniert werden. Eine Kombination mit Pulso und Compuls ist möglich, wenn diese auf *prop 2* (220 V) bzw. *prop 3* (110 V) eingestellt werden. Sämtliches Impact-Zubehör ist auf beiden Geräten verwendbar. Sie unterscheiden sich in der Bedienung lediglich durch den Regelbereich.

	Minipuls 40	**Minipuls 80**
Blitzenergie	300 J	600 J
Blende in 2 m Abstand mit Reflektor P70 und 100 ISO Film	32 $^2/_{10}$	45 $^2/_{10}$
Blitzdauer t 0.1	$^1/_{400}$ s	$^1/_{250}$ s
Blitzdauer t 0.5	$^1/_{1250}$ s	$^1/_{800}$ s
Ladezeit (für 100% der gewählten Energie)	1,7 s	2,3 s
Bereitschaftsanzeige	optisch, akustisch (abschaltbar)	
Regelbereich	3 Blenden in $^1/_3$ Blendenstufen	
Einstellicht	Halogen 250 W (off, prop, dim, full)	
Blitzauslösung	drahtlos mit Infrarot-Sender, FM, FCM 2, FCC, Fotozelle, Synchronkabel, Handauslösetaste	
Stabilisierte Blitzspannung	± 1%	
Anschlusswerte	100 – 240 V, 50 – 60 Hz: 6 A	
Funkentstörung	SEV, VDE Grad N	
Abmessungen (ohne Bügel)	134 x 142 x 337,5 mm	
Gewicht	3,2 kg	4,0 kg

Kompatibilität

Die Einstellichter der Geräte Minipuls 40 und Minipuls 80 sind untereinander und zu den Geräten der Reihe Pulso, Pulso A, Opus, Opus A, Primo, Primo A und Compuls proportional.

	Minipuls C 40	Minipuls C 80
Blitzenergie	300 J	600 J
Blitzdauer t 0.1	$\frac{1}{330}$ s	$\frac{1}{200}$ s
Blitzdauer t 0.5	$\frac{1}{1000}$ s	$\frac{1}{600}$ s
Ladezeit (für 100% der gewählten Energie)	0,5–1,3 s	0,7–1,9 s
Bereitschaftsanzeige	optisch	
Regelbereich	3 Blenden, stufenlos	
Einstellicht	Halogen 150–300W (off, prop, dim, full)	
Blitzauslösung	drahtlos mit Infrarot-Sender, Fotozelle, Synchronkabel, Handauslösetaste	
Stabilisierte Blitzspannung	± 1%	
Anschlusswerte	100–240 V, 50 Hz: 6 A; 110–120V, 60 Hz:10 A	
Funkentstörung	SEV, VDE Grad N	
Abmessungen (ohne Bügel)	120 x 195 x 410 mm	
Gewicht	2,4 kg	2,7 kg

	Compuls 65	Compuls 95	Compuls 165
Blitzenergie	640 J	960 J	1600 J
Blende in 2 m Abstand mit Reflektor P70 und 100 ISO Film	45	45 $^6/_{10}$	64 $^3/_{10}$
Blitzdauer t 0.1	$^1/_{450}$ s	$^1/_{300}$ s	$^1/_{180}$ s
Blitzdauer t 0.5	$^1/_{1500}$ s	$^1/_{1000}$ s	$^1/_{600}$ s
Ladezeit (für 100% der gewählten Energie)	0,4 – 1,0 s	0,5 – 1,5 s	0,6 – 2,5 s
	umschaltbar auf Langsamladung		
Bereitschaftsanzeige	optisch, akustisch (abschaltbar)		
Bedienungselemente	staub- und kratzfeste Folientastatur		
Regelbereich	4 Blenden in $^1/_{10}$ Blendenstufen		
Einstellicht	Halogen 650 W /200 – 240 V proportional zur Blitzenergie plus Zusatzfunktionen (full, prop 1, prop 2, prop 3)		
Blitzauslösung	drahtlos mit Infrarot-Sender, FM, FCM 2, FCC, Fotozelle, Synchronkabel, Handauslösetaste		
Stabilisierte Blitzspannung	± 1 %		
Anschlusswerte	200 – 240 V: 10 A		
Funkentstörung	SEV, VDE Grad N		
Kühlung	Ventilator		
Abmessungen (ohne Bügel)	415 x 215 x 165 mm		
Gewicht	6,0 kg	6,4 kg	7,1 kg

Besonderheiten
Wählbare Hilfsfunktionen wie Sequenz und Blitzverzögerung.

Kompatibilität
Die Compuls-Kompaktgeräte sind zum gesamten zur Zeit lieferbaren broncolor-Sortiment kompatibel.

	Primo/Primo Bi-Voltage		
Blitzenergie	1600 J		
Blende in 2 m Abstand mit Reflektor P70 und 100 ISO Film	64 $^1/_{10}$		
Blitzdauer t 0.1 (t 0.5)	$^1/_{230}$ s	($^1/_{700}$ s)	1 Leuchte
	$^1/_{390}$ s	($^1/_{1200}$ s)	2 Leuchten
	$^1/_{530}$ s	($^1/_{1700}$ s)	3 Leuchten
Ladezeit (für 100% der gewählten Energie)	1,1 – 2,3 s 1,4 – 2,5 s (Bi-Voltage) umschaltbar auf Langsamladung		
Bereitschaftsanzeige	optisch, akustisch (abschaltbar)		
Leuchtenanschlüsse	3		
Leistungsverteilung	symmetrisch		
Regelbereich	3 Blenden in geeichten $^1/_3$ Blendenstufen mittels Drehschalter		
Einstellicht	max. 3 x 650 W, 200 – 240 V max. 3 x 300 W, 100 – 120 V (Bi-Voltage) proportional zur Blitzenergie, zusätzliche Schaltstellungen: aus, voll, prop 2, prop 3		
Blitzauslösung	Fotozelle, Synchronkabel, Handauslösetaste		
Stabilisierte Blitzspannung	± 2 %		
Anschlusswerte	200 – 240 V: 10 A 100 – 120 V: 16 A (zusätzlich bei Bi-Voltage)		
Funkentstörung	SEV, VDE Grad N		
Kühlung	Ventilator		
Abmessungen	275 x 275 x 162 mm		
Gewicht	6,2 kg 6,5 kg (Bi-Voltage)		

Besonderheiten

Primo verfügt über eine interne Entladung bei Leistungsreduktion und einen Überlastungschutz. Das eingebaute geräuscharme Kühlgebläse erlaubt lange Blitzserien. Die Daten des Primo Bi-Voltage 110 – 220 V Gerätes sind auf die 110 V Version optimiert.

Kompatibilität

Generatoren   Pulso 2, A2, 4, A4, Opus 2, A2, 4, A4, A8
Primo A, Primo 4, Primo A fashion, Flashman, Flashman 2, 304, 404, 404 Servor

Leuchtenköpfe   Primo, Pulso 2, F2, 4, F4, Pulso Twin, Hazylight, Universal-Leuchte, Boxlite 30, 40, Striplite, Lightbar 60/120, Pulso 8 mit Einschränkungen

Primo A / Primo A Bi-Voltage

Blitzenergie	1600 J
Blende in 2 m Abstand mit Reflektor P70 und 100 ISO Film	64 $\frac{1}{10}$

Blitzdauer, 1 Leuchte, t 0.1 (t 0.5)	$\frac{1}{230}$ s	($\frac{1}{700}$ s)	100 %
	$\frac{1}{380}$ s	($\frac{1}{1200}$ s)	60 %
	$\frac{1}{530}$ s	($\frac{1}{1700}$ s)	40 %

Ladezeit (für 100% der gewählten Energie)	1,1 – 2,3 s 1,4 – 2,5 s (Bi-Voltage) umschaltbar auf Langsamladung
Bereitschaftsanzeige	optisch, akustisch (abschaltbar)
Leuchtenanschlüsse	3
Leistungsverteilung	asymmetrisch
Regelbereich	3 Blenden in geeichten $\frac{1}{3}$ Blendenstufen mittels Drehschalter
Einstellicht	max. 3 x 650 W, 200 – 240 V max. 3 x 300 W, 100 – 120 V (Bi-Voltage) proportional zur Blitzenergie, zusätzliche Schaltstellungen: aus, voll, prop 2, prop 3
Blitzauslösung	Fotozelle, Synchronkabel, Handauslösetaste
Stabilisierte Blitzspannung	± 2 %
Anschlusswerte	200 – 240 V: 10 A 100 – 120 V: 16 A (zusätzlich bei Bi-Voltage)
Funkentstörung	SEV, VDE Grad N
Kühlung	Ventilator
Abmessungen	275 x 275 x 162 mm
Gewicht	6,2 kg 6,5 kg (Bi-Voltage)

Besonderheiten

Primo verfügt über eine interne Entladung bei Leistungsreduktion und einen Überlastungsschutz. Das eingebaute geräuscharme Kühlgebläse erlaubt lange Blitzserien. Die Daten des Primo Bi-Voltage 110 – 220 V Gerätes sind auf die 110 V Version optimiert.

Kompatibilität

Generatoren:
Pulso 2, A2, 4, A4, Opus 2, A2, 4, A4, A8
Primo 4, Primo A fashion, Flashman, Flashman 2, 304, 404, 404 Servor
Leuchtenköpfe:
Primo, Pulso 2, F2, 4, F4, Pulso Twin, Hazylight, Universal-Leuchte, Boxlite 30, 40, Striplite (2 x 3200), Lightbar 60/120, Pulso 8 mit Einschränkungen

broncolor Primo 4 / Primo 4 Bi-Voltage

	Primo 4 / Primo 4 Bi-Voltage	
Blitzenergie	3200 J	
Blende in 2 m Abstand mit Reflektor P70 und 100 ISO Film	90 1/10	
Blitzdauer t 0.5	1/260 s	1 Leuchte
	1/470 s	2 Leuchten
	1/630 s	3 Leuchten
Ladezeit (für 100% der gewählten Energie)	1,6 – 3,9 s umschaltbar auf Langsamladung	
Bereitschaftsanzeige	optisch, akustisch (abschaltbar)	
Leuchtenanschlüsse	3	
Leistungsverteilung	symmetrisch	
Regelbereich	3 Blenden in geeichten 1/3 Blendenstufen mittels Drehschalter	
Einstellicht	max. 3 x 650 W, 200 – 240 V max. 3 x 300 W, 100 – 120 V proportional zur Blitzenergie, zusätzliche Schaltstellungen: aus, voll, prop 1, prop 2	
Blitzauslösung	Fotozelle, Synchronkabel, Handauslösetaste	
Stabilisierte Blitzspannung	± 2 %	
Anschlusswerte	200 – 240 V: 10 A 100 – 120 V: 16 A	
Funkentstörung	SEV, VDE Grad N	
Kühlung	Ventilator	
Abmessungen	305 x 275 x 162 mm	
Gewicht	7,0 kg	7,3 kg (Bi-Voltage)

Besonderheiten
Primo verfügt über eine interne Entladung bei Leistungsreduktion und einen Überlastungsschutz. Das eingebaute geräuscharme Kühlgebläse erlaubt lange Blitzserien. Die Daten des Primo 4 Bi-Voltage 110 – 220 V Gerätes sind auf die 110 V Version optimiert.

Kompatibilität

Generatoren	Pulso 2, A2, 4, A4, Opus 2, A2, 4, A4, A8, Primo Primo A, Primo A fashion, Flashman, Flashman 2, 304, 404, 404 Servor
Leuchtenköpfe	Primo, Pulso 2, F2, 4, F4, Pulso Twin, Hazylight, Universal-Leuchte, Boxlite 30, 40, Striplite (2 x 3200), Lightbar 60/120, Pulso 8 mit Einschränkungen

Primo / Primo Bi-Voltage

Blitzenergie	1000 J		
Blende in 2 m Abstand mit Reflektor P70 und 100 ISO Film	45 ⅓		
Blitzdauer t 0.1 (t 0.5)	$\frac{1}{400}$ s	($\frac{1}{1200}$ s)	nur Ausgang A belegt
	$\frac{1}{550}$ s	($\frac{1}{1700}$ s)	Ausgang A + B belegt
	$\frac{1}{950}$ s	($\frac{1}{2800}$ s)	nur Ausgang B belegt
Ladezeit (für 100% der gewählten Energie)	0,18 – 0,95 s		
Bereitschaftsanzeige	optisch, akustisch		
Leuchtenanschlüsse	2		
Leistungsverteilung	asymmetrisch		
Regelbereich	3 Blenden in geeichten ⅓ Blendenstufen		
Einstellicht	Halogen 2 x 650 W, 200 – 240 V		
	Halogen 2 x 300 W, 100 – 120 V		
Blitzauslösung	Fotozelle, Synchronkabel, Handauslösetaste		
Stabilisierte Blitzspannung	± 2 %		
Anschlusswerte	200 – 240 V: 10 A		
	100 – 120 V: 16 A (Bi-Voltage)		
Funkentstörung	SEV, VDE Grad N		
Abmessungen	275 x 275 x 162 mm		
Gewicht	4,95 kg	5,25 kg (Bi-Voltage)	

Besonderheiten

Primo verfügt über eine interne Entladung bei Leistungsreduktion und einen Überlastungschutz. Das eingebaute geräuscharme Kühlgebläse erlaubt lange Blitzserien. Die Daten des Primo Bi-Voltage 110 – 220 V Gerätes sind auf die 110 V Version optimiert.

Kompatibilität

Generatoren
Pulso 2, A2, 4, A4, Opus 2, A2, 4, A4, A8
Primo A, Primo 4, Flashman, Flashman 2, 304, 404, 404 Servor

Leuchtenköpfe
Primo, Pulso 2, F2, 4, F4, Pulso Twin, Hazylight, Universal-Leuchte, Boxlite 30, 40, Striplite, Lightbar 60/120, Pulso 8 mit Einschränkungen

	Opus 2	Opus 4	
Blitzenergie	1600 J	3200 J	
Blende in 2 m Abstand mit			
Reflektor P70 und 100 ISO Film	64 $\frac{1}{10}$	90 $\frac{1}{10}$	
Blitzdauer t 0.1 (t 0.5)	$\frac{1}{230}$ s ($\frac{1}{700}$ s)	$\frac{1}{120}$ s ($\frac{1}{350}$ s)	1 Leuchte
	$\frac{1}{390}$ s ($\frac{1}{1200}$ s)	$\frac{1}{230}$ s ($\frac{1}{700}$ s)	2 Leuchten
	$\frac{1}{530}$ s ($\frac{1}{1700}$ s)	$\frac{1}{270}$ s ($\frac{1}{850}$ s)	3 Leuchten
	Die Blitzdauer kann durch Verwenden der Pulso-Twin-Leuchte halbiert werden		
Ladezeit (für 100% der gewählten Energie)	0,5 – 1,8 s	1,0 – 3,5 s	
	umschaltbar auf Langsamladung		
Bereitschaftsanzeige	optisch, akustisch (abschaltbar)		
Leuchtenanschlüsse	3		
Leistungsverteilung	symmetrisch		
Bedienungselemente	staub- und kratzfeste Folientastatur		
Regelbereich	4 Blenden in $\frac{1}{10}$ oder $\frac{1}{3}$ Blendenstufen		
Einstellicht	Halogen max. 3 x 650 W bei 200 – 240 V		
	Halogen max. 3 x 300 W bei 100 – 120 V		
	proportional zur Blitzenergie, zusätzliche Schaltstellungen: voll, prop 1, prop 2, prop 3		
Blitzauslösung	IRS 2-Kanal-Sender drahtlos, Fotozelle, Synchronkabel, Handauslösetaste, FM, FCM2, FCC		
Stabilisierte Blitzspannung	± 1%		
Anschlusswerte	200 – 240 V: 10 A / 100 – 120 V: 16 A		
Funkentstörung	SEV, VDE Grad N		
Abmessungen	180 x 288 x 275,5 mm	180 x 288 x 367,5 mm	
Gewicht	7,3 kg	10,3 kg	

Besonderheiten

Wählbare Hilfsfunktionen wie Sequenz, Blitzverzögerung, Stroboskop, Alternativauslösung (Ping-Pong).

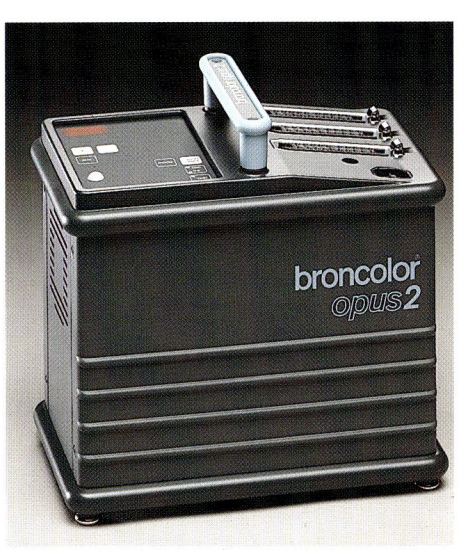

Kompatibilität

Generatoren:
Pulso 2, A2, 4, A4, 8, Opus A2, A4, Primo, Primo A, Primo 4, Primo A fashion, 304, 404, 404 Servor, 606, 606 Servor
Kompaktgeräte:
Compuls 65, 95, 165, Minipuls 40, 80
Leuchtenköpfe:
Pulso 2, F2, 4, F4, 8, Pulso-Twin, Primo, Hazylight, Universal-Leuchte
Fernbedienung:
Servor 2, 3
Fernauslösung:
IRI (Reichweite ca. 7 m), IRS (2-Kanal, Reichweite ca. 10 m), IRS-E (2-Kanal, Reichweite ca. 30 m), FM, FCM2, FCC

	Opus A2	**Opus A4**	
Blitzenergie	1600 J	3200 J	
Blende in 2 m Abstand mit Reflektor P70 und 100 ISO Film	64 $^1/_{10}$	90 $^1/_{10}$	

Blitzdauer t 0.1 (t 0.5) Opus A2	**Opus A2**	**Opus A2**	**Opus A2**
	100 %	60 %	40 %
1 Leuchte	$^1/_{230}$ s ($^1/_{700}$ s)*	$^1/_{380}$ s ($^1/_{1100}$ s)	$^1/_{580}$ s ($^1/_{1700}$ s)*
2 Leuchten	$^1/_{390}$ s ($^1/_{1200}$ s)	—	$^1/_{980}$ s ($^1/_{3000}$ s)
3 Leuchten	$^1/_{530}$ s ($^1/_{1700}$ s)	—	—

Blitzdauer t 0.1 (t 0.5) Opus A4	**Opus A4**	**Opus A4**	**Opus A4**
	100 %	60 %	40 %
1 Leuchte	$^1/_{120}$ s ($^1/_{350}$ s)	$^1/_{200}$ s ($^1/_{550}$ s)	$^1/_{300}$ s ($^1/_{850}$ s)
2 Leuchten	$^1/_{230}$ s ($^1/_{700}$ s)	—	$^1/_{570}$ s ($^1/_{1700}$ s)
3 Leuchten	$^1/_{270}$ s ($^1/_{850}$ s)	—	—

* Diese Blitzdauerwerte können durch Verwendung einer Twin-Leuchte halbiert werden.

Ladezeit (für 100% der gewählten Energie)	0,2 – 1,8 s 0,3 – 3,5 s
	umschaltbar auf Langsamladung
Bereitschaftsanzeige	optisch, akustisch (abschaltbar)
Leuchtenanschlüsse	3
Leistungsverteilung	symmetrisch, variabel asymmetrisch
Bedienungselemente	staub- und kratzfeste Folientastatur
Regelbereich	4 Blenden in $^1/_{10}$ oder $^1/_3$ Blendenstufen
Einstellicht	Halogen max. 3 x 650 W bei 200 – 240 V
	Halogen max. 3 x 300 W bei 100 – 120 V
	proportional zur Blitzenergie, zusätzliche Schaltstellungen: voll, prop 1, prop 2, prop 3
Blitzauslösung	IRS 2-Kanal-Sender drahtlos, Fotozelle, Synchronkabel, Handauslösetaste, FM, FCM2, FCC
Stabilisierte Blitzspannung	± 1%
Anschlusswerte	200 – 240 : 10 A / 100 – 120 V: 16 A
Funkentstörung	SEV, VDE Grad N
Abmessungen	180 x 288 x 275,5 mm 180 x 288 x 367,5 mm
Gewicht	7,45 kg 10,45 kg

Besonderheiten

Wählbare Hilfsfunktionen wie Sequenz, Blitzverzögerung, Stroboskop, Alternativauslösung (Ping-Pong).

Kompatibilität

Generatoren	Pulso 2, A2, 4, A4, 8, Opus A2, A4, Primo, Primo A, Primo 4, Primo A fashion, 304, 404, 404 Servor, 606, 606 Servor
Kompaktgeräte	Compuls 65, 95, 165, Minipuls 40, 80
Leuchtenköpfe	Pulso 2, F2, 4, F4, 8, Pulso-Twin, Primo, Hazylight, Universal-Leuchte
Fernbedienung	Servor 2, 3
Fernauslösung	IRI (Reichweite ca. 7 m), IRS (2-Kanal, Reichweite ca. 10 m), IRS-E (2-Kanal, Reichweite ca. 30 m), FM, FCM2, FCC

Opus A8

	Opus A8		
Blitzenergie	2 x 3200 J		
Blende in 2 m Abstand mit Twin-Leuchte Reflektor P65 und 100 ISO Film	128 $\frac{1}{10}$		
Blitzdauer t 0.1 (t 0.5)	**Dose 1**	**Dose 2/3**	
	$\frac{1}{120}$ s ($\frac{1}{350}$ s)	$\frac{1}{120}$ s ($\frac{1}{350}$ s)	1 Leuchte
	$\frac{1}{250}$ s ($\frac{1}{700}$ s)		2 Leuchten
Ladezeit (für 100% der gewählten Energie)	0,8 – 6,9 s umschaltbar auf Langsamladung		
Bereitschaftsanzeige	optisch, akustisch (abschaltbar)		
Leuchtenanschlüsse	3		
Leistungsverteilung	asymmetrisch		
Bedienungselemente	staub- und kratzfeste Folientastatur		
Regelbereich	4 $\frac{3}{10}$ Blenden in $\frac{1}{10}$ oder $\frac{1}{3}$ Blendenstufen		
Einstellicht	Halogen max. 3 x 650 W bei 200 – 240 V Halogen max. 3 x 300 W bei 100 – 120 V proportional zur Blitzenergie, zusätzliche Schaltstellungen: voll, prop 1, prop 2		
Blitzauslösung	IRS 2-Kanal-Sender drahtlos, Fotozelle, Synchronkabel, Handauslösetaste, FM, FCM2, FCC		
Stabilisierte Blitzspannung	± 1%		
Anschlusswerte	200 – 240 V: 10 A / 100 –120 V: 16 A		
Funkentstörung	SEV, VDE Grad N		
Abmessungen	180 x 288 x 459,5 mm		
Gewicht	15,55 kg		

Besonderheiten

Wählbare Hilfsfunktionen wie Sequenz, Blitzverzögerung, Stroboskop, Alternativauslösung (Ping-Pong).

Kompatibilität

Generatoren	Pulso 2, A2, 4, A4, 8, Opus A2, A4, Primo, Primo A, Primo 4, Primo A fashion, 304, 404, 404 Servor, 606, 606 Servor
Kompaktgeräte	Compuls 65, 95, 165, Minipuls 40, 80
Leuchtenköpfe	Pulso 2, F2, 4, F4, 8, Pulso-Twin, Primo, Hazylight, Universal-Leuchte
Fernbedienung	Servor 2, 3
Fernauslösung	IRI (Reichweite ca. 7 m), IRS (2-Kanal, Reichweite ca. 10 m), IRS-E (2-Kanal, Reichweite ca. 30 m), FM, FCM2, FCC

	Pulso A2	Pulso A4
Blitzenergie	1600 J	3200 J
Blende in 2 m Abstand mit Reflektor P70 und 100 ISO Film	64 $^1/_{10}$	90 $^1/_{10}$
Blitzdauer t 0.1	$^1/_{250}$ s – $^1/_{6000}$ s	$^1/_{125}$ s – $^1/_{6000}$ s
Blitzdauer t 0.5	$^1/_{700}$ s – $^1/_{10000}$ s	$^1/_{350}$ s – $^1/_{10000}$ s
	für optimale Farbtemperatur automatische Regelung der Blitzdauer (CTC)	
Ladezeit (für 100% der gewählten Energie)	0,2 – 1,9 s	0,3 – 3,6 s
	umschaltbar auf Langsamladung	
Bereitschaftsanzeige	optisch, akustisch (abschaltbar)	
Leuchtenanschlüsse	4 (2 Haupt- und 2 Nebenanschlüsse)	
Leistungsverteilung	symmetrisch, asymmetrisch	
Bedienungselemente	staub- und kratzfeste Folientastatur	
Regelbereich	Hauptanschlüsse 6 Blenden Nebenanschlüsse 4 Blenden in $^1/_{10}$ oder $^1/_3$ Blendenstufen (umschaltbar)	
Einstellicht	Halogen 650 W, 200 – 240 V proportional zur Blitzenergie, zusätzliche Schaltstellungen: low, full, prop 1, prop 2 (und prop 3 bei Pulso A2)	
Blitzauslösung	IRS 2-Kanal-Sender drahtlos, Fotozelle, Synchronkabel, Handauslösetaste, FM, FCM2, FCC	
Stabilisierte Blitzspannung	± 0,5%	
Anschlusswerte	200 – 240 V: 10 A	
Kühlung	Ventilator	
Funkentstörung	SEV, VDE Grad N	
Abmessungen	226 x 238 x 362 mm	226 x 238 x 420 mm
Gewicht	13,5 kg	16,5 kg

Besonderheiten

Wählbare Hilfsfunktionen wie Sequenz, Blitzverzögerung, Stroboskop, alternierende Auslösung (Ping-Pong), manuell einstellbare Blitzdauer von $^1/_{250}$ ($^1/_{125}$ s bei Pulso A4) bis $^1/_{6000}$ s.

Kompatibilität

Generatoren	Pulso 2, A2, 4, A4, 8, Opus 2, 4, A2, A4, A8 Primo, Primo A, Primo 4, Primo A fashion, 304, 404, 404 Servor, 606, 606 Servor
Kompaktgeräte	Compuls 65, 95, 165
Leuchtenköpfe	Pulso 2, F2, 4, F4, 8, Pulso-Twin, Primo, Hazylight, Universal-Leuchte
Fernbedienung	Servor 2, 3
Fernauslösung	IRI (Reichweite ca. 7 m), IRS (2-Kanal, Reichweite ca. 10 m), IRS-E (2-Kanal, Reichweite ca. 30 m), FM, FCM2, FCC

	Pulso 8
Blitzenergie	6400 J
Blende in 2 m Abstand mit Reflektor P70 und 100 ISO Film	128 $^1/_{10}$
Blitzdauer t 0.1 (t 0.5)	$^1/_{70}$ s ($^1/_{230}$ s) 1 Leuchte
	$^1/_{130}$ s ($^1/_{440}$ s) 2 Leuchten
	$^1/_{190}$ s ($^1/_{630}$ s) 3 Leuchten
	$^1/_{240}$ s ($^1/_{800}$ s) 4 Leuchten
Ladezeit (für 100% der gewählten Energie)	0,9 – 4,9 s umschaltbar auf Langsamladung
Bereitschaftsanzeige	optisch, akustisch (abschaltbar)
Leuchtenanschlüsse	4
Leistungsverteilung	symmetrisch
Bedienungselemente	staub- und kratzfeste Folientastatur
Regelbereich	4 Blenden in $^1/_{10}$ oder $^1/_3$ Stufen (umschaltbar)
Einstellicht	Halogen 650 W, 200 – 240 V proportional zur Blitzenergie, zusätzliche Schaltstellungen: low, full, prop 1
Blitzauslösung	IRS 2-Kanal-Sender drahtlos, Fotozelle, Synchronkabel, Handauslösetaste, FM, FCM2, FCC
Stabilisierte Blitzspannung	± 1%
Anschlusswerte	200 – 240 V: 10 A
Kühlung	Ventilator
Funkentstörung	SEV, VDE Grad N
Abmessungen	226 x 238 x 556 mm
Gewicht	21 kg

Besonderheiten

Wählbare Hilfsfunktionen wie Sequenz und Blitzverzögerung.

Kompatibilität

Generatoren:
Pulso 2, A2, 4, A4, Opus 2, A2, 4, A4, A8, Primo, Primo A, Primo 4, 304, 404, 404 Servor, 606, 606 Servor
Kompaktgeräte:
Compuls 65, 95, 165
Leuchtenköpfe:
Pulso 8, P8-Version des Striplite, Cumulite, Megalite, Hazylight, 606-Leuchten
Fernbedienung:
Servor 2, 3
Fernauslösung:
IRI (Reichweite ca. 7 m), IRS (2-Kanal, Reichweite ca. 10 m), IRS-E (2-Kanal, Reichweite ca. 30 m), FM, FCM2, FCC

	Vorschaltgerät HMI 575	**Vorschaltgerät HMI 1200**
Leistungsaufnahme	600 W	1300 W
Variationsbereich	60 – 100 % (0,8 Blenden)	30 – 100 % (1,6 Blenden)
Betriebsmodi	flicker-free/low-noise	flicker-free/low-noise
Anschlusswerte	100 – 240 V, 50 – 60 Hz,	100 – 240 V, 50 – 60 Hz,
Blitzdauer t 0.5	230 V, 6 A / 120 V: 10 A	230 V, 10 A / 120 V: 16 A
Funkentstörung	SEV, VDE	SEV, VDE
Abmessungen	270 x 181 x 105 mm	280 x 1115 x 215 mm
Gewicht	3,45 kg	4,9 kg

	Leuchtenkopf HMI F575	**Leuchtenkopf HMI F1200**
Beleuchtungsstärke in 2 m Abstand	mit Reflektor P50 und klarem Schutzglas *: 650000 lx / 13° mit Reflektor P70 und klarem Schutzglas *: 14000 lx / 30°	mit Parabolreflektor und unbeschichteter Streulinse * NSP: Spot: 318000 lx / 9° Flood: 14000 lx / 50°
Blendenwert in 2 m Abstand bei 100 ISO, $\frac{1}{30}$ s	mit Reflektor P50 und klarem Schutzglas *: f:22⁸/₁₀ mit Reflektor P70 und klarem Schutzglas *: f:11⁶/₁₀	mit Parabolreflektor und unbeschichteter Streulinse *NSP: Spot: f:64¹/₁₀ Flood: f:11⁶/₁₀
Fokussierverhältnis	1:2,5	1:5,5
Brennertyp	Osram HMI 575 W/SE Philips MSR 575 HR	Osram HMI 1200 W/SE Philips MSR 1200 HR
Abmessungen	321 x 120 x 198 mm	377 x 120 x 198 mm
im Lieferumfang enthaltene Schutzvorrichtung	Glashaube mattiert mit UV-Filterschicht	Streuscheiben-Set mit UV-Filterschicht: NSP 9°, MFL 10 x 22° WFL 27° x 58° SWFL 50°

Zubehör:
Pulso Reflektoren
Abschirmklappen
Faltreflektoren
Reflexschirme
Flooter (Fresnelspot)
Verlängerungskabel
Tragkoffer

Reflexschirme mit
Halterung
Abschirmklappen mit
2 oder 4 Flügel,
Faltreflektor 80 x 80 cm
Verlängerungskabel

Gewicht:
2,6 kg   3,05 kg

* mit UV-Filterschicht liegen die Werte 15 %
(²/₁₀ Blenden) tiefer

8 Blitzdauer für Generatoren

Gerät	Energie		Anzahl angeschlossener Kabel			
			1	2	3	4
Pulso 8	6400 J		$1/70$ ($1/230$)*	$1/130$ ($1/440$)	$1/190$ ($1/630$)	$1/240$ ($1/800$)
Pulso A2	1600 J		variabel von	$1/250 - 1/6000$	($1/700$) – ($1/10000$)	
Pulso A4	3200 J		variabel von	$1/125 - 1/6000$	($1/350$) – ($1/10000$)	
Opus 2/A2	1600 J		$1/230$ ($1/700$)	$1/390$ ($1/1200$)	$1/530$ ($1/1700$)	
Opus 4/A4	3200 J		$1/120$ ($1/350$)	$1/230$ ($1/700$)	$1/270$ ($1/850$)	
Primo	1600 J		$1/230$ ($1/700$)	$1/390$ ($1/1200$)	$1/530$ ($1/1700$)	
Primo A	1600 J	100 %	$1/230$ ($1/700$)			
	1600 J	60 %	$1/380$ ($1/1200$)			
	1600 J	40 %	$1/580$ ($1/1750$)			
Primo 4	3200 J		($1/240$)	($1/470$)	($1/630$)	

* Ohne Klammer: Blitzdauer t 0.1. In Klammern: Blitzdauer t 0.5

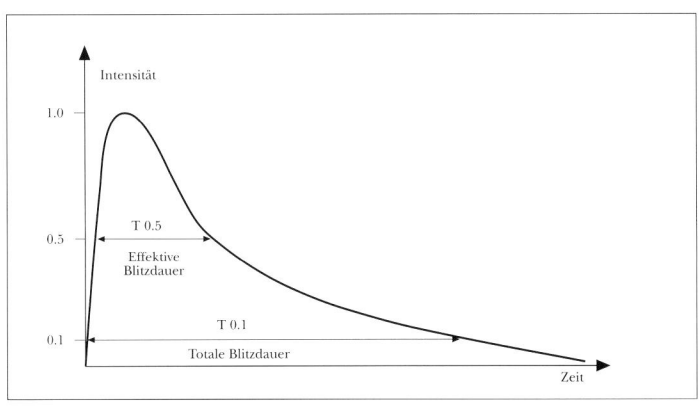

Definition der Blitzdauer

Blitzdauertabelle für Kompaktgeräte

Geräte		Energie	t 0,5	t 0.1
Impact 41	1	300 J	$1/1000$	$1/300$
	$1/2$	150 J	$1/2000$	$1/600$
	$1/4$	75 J	$1/4000$	$1/1200$
Impact 21	1	150 J	$1/2000$	$1/600$
	$1/2$	75 J	$1/4000$	$1/1200$
Compuls	65	640 J	$1/1500$	$1/450$
	95	960 J	$1/1000$	$1/300$
	165	1600 J	$1/600$	$1/180$
Minipuls	40	300 J	$1/1250$	$1/400$
	80	600 J	$1/800$	$1/250$
Impact S	40	300 J	$1/1250$	$1/400$
	80	600 J	$1/800$	$1/250$

8   Rechnen mit Leitzahlen

Bestimmung der Arbeitsblende k:	$k = \dfrac{\text{Leitzahl}}{\text{Blitzdistanz in m}}$
Bestimmung der Blitzentfernung:	$m = \dfrac{\text{Leitzahl}}{\text{Arbeitsblende}}$

Bestimmung der neuen Leitzahl bei Änderung der Filmempfindlichkeit:

doppelte Filmempf. $= \text{Leitzahl} \cdot \sqrt{2}$ halbe Filmempf. $= \dfrac{\text{Leitzahl}}{\sqrt{2}}$

Bestimmung der Gesamtleitzahl beim Einsatz mehrerer Blitzgeräte (als Hauptlicht): $\text{Gesamtleitzahl} = \sqrt{LZ_1{}^2 + LZ_2{}^2 + LZ_3{}^2 + \ldots}$

Bestimmung der Anzahl Blitzauslösungen bei Mehrfachblitzen:

$$\left(\frac{\text{Blitzdistanz (m)} \cdot \text{Arbeitsblende k}}{\text{Leitzahl}} \right)^2$$

Reziprozitätsdaten einiger Schwarzweiss-Filme

Kodak Technical Pan

Reziprozitätsdaten	$tmax_{(s)}$ 1,000						Bereich bis 100 s						p = 0,7993					
gemessene Belichtungszeit	2	4	6	8	10	12	14	16	18	20	30	40	50	60	70	80	90	100
effektive Belichtungszeit	2	6	9	13	18	22	27	32	37	42	70							
Entwicklungs-Anpassung	2–12 s → −10 %				14–25 s → −15 %				30–100 s → −20 %									

Kodak Tri-X

Reziprozitätsdaten	$tmax_{(s)}$ 0,168						Bereich bis 1200 s						p = 0,7199					
gemessene Belichtungszeit	2	4	6	8	10	12	14	16	18	20	30	40	50	60	70	80	90	100
effektive Belichtungszeit	5	13	23	35	47	61	76	92	108	125	220	330	450	581	721	868	1024	1186
Entwicklungs-Anpassung	2–12 s → −10 %				14–25 s → −15 %				30–100 s → −20 %									

Kodak T-MAX 100

Reziprozitätsdaten	$tmax_{(s)}$ 0,199						Bereich bis 316 s						p = 0,7842					
gemessene Belichtungszeit	2	4	6	8	10	12	14	16	18	20	30	40	50	60	70	80	90	100
effektive Belichtungszeit	4	9	15	22	29	37	45	54	62	71	119	172	229	289				
Entwicklungs-Anpassung	2–12 s → −10 %				14–25 s → −15 %				30–100 s → −20 %									

Kodak T-MAX 400

Reziprozitätsdaten	$tmax_{(s)}$ 0,227						Bereich bis 316 s						p = 0,8410					
gemessene Belichtungszeit	2	4	6	8	10	12	14	16	18	20	30	40	50	60	70	80	90	100
effektive Belichtungszeit	3	7	11	16	20	25	31	36	41	47	76	106	139	172	206	242	279	316
Entwicklungs-Anpassung	2–12 s → −10 %				14–25 s → −15 %				30–100 s → −20 %									

Kodak Recording

Reziprozitätsdaten	$tmax_{(s)}$ 0,185						Bereich bis 100 s						p = 0,7492					
gemessene Belichtungszeit	2	4	6	8	10	12	14	16	18	20	30	40	50	60	70	80	90	100
effektive Belichtungszeit	4	7	19	28	38	48	60	71	83	96								
Entwicklungs-Anpassung	2–12 s → −10 %				14–25 s → −15 %				30–100 s → −20 %									

Nr.	Farbe	Eigenschaften, Anwendungen	Formate auf Lager
4	gelb	Verbessert den Kontrast und die Schwarzweiss-Wiedergabe von Farben auf panchromatischen Filmen. Empfiehlt sich bei Schwarzweiss-Aussenaufnahmen.	75 mm
6	hellgelb	Korrigiert den Kontrast und verbessert die Wiedergabewerte auf panchromatischen Filmen. Empfiehlt sich bei Schwarzweiss-Aussenaufnahmen.	75 mm
8	gelb	Korrigiert den Kontrast und verbessert die Wiedergabewerte auf panchromatischen Filmen, wobei weniger Blau durchgelassen wird als beim Filter Nr. 4. Empfiehlt sich bei Schwarzweiss-Aufnahmen für korrekte Wiedergabe von Himmel, Wolken, Belaubung usw.	75 mm 100 mm
9	dunkelgelb	Blau wird damit übertont dunkel wiedergegeben. Kann für dramatische Effekte und bei der Reproduktion von farbigen Originalen auf Schwarzweissfilm für Kontrastkorrekturen verwendet werden.	75 mm
11	gelbgrün	Verbessert die Wiedergabewerte auf panchromatischen Filmen bei Kunstlicht (3200K). Bei Tageslicht empfiehlt sich das Filter für Porträts und zum Aufhellen von Grüntönen.	75 mm
12	dunkelgelb	Absorbiert Blau vollständig. Wird für fotografische Zwecke in der Biologie zur Kontraststeuerung und als Dunstfilter bei Luftaufnahmen eingesetzt.	75 mm
13	dunkel-gelbgrün	Ist für die gleichen Zwecke wie das Filter Nr. 11, aber bei stark grünempfindlichen, panchromatischen Filmen einzusetzen.	75 mm
15	dunkelgelb	Absorbiert mehr Blau als die Filter Nr. 8 und 9 und gibt damit besondere Effekte durch Abdunkeln des Himmels. Wird als Dunstfilter für Flug- und Infrarotaufnahmen, für Aufnahmen bei Fluoreszenzbeleuchtung und für Reproduktionen von gelblichen Dokumenten verwendet.	75 mm 100 mm
21	orange	Kontrastfilter, das Blau und Blaugrün absorbiert.	75 mm
22	dunkelorange	Kontrastfilter, das mehr Grün absorbiert als das Filter Nr. 21. Steigert den Kontrast von blauen Präparaten in mikroskopischen Aufnahmen. Bei Verwendung von Quecksilberdampflampen lässt es nur Gelb durch.	75 mm
23A	hellrot	Kontrastfilter, das UV-Licht, Blau und Grün stärker als die Filter Nr. 21 und 22 absorbiert. Wird für die Zweifarbenprojektion und für spezielle Zwecke in der Schwarzweiss-Kinematografie verwendet. Auch in «PM Repro»-Ausführung lieferbar.	75 mm
25	rot	Farbauszugsfilter bei Aufsichtsvorlagen und für Kontraständerungen in der Schwarzweiss-Fotografie. Atmosphärischer Dunst bei Luftaufnahmen lassen sich damit eliminieren. Auch in «PM-Repro»-Ausführung lieferbar.	75 mm 100 mm
29	dunkelrot	Filter mit begrenzter spektraler Durchlässigkeit für Rot. Es wird zusammen mit den Filtern Nr. 47 und 61 für die additive Dreifarbenprojektion unter Glühlicht eingesetzt. Kann ebenfalls in der Infrarotfotografie oder für spezielle Effekte wie Kontrasterhöhung in der Schwarzweiss-Fotografie verwendet werden. Auch in «PM Repro»-Ausführung lieferbar.	75 mm
30	hellmagenta	Kontrastfilter, das Grün absorbiert. Wird in der Mikrofotografie zur Kontrasterhöhung von grünen Präparaten verwendet. Kann auch zur Kontrastkontrolle mit KODAK Kontakt-Magentarastern eingesetzt werden.	75 mm

Kodak Wratten Farbfilter

Nr.	Farbe	Eigenschaften, Anwendungen	Formate auf Lager
32	magenta	Absorbiert Grün.	75 mm
33	magenta	Kontrastfilter, das noch mehr Grün absorbiert als das Filter Nr. 32. Wird zur Herstellung von Farb-Korrekturmasken in fotomechanischen Verfahren eingesetzt. Auch in «PM Repro»-Ausführung lieferbar.	75 mm
34A	violett	Absorbiert Grün, aber nicht Blau.	75 mm
35	purpur	Kontrastfilter, das Grün vollständig sowie Blau und Rot teilweise absorbiert. Wird in der Mikrofotografie verwendet.	75 mm
44A	hell-blaugrün	Absorbiert Rot.	75 mm
45A	cyan	Absorbiert UV-Licht, Rot und etwas Blau sowie Grün. Bietet maximales Auflösungsvermögen in der visuellen Mikroskopie.	75 mm
47	blau	Filter für Gelbauszug. Wird in der Schwarzweiss-Fotografie für Kontraständerungen und zusammen mit den Filtern Nr. 29 und 61 für die additive Dreifarbenprojektion verwendet. Auch in «PM Repro»-Ausführung lieferbar.	75 mm
47B	blau	Eng begrenzte spektrale Durchlässigkeit für Blau. Wird bei Dreifarbenauszügen für Gelb verwendet. Auch in «PM Repro»-Ausführung lieferbar.	75 mm 100 mm
49	dunkelblau	Absorbiert Rot und Grün. Wird für Farbauszüge verwendet.	75 mm
58	grün	Wird für den Rotauszug eines Dreifarbendruckes verwendet. Kann auch in der Schwarzweiss-Fotografie für Kontraständerungen und ebenso in der Mikroskopie eingesetzt werden. Auch in «PM Repro»-Ausführung lieferbar.	75 mm 100 mm
61	dunkelgrün	Filter mit eng begrenzter spektraler Durchlässigkeit, das für den Rotauszug eines Dreifarbendrucks nach Farbdiapositiven und ebenso, zusammen mit den Filtern Nr. 29 und 47, zum Kopieren nach der Additivmethode bestimmt ist.	75 mm
70	dunkelrot	Filter mit eng begrenzter spektraler Durchlässigkeit, das für Positivauszüge ab Farbnegativen und zum Kopieren nach der Additivmethode bestimmt ist.	75 mm
72B	dunkel-orangegelb	Filter mit eng begrenzter spektraler Durchlässigkeit.	75 mm

Kodak Wratten Infrarotfilter

Nr.	Farbe	Eigenschaften, Anwendungen	Formate auf Lager
87	visuell undurchsichtig	Absorbiert sichtbare Strahlung und Infrarotstrahlen bis 730 nm.	75 mm
87 C	visuell undurchsichtig	Absorbiert sichtbare Strahlung und Infrarotstrahlen bis 780 nm.	75 mm 100 mm
88 A	visuell undurchsichtig	Absorbiert sichtbare Strahlung und Infrarotstrahlen bis 710 nm.	75 mm
89 B	visuell undurchsichtig	Absorbiert sichtbare Strahlung bis 680 nm.	75 mm

Kodak Wratten UV-Filter

Nr.	Farbe	Eigenschaften, Anwendungen	Formate auf Lager
18 A	visuell undurchsichtig	UV-Filter aus Glas, das nur Wellen zwischen 300 und 400 nm sowie Infrarotstrahlen durchlässt. Wird für Aufnahmen unter UV-Einstrahlung verwendet.	75 mm
1 A	zart rosa	Skylight-Filter, das UV-Strahlen absorbiert. Wird speziell in der Farbfotografie zum Neutralisieren von Blaustichen verwendet.	75 mm 125 mm
2 A	zart gelb	Absorbiert UV-Strahlen unter 405 nm. Für Schwarzweiss-Landschaftsaufnahmen bei dunstiger Atmosphäre in grosser Höhe und als Sperrfilter in der Fluoreszenz-Fotografie.	75 mm 100 mm
2 B	zart gelb	Korrekturfilter, das UV-Strahlen unter 390 nm absorbiert. Wird zum Abschwächen von atmosphärischem Dunst eingesetzt. Kann auch in der Fluoreszenz-Fotografie sowie bei der Kopienherstellung mit EKTACOLOR 78 Papier verwendet werden.	75 mm 100 mm
2 C	zart gelb	Absorbiert UV-Strahlen unter 385 nm. Jedoch etwas schwächer als Nr. 2 B.	75 mm
2 E	zart gelb	Korrekturfilter, das UV-Strahlen unter 415 nm absorbiert. Weist die gleichen Eigenschaften wie das Filter Nr. 2 B auf, absorbiert aber mehr Violett. Empfiehlt sich bei der Kopienherstellung mit EKTACHROME RC Papier.	75 mm

Kodak Wratten Neutraldichtefilter Nr. 96

75 mm	100 mm	Durchlässig-keit	Verlänge-rungsfaktor	Belichtungs-ausgleich in Blendenstufen
0.1	0.1	80 %	1,25	+ 1/3
0.2	0.2	63 %	1,5	+ 2/3
0.3	0.3	50 %	2	+ 1
0.4	0.4	40 %	2,5	+ 1 1/3
0.5		32 %	3	+ 1 2/3
0.6	0.6	25 %	4	+ 2
0.7		20 %	5	+ 2 1/3
0.8		16 %	6	+ 2 2/3
0.9	0.9	13 %	8	+ 3
1.0	1.0	10 %	10	+ 3 1/3
2.0		1 %	100	+ 6 2/3

Kodak Farbausgleichsfilter (CC)

Gelatine-Filter für das optische System												
	Gelb Y		Magenta M		Cyan C		Rot R		Grün G		Blau B	
Formate	Filter	Faktoren	Filter	Faktoren	Filter	Faktoren	Filter	Faktoren	Filter	Faktoren	Filter	Faktoren
75 mm	025 Y	1,1	025 M	1,1	025 C	1,1	025 R	1,1				
	05 Y	1,1	05 M	1,2	05 C	1,1	05 R	1,2	05 G	1,1	05 B	1,1
	10 Y	1,1	10 M	1,3	10 C	1,2	10 R	1,3	10 G	1,2	10 B	1,3
	20 Y	1,1	20 M	1,5	20 C	1,3	20 R	1,5	20 G	1,3	20 B	1,6
	30 Y	1,1	30 M	1,7	30 C	1,4	30 R	1,7	30 G	1,4	30 B	2,0
	40 Y	1,1	40 M	1,9	40 C	1,5	40 R	1,9	40 G	1,5	40 B	2,4
	50 Y	1,1	50 M	2,1	50 C	1,6	50 R	2,2	50 G	1,7	50 B	2,9
100 mm 125 mm	05 Y	1,1	05 M	1,2	05 C	1,1	05 R	1,2	05 G	1,1	05 B	1,1
	10 Y	1,1	10 M	1,3	10 C	1,2	10 R	1,3	10 G	1,2	10 B	1,3
	20 Y	1,1	20 M	1,5	20 C	1,3	20 R	1,5	20 G	1,3	20 B	1,6

Kodak Lichtausgleichsfilter 75 mm

Filterfarbe	Filternummer	Belichtungs-verlängerung in Blenden-werten	Um 3200 K zu erhalten von:	Um 3400 K zu erhalten von:	Mired-Ver-schiebungs-werte
Zum Angleichen der Verteilungstemperatur der Lichtquelle an die chromatische Sensibilisierung des Films					
bläulich	82 C + 82 C	+ 1 1/3	2490 K	2610 K	− 89
	82 C + 82 B	+ 1 1/3	2570 K	2700 K	− 77
	82 C + 82 A	+ 1	2650 K	2780 K	− 65
	82 C + 82	+ 1	2720 K	2870 K	− 55
	82 C (auch in 100 mm)	+ 2/3	2800 K	2950 K	− 45
	82 B	+ 2/3	2900 K	3060 K	− 32
	82 A (auch in 100 mm)	+ 1/3	3000 K	3180 K	− 21
	82	+ 1/3	3100 K	3290 K	− 10
	kein Filter		**3200 K**	**3400 K**	
gelblich	81	+ 1/3	3300 K	3510 K	+ 9
	81 A (auch in 125 mm)	+ 1/3	3400 K	3630 K	+ 18
	81 B (auch in 125 mm)	+ 1/3	3500 K	3740 K	+ 27
	81 C	+ 1/3	3600 K	3850 K	+ 35
	81 D	+ 2/3	3700 K	3970 K	+ 42
	81 EF	+ 2/3	3850 K	4140 K	+ 52

Kodak Wratten Konversionsfilter 75 mm

Filterfarbe	Filternummer	Belichtungs-verlängerung in Blenden-werten	Konversion in Kelvin von	auf	Mired-Ver-schiebungs-werte
Verwendung für Aufnahmen mit Filmen, deren Farbgleichgewicht nicht mit dem benutzten Lichtquellen-typ übereinstimmt					
blau	80 A (auch in 100 und 125 mm)	+ 2	3200	5500	− 131
	80 B (auch in 100 und 125 mm)	+ 1 2/3	3400	5500	− 112
	80 C (auch in 125 mm)	+ 1	3800	5500	− 81
	80 D	+ 1/3	4200	5500	− 56
bernstein	85 C (auch in 100 und 125 mm)	+ 1/3	5500	3800	+ 81
	85 (auch in 125 mm)	+ 2/3	5500	3400	+ 112
	85 N 3	+ 1 2/3	5500	3400	+ 112
	85 N 6	+ 2 2/3	5500	3400	+ 112
	85 N 9	+ 3 2/3	5500	3400	+ 112
	85 B* (auch in 100 und 125 mm)	+ 2/3	5500	3200	+ 131
	85 BN 3	+ 1 2/3	5500	3200	+ 131
	85 BN 6	+ 2 2/3	5500	3200	+ 131

* Filter 85 BPM ist ebenfalls erhältlich

CC-Filter-Kombinationen und Verlängerungsfaktoren

	0	Rot			Grün			Blau			Cyan			Magenta			Yellow		
		5	10	20	5	10	20	5	10	20	5	10	20	5	10	20	5	10	20
Rot 5	1.16	1.35	1.43	1.59	5y	5y+5G	5y+15G	5m	5m+5B	5m+15B	–	5c	15c	1.33	1.40	1.53	1.30	1.32	1.37
Rot 10	1.23	1.43	1.51	1.68	5y+5R	10y	10y+10G	5m+5R	10m	10m+10B	5R	–	10c	1.41	1.49	1.62	1.38	1.40	1.45
Rot 20	1.37	1.59	1.68	1.88	5y+15R	10y+10R	20y	5m+15R	10m+10R	20m	15R	10R	–	1.58	1.66	1.81	1.53	1.56	1.62
Grün 5	1.17	5y	5y+5R	5y+15R	1.37	1.45	1.63	5c	5c+5B	5c+15B	1.36	1.44	1.60	–	5m	15m	1.31	1.33	1.38
Grün 10	1.24	5y+5G	10y	10y+10R	1.45	1.54	1.72	5c+5G	10c	10c+10B	1.44	1.52	1.70	5G	–	10m	1.39	1.41	1.46
Grün 20	1.39	5y+15G	10y+10G	20y	1.63	1.72	1.93	5c+15G	10c+10G	20c	1.61	1.71	1.90	15G	10G	–	1.56	1.58	1.64
Blau 5	1.19	5m	5m+5R	5m+15R	5c	5c+5G	5c+15G	1.42	1.52	1.76	1.38	1.46	1.63	1.37	1.44	1.57	–	5y	15y
Blau 10	1.28	5m+5B	10m	10m+10R	5c+5B	10c	10c+10G	1.52	1.64	1.90	1.48	1.57	1.75	1.47	1.55	1.69	5B	–	10y
Blau 20	1.48	5m+15B	10m+10B	20m	5c+15B	10c+10B	20c	1.76	1.90	2.18	1.72	1.82	2.03	1.70	1.79	1.95	15B	10B	–
Cyan 5	1.16	–	5R	15R	1.36	1.44	1.61	1.38	1.48	1.72	1.35	1.43	1.59	1.33	1.40	1.53	1.30	1.32	1.37
Cyan 10	1.23	5c	–	10R	1.44	1.52	1.71	1.46	1.57	1.82	1.43	1.51	1.68	1.41	1.49	1.62	1.38	1.40	1.45
Cyan 20	1.37	15c	10c	–	1.60	1.70	1.90	1.63	1.75	2.03	1.59	1.68	1.88	1.58	1.66	1.81	1.53	1.56	1.62
Magenta 5	1.15	1.33	1.41	1.58	–	5G	15G	1.37	1.47	1.70	1.33	1.41	1.58	1.32	1.39	1.52	1.29	1.31	1.36
Magenta 10	1.21	1.40	1.49	1.66	5m	–	10G	1.44	1.55	1.79	1.40	1.49	1.66	1.39	1.46	1.60	1.36	1.38	1.43
Magenta 20	1.32	1.53	1.62	1.81	15m	10m	–	1.57	1.69	1.95	1.53	1.62	1.81	1.52	1.60	1.74	1.48	1.50	1.56
Yellow 5	1.12	1.30	1.38	1.53	1.31	1.39	1.56	–	5B	15B	1.30	1.38	1.53	1.29	1.36	1.48	1.25	1.28	1.32
Yellow 10	1.14	1.32	1.40	1.56	1.33	1.41	1.58	5y	–	10B	1.32	1.40	1.56	1.31	1.38	1.50	1.28	1.30	1.35
Yellow 20	1.18	1.37	1.45	1.62	1.38	1.46	1.64	15y	10y	–	1.37	1.45	1.62	1.36	1.43	1.56	1.32	1.35	1.39

8 Nomogramm zur Änderung der Verteilungstemperatur

Mit diesem Nomogramm kann die Konversions-Filterung bestimmt werden, wenn die Verteilungstemperatur der Lichtquelle (linke Spalte) und die Sensibilisierung des Filmmaterials (rechte Spalte) bekannt sind.

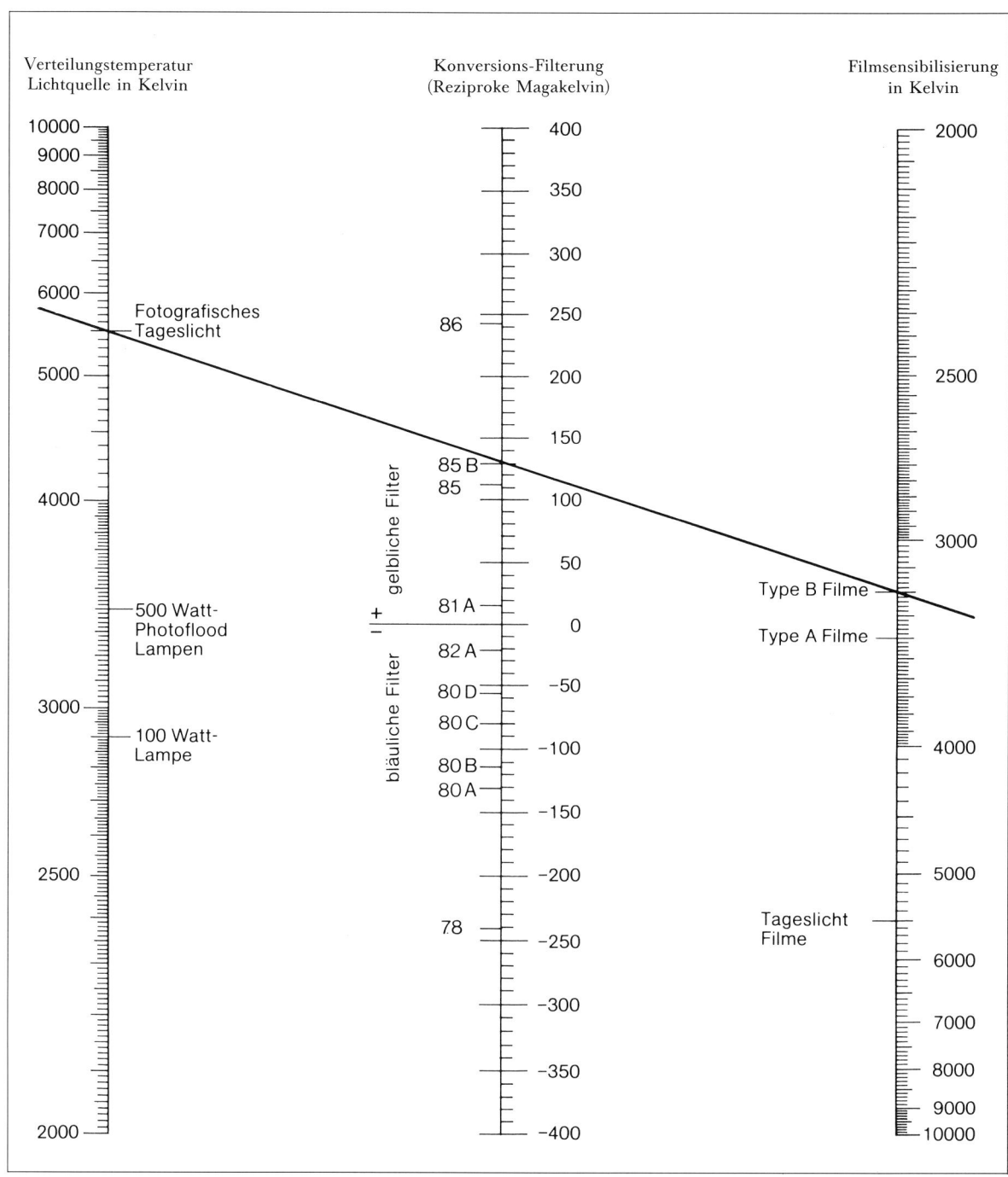

Filterangaben bei Aufnahmen mit Leuchtstoffröhren

Die folgende Tabelle gibt die notwendige Korrekturfilterung mit Kodak CC-Filtern bei fabrikneuen Röhren an. Da die spektrale Zusammensetzung des Lichtes sich mit zunehmender Betriebsdauer verändert, können diese Angaben nur als Anhaltswerte dienen.

Hersteller	Typ	Lichtfarbe	Filterung	Filmtyp
DURO-TEST	BTC	True-Lite	05M	Day
OSRAM	L 39	Interna	20C	Typ B
	L 30	Warmton	05M + 30B	Day
	L 32	Warmton de Luxe	30Y	Typ B
	L 25	Universalweiss	05M + 10B	Day
	L 20	Hellweiss	20M	Day
	L 22	Weiss de Luxe	20C	Day
	L 36	Natura	20Y + 05G	Typ B
	L 10	Tageslicht	20R	Day
	L 11 In	Lumilux-Tageslicht	25M	Day
	L 21 In	Lumilux-Weiss	25M	Day
PHILIPS	TL 27	Confort de Luxe	05C + 10G	Typ B
	TL 29	Warmweiss	20C + 30B	Day
	TL 32	Warmweiss de Luxe	20Y	Typ B
	TL 25	Weiss Universal	15C + 15B	Day
	TL 33	Weiss	20M	Day
	TL 34	Weiss de Luxe	30C	Day
	TL 37	Weiss brillant de Luxe	30C + 10B	Day
	TL 47	Weiss 5000 K	30C	Day
	TL 55	Tageslicht	05M	Day
	TL 57	Tageslicht de Luxe	00	Day
	TL 83	Warmweiss de Luxe	10M + 20B	Day
	TL 84	Weiss de Luxe	30M + 05B	Day
	TL-H 86	Tageslicht de Luxe	30M + 10R	Day
SYLVANIA	F WW	Warm-White	20B	Day
	F WWX	Warm-White de Luxe	10C + 20B	Day
	F W	White	20M + 10B	Day
	F UW	Universal-White	15M	Day
	F CW	Cool-White	15M	Day
	F CWX	Cool-White de Luxe	05M + 20C	Day

8   Bildautoren

ACA Werbestudio GmbH
Postfach 1101, Friedenstrasse 3, D-58675 Hemer (15, 117, 124, 130, 134, 139, 156)

Bernet Patrick
St.Gallerring 82, CH-4055 Basel (155, 175)

Bobzien Sven
c/o Marchesi, Breitenweg 7, CH-8108 Dällikon (104)

Burst-Glathar
Baarerstrasse 42, CH-6300 Zug, Fotostudio: Industriestrasse 13, CH-6343 Rotkreuz (154)

De Grado Drew
P.O. Box 445, Elmwood Park, NJ 07407, USA (106)

Diacon Roland
Zentweg 21, CH-3072 Ostermundigen (92, 134, 162)

Edgerton Harold E.
The Harold E. Edgerton Trust, Palm Press Inc., P.O. Box 338, Concord, Massachusetts, USA (57)

Eugen Leu + Roger Humbert AG
Baselstrasse 48, CH-4125 Riehen (167, 170)

Frei Produktion
Riedlistrasse 41, D-79576 Weil a. Rhein (98, 138, 148, 150, 164, 166, 169)

Gaukler Studios GmbH
Mörikestrasse 54, D-70794 Filderstadt (90, 97, 163, 164, 165, 169)

Gendre Daniel
Seestrasse 19, CH-8700 Küsnacht (123)

Goedtler Rudi
Rathausplatz 3, D-79576 Weil a. Rhein (141)

Keller Charlie
Postfach 9006, CH-8036 Zürich (161)

Lieb Fotostudio
Breitwiesstrasse 28, CH-8135 Langnau a.A. (20, 31, 112 , 129, 139, 153, 171)

Marchesi Jost J.
Breitenweg 7, CH-8108 Dällikon (8, 58, 108, 111, 112, 115, 118, 122, 125, 126, 127, 129, 149)

Nischke Michael
Oberanger 6, D-82041 Oberhaching (130, 138, 148, 149, 178)

Posch-Rossow Edith
Atelier für Werbefotografie GmbH, Im Teich 5a, D-75180 Pforzheim (133, 160)

8   Bildautoren

Rosasco Andy
Gladbachstrasse 41, CH-8044 Zürich (131)

Savini + Ruefenacht, Denis Savini
Tramstrasse 71, CH-8050 Zürich (80, 82, 86)

Schneider Dominic
Mythenquai 353, CH-8038 Zürich (179)

Schudel & Schudel
Dufourstrasse 183a, CH-8008 Zürich (48)

Soguel
Fabrikstrasse 22, CH-8152 Glattbrugg (131, 133)

Sønstrød Aril
Eliesonsgt. 4, Byhaven, N-3044 Drammen (171)

Steiner Richard
Forchstrasse 279, CH-8008 Zürich (135, 158, 167)

Tesseraud Jean-Louis
52 Route de Bretagne, Bretteville/Odon (161)

Troehler Alexander
In der Gass 17, CH-8627 Grüningen (189)

Victor Eric
931 Thompson St., Bowen Hills Brisbane, Queensland, Austr. 4006
(179, 180, 181, 182, 185, 186, 187)

Vogt Christian
Wallstrasse 13, CH-4051 Basel (64, 144, 168, 172)

Ward Stephan
Taylor Street, Hollingworth, Ches., GB (129)

Wildbolz Jost
Florastrasse 18, CH-8032 Zürich (176)

Winter C.J.
Tuttlinger Strasse 68, D-70619 Stuttgart (120, 121)